WILEY

石油化工废弃物管理 第2版

〔澳〕阿里拉扎·巴哈杜里（Alireza Bahadori） 著

卢雅琴　朱　玲　梁存珍　译

中国石化出版社

·北京·

内 容 提 要

本书系统地阐述了有关石油和天然气炼油厂、化工厂、石油码头、石化厂、非常规石油和天然气工业(煤层气、页岩气和油砂)中废水处理单元、固体废物处理单元和污水排放系统中设备和设施的工艺设计、工程的基本要求以及其他必要的设施。全书包括废水处理、物理单元操作法、化学处理、生物处理、非常规石油和天然气行业的废水处理、废水处理系统、下水道污水处理和固体废物的处理与处置等共计八章内容。

本书既可作为从事石油石化废物处理与处置工作人员的工具书,也可供相关专业的学生作为选修课程的教材或者参考书学习使用。

著作权合同登记号　图字：01-2021-5015

Waste Management in the Chemical and Petroleum Industries, 2nd Edition (9781119551720) by Alireza Bahadori

Copyright © 2020 John Wiley & Sons Ltd

All Rights Reserved. Authorised translation from the English language edition published by John Wiley & Sons Limited. Responsibility for the accuracy of the translation rests solely with China Petrochemical Press Co. LTD and is not the responsibility of John Wiley & Sons Limited. No part of this book may be reproduced in any form without the written permission of the original copyright holder, John Wiley & Sons Limited.

Copies of this book sold without a Wiley sticker on the cover are unauthorized and illegal.

本书中文简体版由 John Wiley & Sons, Inc.公司授权中国石化出版社在全球范围内独家出版发行。未经许可,不得以任何手段和形式复制或抄袭本书内容。

本书封面贴有 Wiley 防伪标签,无标签者不得销售。

图书在版编目(CIP)数据

石油化工废弃物管理：第2版／[澳] 阿里拉扎·巴哈
杜里（Alireza Bahadori）著；卢雅琴，朱玲，梁存珍译.
— 北京：中国石化出版社，2024.8. — ISBN
978-7-5114-7678-4

Ⅰ. X74

中国国家版本馆 CIP 数据核字第 2024Q3S047 号

中国石化出版社出版发行
地址:北京市东城区安定门外大街 58 号
邮编:100011　电话:(010)57512500
发行部电话:(010)57512575
http://www.sinopec-press.com
E-mail:press@sinopec.com
天津嘉恒印务有限公司印刷
全国各地新华书店经销
*
710 毫米×1000 毫米　16 开本　20.75 印张　395 千字
2024 年 8 月第 1 版　2024 年 8 月第 1 次印刷
定价:135.00 元

PREFACE 前言

石油和天然气是当今许多国家主要的能源和收入来源，其生产被认为是21世纪最重要的工业活动之一。很明显，石油、化学加工和非常规石油和天然气工业生产过程中的废物处理与处置比以往任何时候都更加重要。

废水的污染程度和产生量决定了废水的处理方式和处理费用，其中悬浮物、总溶解性固体和采出水需氧量对废水处理影响最大。

废水是化学加工以及常规和非常规油气开采过程中产生的最大副产品，是有机物和无机物的复杂混合物。对于水资源紧张的产油国，油田采出水有可能成为淡水来源。此外，油田采出水导致的环境问题日益严重，对应的排放标准愈加严格，这使得采出水管理成为油气业务的重要组成部分。

在边际经济煤层项目中，水处理成本及其环境成本核算是投资决策的关键因素；水处理成本在经济上决定了边际项目的成败。

在投资煤层气（CBM）工艺之前，必须回答有关采出水的多个问题，例如废水量、流速、化学成分、处理方式、监测和环境法规等。也许没有其他因素比废水的处理和处置更能影响煤层气项目的经济性和可行性。

在稠油生产中，在非原位开采作业中，每生产1体积单位的合成原油需要使用2~4.5体积单位的水。尽管回收利用，但几乎所有的废料最终都进入了尾矿池。然而，在蒸汽辅助重力排水（SAGD）作业中，90%~95%的水被循环利用，每生产1体积单位的沥青使用约0.2体积单位的水。

监测油砂采出水的一个主要障碍是缺乏对存在的个别化合物的定性分析。通过更好地了解包括环烷酸在内的高度复杂的化合物混合物的性质，有可能监测河流的渗滤液并去除有毒成分。

I

多年来，这种对单个酸的定性分析一直被证明是不可能的，但最近在分析方面的一项突破已经开始揭示油砂产出水中的成分。

页岩气的开采和利用会通过以下几种途径危害环境：①化学品和废物泄漏到供水系统中；②开采过程中温室气体泄漏；③天然气处理不当。

防止污染的一个挑战是，页岩气的开采工艺差异很大。即使是在同一项目的不同井之间，污染控制策略也存在显著差异。

化学物质被添加到水中以促进地下压裂过程，从而释放天然气。压裂液主要是水和约0.5%的化学添加剂(减摩剂、防锈剂、杀死微生物药剂)。每使用百万升压裂液(取决于面积的大小)意味着数十万升的化学物质被注入地下。

只有50%~70%的污染水被回收置于存储池，等待油轮运走。剩余的"采出水"被留在地下，可能导致地下水含水层污染。尽管业内人士认为这种情况"极不可能"，但是这些操作产生的废水往往会导致恶臭以及当地地表供水的重金属污染。

本书揭示了有关石油和天然气炼油厂、化工厂、石油码头、石化厂、非常规石油和天然气(煤层气、页岩气和油砂生产)工业活动中废水处理单元、固体废物处理单元和污水排放系统中设备和设施的工艺设计、工程的基本要求以及其他必要的设施。在这个新的版本中，关于实现土壤和水最小化污染的技术最新发展已被添加到书中，一些章节已显著更新。范围包括：

- 液体和固体处理系统；
- 主要的油/固体清除设施；
- 进一步去除油和悬浮固体(二次去除油/固体)，如溶解空气浮选装置；
- 颗粒介质过滤器和化学絮凝装置；
- 化学添加系统；
- 生物处理；
- 过滤和/或其他深度处理技术；
- 厂区家庭废水和医疗卫生废水的污水处理系统；
- 承载地表水和雨水的排水系统；
- 废水收集系统；
- 清洁排水，例如从建筑物和铺砌区域排水；
- 蒸发池和在可渗透的地面自然渗透到底土中的处置；
- 生活污水处理；
- 污泥处理和处置。

显然，任何排水/污水处理系统的目的应是将未受污染的水与受污染的水或污水分开，并将不同类型的污水分开，以最大限度降低污水处理装置的体积、复杂性和成本。

含有多种溶液或悬浮物质的工业废水无论是排放至公共或天然水源，或在工业内作循环使用的工业废水，均应按相应的排放标准加以管制。但是，在任何情况下，去除废水、废物中的污染物以及消除废水、废物的潜在危害应是危险废物管理的最终目标。

在任何情况下，污水不得在地表或堤岸上造成油迹，也不得影响受纳水体的天然自净能力，以致危害环境及人类健康。

在任何情况下，如果混合废水需要净化，就不应将受污染的排水与未受污染的排水合并。一般而言，主要污水系统应按以下类别进行隔离：

- 雨水排水系统；
- 含油污水排水系统；
- 非含油污水排水系统；
- 化学排水系统；
- 卫生排水系统；
- 专用排水系统。

在所有区域，包括工艺、非现场和公用事业单位，应根据需要预先准备上述排水系统。

废水的处理包括一系列处理步骤。每一个废水处理过程都至少涉及固液分离，以及一定程度上生化需氧量的去除。

管道末端处理顺序可分为以下几个要素：一级或预处理、中间处理、二级处理、三级处理加辅助、污泥脱水和处置操作。

为了获得最小的成本提供最大的水处理，优化处理顺序的关键是确定每个单元操作的规则并优化操作。优化特定单元操作的性能，如美国石油学会（API）分离器、溶气气浮、生物处理等，如果参考下面因素，可能会实现更好的效果。

a）考虑了进水的性质；

b）了解固体预处理中拟采用方法的化学原理；

c）可用于固体处理的化学物质是公认的；

d）根据当地环境法规和最终处置确定出水的性质；

e）确定量化结果的方案。

一般来说，大多数工业用水不需要处理；大部分使用后的水被排放到公共或自然水源，或直接在工业内循环利用。

这种排放可能含有各种各样的溶液或悬浮液，应根据最终目的地或环境法规的要求进行控制。

此外，根据工厂的类型和工厂的运行方法，可以知道废水处理厂固体的来源。固体也可能由下水道中废物流的相互作用形成。

废水中含有金属离子，如铁、铝、铜、镁等，这些金属离子来自工艺设备的腐蚀、处理冷却水时使用的化学品、进水中的盐和加工过程中使用的化学品。

当碱性废物排放，使废水 pH 值高于中性时，会形成不溶性金属氢氧化物絮体。含有大量酚类、硫化物、乳化剂和碱的废物应进行分离。一般而言，应调查向含油污水渠系统或其他排水系统排放的任何物质，以确定最终废物处理和处置目标。

综上所述，本书将揭示石油、化学和非常规石油和天然气加工工业中废物回收、处理和处置系统的基本工程。这些新的基本发现将使我们能够找到解决这些紧迫环境问题的切实可行的办法。

作者简介

Alireza Bahadori 博士，在西澳大利亚科廷大学获得博士学位，目前是澳大利亚新南威尔士州利斯莫尔南十字星大学环境科学与工程学院的研究人员，担任澳大利亚石油和天然气服务公司的总经理兼首席执行官，同时也是特许工程师（CEng）、英国伦敦化学工程师协会（MIChemE）的特许成员，特许专业工程师（CPEng）、澳大利亚工程师协会的特许成员（MIEAust），昆士兰注册专业工程师（RPEQ），英国工程委员会注册特许工程师以及澳大利亚国家工程注册工程师（NER）。Alireza Bahadori 博士在过程和石油行业工作 20 多年，参与了许多大型石油和天然气项目，并撰写了大量关于该领域的文章。

译者简介

卢雅琴，北京石油化工学院教师，长期从事大学英语教学和研究，主要著作有《大学英语语法云教材》《大学英语阅读教学活动设计》等，负责本书的翻译、统稿工作。

朱玲，北京石油化工学院教授，北京市长城学者，2005 年于中国科学院生态环境研究中心获环境工程理学博士学位，主要从事有机物资源化利用的课题研究，负责本书的审稿工作。

梁存珍，北京石油化工学院副教授，北京市科技新星，2005 年于中国科学院生态环境研究中心获得环境科学理学博士学位，主要从事污染物的检测、风险评价与去除的课题研究，负责本书的审稿工作。

1

废水处理

石油和天然气是现在许多国家的主要能源和收入来源，其生产也被认为是21世纪最重要的工业活动之一。因此，废物处理和处置对于石油、天然气、化学加工和非常规油气等工业具有重要意义。

废水处理是将由生活、商业和工业过程产生的污水处理，达到相应的标准后排放到环境中。废水处理主要除去细菌、病原体、有机物和化学污染物等，这些污染物会危害人类健康，消耗受纳水体中的天然氧，同时对动物和野生生物构成危害。

天然水体和废水根据物理、化学和生物组分进行表征。废水的主要物理性质、化学和生物组分、污染物来源等参数非常繁复。每种指定的水体应根据基本的以及更详细的数字标准法规的要求进行控制，如下所述。

基本免受污染。在可行的实际情况下，所有水体都应达到以下五个不受污染的基本标准：

（1）水体中没有由人类活动排放的悬浮固体或其他物质，这些物质会通过沉淀形成腐烂或其他有害的污泥沉积物，或对水生生物产生不利影响；

（2）水体中没有由人类活动排放的油、浮渣和其他漂浮物，当这些物质累积到一定数量时，会影响景观，导致水质变差；

（3）水体中没有由人类活动排放会产生颜色、气味或其他引发不适的物质；

（4）水体中没有由人类活动排放达到一定浓度的有毒性有害物质，在混合区域对人类、动物、水生生物是有害的，并且/或者有致命性危害；

（5）水体中没有由人类活动排放的一定浓度的营养物质，影响水生杂草和藻类的正常生长。

炼化废水中需要测定的水体污染物参数包括生化需氧量（BOD）、化学需氧量（COD）、油、总悬浮固体（TSS）、氨（NH_3）、酚类、硫化氢（H_2S）、痕量有机物和重金属。

表1-1列出了每类污染物的主要来源。其中，工艺废水在几乎所有污染物上都有排放量，而其他废水排放了更多特定污染物。

表1-1　废水中污染物和来源

污染物	来源
重金属	工艺废水、储罐废水排放、冷却塔排污（使用铬酸盐类冷却水时）
NH_3、H_2S、痕量有机物	工艺废水，特别是流体催化裂化装置和焦化装置的废水
总悬浮固体	工艺废水、冷却塔排污、压载排水及径流
BOD_5、COD、油	工艺废水、冷却塔排污（若碳氢化合物泄漏到冷却水系统）、压载水、水箱排水和径流
酚醛树脂	工艺废水，特别是流体催化裂化装置

▶▶▶ 1.1 废水特性

废水污染指标包括很多物理和化学特征，主要如下：

- 总氮(TN)和总磷(TP)分别是水中所有形式的氮和磷的总和；
- BOD 是衡量水中不稳定有机物含量的指标，是废水中有机物被好氧微生物分解成为 CO_2、NH_3 和 H_2O 等较简单形式所需的氧气量；
- 废水中发现的粪便微生物(包括病毒、细菌和原生动物)可能导致疾病；
- 悬浮固体、可生物降解有机物、营养物、难降解有机物、重金属、溶解无机固体和病原体，都是石油、天然气和化学加工工业废水中可能发现的重要污染物。表 1-2 列出了废水中主要的污染物及其危害性。

表 1-2 污水中污染物及其危害性

污染物	重要性的原因
悬浮固体	悬浮固体会导致污泥沉积和厌氧环境，这对美观等因素很重要。
可生化降解有机物	可生化降解有机物主要由蛋白质、碳水化合物和脂肪组成，常用的测量方法是 BOD 和 COD。如果未经处理直接排放到环境中，这些物质的生物性稳定会消耗水体中的天然氧和产生易腐烂的条件。
营养物质	碳、氮和磷是生物生长必需的营养物质，排放到水生环境中时会导致非必要水生生物的生长。当大量营养物质排放到地上时也会导致地下水污染。
难降解有机物	传统的废水生物方法对表面活性剂、酚类和农药等难降解有机物的处理效果较差。
重金属	重金属有毒性，有些重金属对生物废物的处理过程和河流内生物有负面影响。
溶解无机固体	钙、钠和硫酸盐等无机成分添加到生活给水系统中，废水若需要回用，则必须去除这些组分。
生物病原体	通过废水中的病原微生物传播传染病。

部分悬浮固体可通过物理处理方法去除。可生物降解有机物、悬浮固体和病原体可通过二级处理方法去除。

表 1-3 是列入环境优先污染物的典型化合物及其危害性，现在对营养物质和环境优先污染物的管控规定愈加严格。当废水要回用时，通常要去除难降解有机物、重金属，特定情况下还需去除溶解无机固体。

石油工业废水中含有有机化合物、苯酚、有毒金属和其他污染物，如铁、溶解性固体和悬浮固体、石油、氰化物、硫化物和氯。为了减少这些污染物排放，需要对生产过程进行分析。

表1-3 被列为环境优先污染物的典型化合物及其危害性

名称（分子式）	危害性
非金属	
砷（As）	致癌、致突变；长期：有时会导致疲劳和缺乏活力；皮炎
硒（Se）	长期：将手指、牙齿和毛发染成红色；全身无力，抑郁，对鼻子和嘴有刺激性
金属	
钡（Ba）	在室温下呈粉末状，易燃 长期：血压升高和神经阻滞
镉（Cd）	粉末状，易燃；吸入灰尘或烟雾后有毒性；致癌物；可溶性的镉化合物有剧毒 长期：富集在肝脏、肾脏、胰腺和甲状腺；疑似高血压
铬（Cr）	六价铬化合物对人体组织具有致癌和腐蚀性 长期：皮肤过敏和肾脏损害
铅（Pb）	吸入灰尘或烟雾后有毒性 长期：脑和肾损害；先天缺陷
汞（Hg）	被皮肤吸收、吸入烟雾或蒸汽有剧毒 长期：对中枢神经系统有毒性；导致出生缺陷
银（Ag）	有毒金属 长期：皮肤、眼睛和黏液膜永久性褪成灰色
有机物	
苯（C_6H_6）	致癌；剧毒易燃品；危险火灾风险
乙苯（$C_6H_5C_2H_5$）	摄入、吸入、皮肤吸收有毒；对皮肤和眼睛有刺激性；易燃、危险火灾风险
甲苯（$C_6H_5CH_3$）	易燃、危险火灾风险；摄入、吸入、皮肤吸收有毒
卤代化合物	
氯苯（C_6H_5Cl）	中度火灾风险；避免吸入和皮肤接触
氯乙烯（CH_2CHCl）	所有暴露途径都剧毒有害；致癌物
二氯甲烷（CH_2Cl_2）	有毒、致癌物、麻醉药品
四氯乙烯（CCl_2CCl_2）	对眼睛和皮肤有刺激性

名称(分子式)	危害性
农药、除草剂、杀虫剂(按商品名列出，主要是卤代有机化合物)	
异狄氏剂($C_{12}H_8OCl_6$)	吸入、皮肤吸收有毒；致癌物
林丹($C_6H_6Cl_6$)	摄入、吸入、皮肤吸收有毒
甲氧滴滴涕 $[Cl_3CCH(C_6H_4OCH_3)_2]$	有毒
毒杀芬($C_{10}H_{10}Cl_8$)	摄入、吸入、皮肤吸收有毒
三氯苯氧丙酸 $[Cl_3C_6H_2OCH(CH_3)COOH]$	有毒；使用受限

进入水体的污染物可分为以下种类：

• 可降解污染物：最终分解为无害物质或通过处理可去除的杂质，例如某些有机物质和化学品、生活污水、热量、植物营养物质、大多数细菌和病毒以及某些沉淀物；

• 不可降解污染物：存在于水环境中的杂质，需要经过稀释或处理，浓度才会降低，例如某些有机和无机化学品、盐和胶体悬浮液；

• 有害水污染物：有害废弃物存在方式复杂，包括有毒微量金属，以及某些无机和有机化合物；

• 放射性核素污染物：受到放射源影响的物质。

1.1.1 废水分类

1.1.1.1 不含油和有机物的废水

这类废水包括锅炉排污水、冷却水和锅炉补水装置的排水、无油区的雨水以及不能与油直接接触的冷却水。

1.1.1.2 突发性被油污染的水(意外被油污染的水)

这类废水通常不含油，但在发生事故后可能含有油，这类水包括来自罐区、管道沟和无油处理区的雨水，以及直流冷却水等。

1.1.1.3 持续性被油污染、含有可溶性有机物的水

这类废水包括来自石油加工区域的雨水、水箱排水、压载水、冷却水排放以及冲洗和清洗水。

1.1.1.4 工艺废水

这类废水与来自蒸汽汽提、原油洗油、某些化学石油处理过程等。它有含量

不同的油和可溶性物质，如硫化铵、酚、硫酚、有机酸和无机盐（如氯化钠）。

1.1.1.5 卫生和生活用水

化学和石油工业中的卫生用水和生活用水归为废水，因其来源不同，这类水需要不同的处理方法。因此，在现代炼油厂中，经常将水流分开收集，以降低水处理设施的成本。然而，在化学和石油工业中，不同工艺过程的水都可能造成污染，应加以处理。

1.1.2 终端水污染

终端是从炼油厂或进口设备接收石油炼制产品的储存设施。燃料通过陆路或铁路从油站分发给零售商或散户。

终端是批发商、分销商、零售商和其他终端用户获取石油产品的地方。所有终端都有装载机架和仓库，可以通过管道、船舶运输，在某些情况下也可以通过公路运输。

进口终端只能通过管道从炼油厂或港口供应油品。尽管在设计和管理良好的设施中，发生直接与存储操作相关的大型事件概率通常很低，但是与终端设施操作相关的社区健康和安全问题可能包括公众暴露于泄漏、火灾和爆炸等潜在危险中。在与燃料运输和分配有关的公路、铁路或水路运输活动中，社区暴露在危险化学品的可能性更大。

1.1.2.1 石油终端废水污染源

大多数原油终端的陆上设施包括用于保存原油设备、压载水和卫生用水的储罐和相关设备。因此，主要的环境问题是废水与油的污染、压载水和卫生水在排放前的处理。可以使用各种类型的重力分离器处理石油污染废水，它最利于分离脏水和纯净水，进而最大限度地减少需要处理的废水量。

1.1.2.2 产品输送终点

通常产品终端与炼油厂分离，但在某些情况下可能与炼油厂关联。通常在终端处理的产品包括汽油、柴油、燃料油、液化石油气（LPG）、煤油、航空汽油和航空燃料。

小部分产品终端所面临的环境问题与炼油厂相似，产品终端的污染控制方法与炼油厂也相似。

1.1.3 悬浮固体

通常，悬浮固体携带大量的有机物，对废水的有机负荷影响很大（固体可占废水中 BOD 的 60%）。因此，高效去除悬浮固体非常有利于后续废水的处理。目前常用的悬浮固体检测方法是采用孔径为 0.45μm 滤膜过滤废水。滤膜 103℃ 左右干燥后，滤膜上的固体就是悬浮固体的一部分。表 1-4 所列是废水中固体的另一种分类方法。

表 1-4　废水中固体颗粒的分类

颗粒分类	颗粒尺寸/mm	颗粒分类	颗粒尺寸/mm
可溶性	$<10^{-6}$	可沉淀	$>10^{-1}$
胶体状	$10^{-6} \sim 10^{-3}$	超胶体状	$10^{-3} \sim 10^{-1}$
悬浮态	$>10^{-3}$		

1.1.4　重金属

重金属是所有相对原子质量大于 23（Na 的相对原子质量）的阳离子。控制重金属浓度的目的是多种多样的。有些重金属对健康或环境有危害（例如汞、镉、铅、铬），有些会造成腐蚀（例如锌、铅），也有其他形式的危害（例如砷可能污染催化剂）。与有机污染物不同，重金属不会降解，这也是净化修复技术的一种不同的挑战。

目前，暂时用植物或微生物去除汞等一些重金属。具有超富集性能的植物通过将重金属富集到其生物物质中的方式去除土壤中的重金属。在一些尾矿区，通过焚烧植被来回收重金属。

1.1.5　溶解性无机固体

溶解性无机固体（TDIS）是评估水或工艺用水中无机盐含量的一个参数。采用以下方法测定废水中的溶解性无机固体，废水样品经过 0.45μm 滤膜过滤后收集的滤液，在 103℃ 左右蒸发水分，在 550℃ 蒸发有机组分，在 550℃ 焚烧后剩下的物质量是溶解性无机固体的质量。

1.1.6　有毒有机化合物

众所周知，废水中含有毒金属、有机微污染物和病原体，这会限制其有益的使用。与有毒无机物、二噁英、呋喃和病原体有关的环境风险可通过以下方法控制：

（1）选择一个污染物含量低的污水系统，并符合当地的土地应用法律；

（2）采用净化工艺去除有毒金属；

（3）在单种栽培过程中消毒这一必要步骤，消除病原体。

这些有毒有机化合物最终到达污水处理厂，并可在污水系统中浓缩。废水处理系统是使这些污染物进入环境的一种方式。有毒有机化合物的存在可能会限制污泥的最终处置、降低污泥综合利用的可能性。

表1-5和表1-6列出了部分有毒或致癌的有机化合物。

表1-5　致癌物质的职业暴露

物质	人体器官	说明
		已达成共识的致癌性有机物质
4-氨基联苯	膀胱	二苯胺污染物
联苯胺	膀胱	苯胺染料，塑料和橡胶的成分
β-萘胺(2-NA)	膀胱	染料和农药成分，接触这类物质工人患膀胱癌的概率是普通工人的30~60倍
二氯甲醚	肺	用于制造交换树脂，暴露工人患肺癌的概率是普通工人的7倍
氯乙烯	肝脏	PVC工人中血管肉瘤病例
		美国农业部职业安全和健康管理局(USDA-OSHA)致癌物质清单上的其他有机物质
α-萘胺(1-NA)	膀胱	人体相关病例 用于制作染料、除草剂、(1-NA)食品色素、彩色薄膜，抗氧化剂
乙烯胺	未知	动物致癌物质；用于造纸和纺织加工，制造除草剂、树脂、火箭和喷气燃料
3,3′-二氯联苯胺	未知	动物的致癌物质；与联苯胺和2-/β-萘胺一起暴露
2-氯乙基甲基醚	未知	动物致癌物；BCME CMME污染物；用于树脂制造、纺织品和药品生产
4,4′-二氨基-3,3′-二氯二苯甲烷	未知	大鼠和小鼠的致瘤物质；皮肤吸收后有危险；异氰酸酯聚合物的固化剂

表1-6　疑似对人类有致癌性的工业物质

三氧化锑产品	3,3′-二氯联苯胺	环氧氯丙烷
苯(皮肤)	1,1-二甲基肼	六甲基磷酰胺(皮肤)
苯并(a)芘	硫酸二甲酯	肼
铍	二甲基胺甲酰氯	4,4′-亚甲基双(2-氯苯胺)(皮肤)
氧化镉产品	丙烷磺酸内酯	4,4′-亚甲基二苯胺
氯仿	β-丙内酯	一甲基联氨
铅和锌的铬酸盐	二氧化环己烯乙烯	亚硝胺

1.1.7 表面活性剂

表面活性剂是微溶于水的有机大分子，在污水处理厂和废排放水的地表水中会产生泡沫。

洗涤产品中的表面活性剂在洗涤过程中化学性质不发生变化，并随洗涤废水排入下水道。

绝大部分情况下，排水管与下水道相连，并最终通向污水处理厂。在污水处理厂中，通过生物和物理化学方法去除废水中的表面活性剂。

在废水曝气处理过程中，表面活性剂富集在气泡表面并形成非常稳定的泡沫。通过测量亚甲基蓝活性物质(MBAS)标准溶液颜色变化来测定表面活性剂。

1.1.8 环境优先污染物

选择环境优先污染物(包括无机物和有机物)的原则是基于它们已知或可能的致癌性、致突变性、致畸性或高急性毒性。许多有机的环境优先污染物被归类为挥发性有机化合物(VOCs)。

表1-3列出了具有代表性的环境优先污染物。在废水收集和处理系统中，环境优先污染物可以被去除、转化、新增，或仅仅是简单地通过系统而性质不改变。涉及五个主要机制：①挥发(也包括气提)；②降解；③吸附到颗粒和污泥中；④通过整个系统的传输；⑤氯化反应后新增的物质、前驱体化合物降解的副产物。

1.1.9 挥发性有机物

废水的收集和处理有多种方式，其中一些会使废水中VOCs排放到空气中。在各种不同的化学处理步骤中，水可能会与有机化合物直接接触，产生的废水必须经处理或处置后才能排放。直接接触的废水包括：

(1) 用于清洗有机化学品或者反应物中杂质的水；

(2) 用于冷却或激冷有机化合物蒸气气流的水；

(3) 来自含有有机化合物的抽真空容器喷射系统的冷凝蒸汽；

(4) 来自原料和产品储罐的水；

(5) 用作催化剂载体和中和剂(如碱溶液)的水；

(6) 反应过程中作为副产品形成的水。

在设备清洗和泄漏清理时也会产生直接接触废水。这类废水通常在流量和浓度方面，比上述列出的废水变化范围更宽，并且用不同于工艺废水的方式进行收集。由于设备泄漏与有机化合物意外接触而产生的废水是"间接接触"废水。间接接触的废水由于热交换器、冷凝器和泵的泄漏会被污染。

在25℃时，沸点≤100℃、蒸汽压>1mmHg（或133.3Pa）的有机化合物通常称为VOCs，例如氯乙烯。这些化合物在下水道和处理厂（特别是进水口）的释放，对收集系统和处理厂工人的健康造成影响。

▶▶▶ 1.2 处理阶段

一般来说，"预"和"初级"是物理操作单元，"二级"是化学和生物操作单元，"高级"或"三级"是这三种操作单元的组合。

以下是关于各种处理阶段和方法的应用、定义和具有的特定功能说明，图1-1是废水处理阶段的示意图。

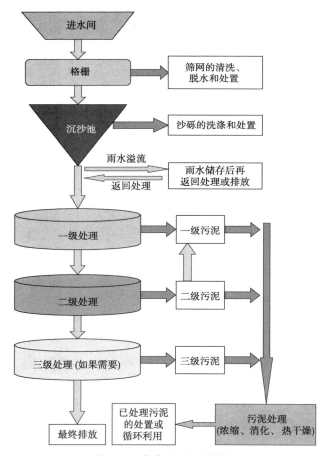

图 1-1　废水处理过程简图

1.2.1　废水的来源

石油、天然气和化学加工工业中的废水来源包括含油废水、酸性水、汽提酸性水、水处理废水和排放水(冷却塔、锅炉和气化炉)。每种来源所产生废水的特性和处理要求都略有不同。

表 1-7 列出了石油、天然气和化学加工工业中部分废水的典型水质。

表 1-7　典型废水水质

参数	含油污水	汽提酸性水	高 TDS 混合废水(离子交换、锅炉排污、RO 污泥)	冷却塔排污
温度/℃	30~60	30~35	30~40	—
pH 值	7~8	7~8	7~8	8
TDS(溶解性总固体)/(mg/L)	150~5000	50~150	500~2500	5000~6000
TSS/(mg/L)	300~800	10~20	50~100	16000~19000
余氯	—	—	—	0.3~0.5
BOD/(mg/L)	300~500	100~300	5~150	—
COD/(mg/L)	300~1200	200~500	100~500	—
TOC(总有机碳)/(mg/L)	—	—	<100	
硬度/(mg/L) (以 $CaCO_3$ 计)	—	—	—	1200~1400
总碱度/(mg/L) (以 $CaCO_3$ 计)	—	—	—	100~125
Ca^{2+}/(mg/L)				1000
Cl^-/(mg/L)	50~2000			1000~1500
NH_3/(mg/L)	20~50	40~80		<5
氰化物/(mg/L)	1~3	—	—	—
酚类/(mg/L)	5~20	20~80	—	—
H_2S/(mg/L)	5~10	10~40	—	—

1.2.2　排放选择和质量要求

石油和天然气工业的采出水虽然组成复杂,但其成分主要分为有机化合物和无机化合物，包括溶解和分散的油、润滑脂、重金属、放射性核素、处理药剂、地层固体颗粒、盐、溶解气体、氧化物、蜡、微生物和溶解氧。

以下四种排放方案在技术上都是可行的：

- 经过物理和生物处理后，排放到河流中；
- 经过物理、生物和化学处理后，排放到河流中；
- 物理和生物处理后深井回注，无地面排放；
- 物理和生物处理后，蒸发、结晶，无排放。

优选方案的选择取决于所选工艺、回收机会、经济性、监管限制和社会要求等多个因素。将研究主要与溶解固体浓度和财务影响相关的工艺效应。

1.2.2.1　废水预处理

废水预处理是去除可能对处理操作、工艺和辅助系统造成维护或操作问题的废水成分。

通过筛分和粉碎的方法去除碎屑和破布，去除沙粒以清除可能导致设备磨损或堵塞的粗悬浮物，浮选去除大部分的油和润滑脂，这些都是预处理操作的案例。

1.2.2.2　废水一级处理

废水一级处理可以去除部分悬浮固体和有机物，通常通过物理操作来完成，如筛分和沉淀。

一级处理后出水中通常有机物含量和生化需氧量都比较高。一级处理的主要功能是作为二级处理的前驱体。

一级处理后的出水可作为冷却水和公用用水，但仍需要经过进一步处理后才能用作锅炉给水。

1.2.2.3　传统的废水二级处理

二级处理主要去除可生物降解的有机物和悬浮固体，消毒也是常用的传统二级处理技术。

传统的二级处理通常用于去除上述成分的组合工艺，包括活性污泥法和固定膜反应器、生物处理方法、粪便处理系统和沉淀法等。

1.2.2.4　去除或控制营养物质

以下情况通常需要去除或控制营养物质：

1）排放到可能导致或加速富营养化的封闭水体；

2）排放到溪流中，水体中的硝化作用会消耗氧气，有根的水生植物会茂盛生长；

3）间接用于公共供水的地下水补给。

该主要关心营养物质是氮和磷，它们可以被生物、化学或组合方法去除。在许多情况下，营养物质去除过程与废水二级处理相结合，例如生物反硝化设置在产生硝化出水的活性污泥工艺之后。

1.2.2.5 废水高级处理/废水回用

废水高级处理或三级处理是在传统的二级处理之外，为了去除营养物质、有毒化合物、新生成有机物和悬浮固体等相关成分所需要的处理工艺。

除了去除营养物质的过程外，在高级废水处理中经常使用的操作单元或工艺是化学混凝、絮凝和沉淀，之后是过滤和活性炭吸附。去除特定的离子或减少溶解固体的离子交换和反渗透工艺较少采用。

废水高级处理也用于各种需要回用的优质水，如工业冷却水和地下水回灌。

1.2.2.6 有毒废物处理/特定污染物去除

有毒废物和特定污染物的去除是一个复杂的课题。在排放到最终处理系统之前，通过预处理控制有毒污染物的浓度。很多有毒物质，如重金属，通过物理化学技术，如化学混凝、絮凝、沉淀或过滤等降低其浓度。

常规的二级处理在一定程度上可以去除有毒废物。含有挥发性有机成分的废水可用汽提法或碳吸附法处理。低浓度的特定污染物可用离子交换法去除。表1-8列出了对活性污泥工艺有抑制作用的典型污染物。

表1-8 对活性污泥法有抑制作用的污染物阈值浓度

污染物	浓度/(mg/L)	
	去除含碳物质	硝化作用
铝(Al)	15~26	—
氨	480	—
砷(As)	0.10	—
硼酸	0.05~100	—
镉(Cd)	10~100	—
钙(Ca)	2500	—
铬(Cr^{6+})	1~10	0.25
铬(Cr^{3+})	50	—
铜(Cu)	1	0.005~0.50
氰化物	0.1~5	0.34

续表

污染物	浓度/（mg/L）	
	去除含碳物质	硝化作用
铁（Fe）	1000	—
锰（Mn）	10	—
镁（Mg）	—	50
汞（Hg）	0.1～5	—
镍（Ni）	1～2.5	0.25
银（Ag）	5	—
硫酸	—	500
锌（Zn）	0.8～1	
酚类		
苯酚	200	4～10
甲酚	—	10～16
2,4-二硝基苯酚		150

1.2.2.7　污泥处理

当产生液态污泥时，需进一步处理以适合最终处置工艺。通常采用浓缩（脱水）技术，以减少运输到场外进行处理的污泥体积。

降低污泥中水分含量的工艺包括在干燥床中曝气形成可填埋或焚烧的泥饼；通过布筛对污泥进行机械过滤，污泥压干形成坚硬的滤饼；通过离心分离固体和液体，使污泥浓缩。通过向土地注入液体或者垃圾填埋场处置污泥。表1-9列出了大部分的污泥处置办法。

表1-9　污泥处理处置方法

处理或处置阶段	单元操作、单元工艺或处理方法
预处理	污泥泵送、污泥破碎、污泥混合和储存、污泥除砂
浓缩	重力浓缩、浮选浓缩、离心、重力带式浓缩、转鼓式浓缩
调质	化学调质、热处理
消毒	巴氏灭菌法、长期存储
脱水	真空过滤、离心、带式压滤机、压滤机、污泥干化床、咸水池
加热干燥	干燥变化器、多级蒸发器

续表

处理或处置阶段	单元操作、单元工艺或处理方法
热还原	多炉膛焚烧炉、流化床焚烧炉、固体废物协同焚烧炉、湿式氧化法、立式深井反应器
最终处置	土地利用、分销与营销、填埋，污泥贮留、化学固化

▶▶▶ **1.3 排水污染控制**

有效的设计和程序如下：
- 用真空货车回收溢油和碳氢化合物，以减少排放和排出水；
- 将含油废物、浓缩废物和其他工艺废物与一般排水分离以实现更有效处理；
- 通过定期冲洗工艺下水道防止污染物沉积，在处理前通过流量和负荷均衡，减少对处理设施产生污染物冲击负荷；
- 处理含油废物、污泥、洗涤水和其他废水的专用流程；
- 最大限度地利用风机冷却，仅在工艺温度较低、风机冷却不可行或成本高的情况下使用冷却水；
- 限制用于工艺装置冲洗的水量；
- 将污水汽提塔改造为再沸汽提塔，以减少污水并回收冷凝水；
- 在脱盐原油中注入苛性碱，以减少常减压蒸馏装置常压塔塔顶系统控制腐蚀所需的 NH_3。

1.3.1 防治溢油

预防石油及其产品的泄漏是拟建设施在设计和运行时的主要目标之一，并应包括但不限于所有设施的选址和设计准则、操作程序、定期审查、检查和监测、人员培训、操作程序修订（如有必要）和重新设计（如有必要）。

具体的设计参数包括：储罐（原料和产品）周围的不渗水堤坝、工艺区雨水的控制、废水处理设施能处理受污染雨水的能力、能检测管道系统微小泄漏量或者缓慢泄漏速率的泄漏检测系统，以及合理使用阀门使潜在泄漏量降到最小值。

1.3.1.1 防溢技术

防止泄漏是保护生命、财产和环境的第一道防线。经验表明，操作失误、人为错误和设备故障都是引发泄漏的主要原因。通过所有工作人员共同参与和努力，可以减少泄漏。

通用设施的正确设计、检查和维护都是至关重要的。同时操作人员的能力也非常重要，必须定期考核和提升。

配备了良好的设备、操作人员和程序后运行，泄漏发生的次数将会减少，但是不会完全消除发生泄漏的问题。

小事件和灾难事件之间的区别几乎完全取决于规划。这些规划包括设有溢油控制功能和警报的设备设计、可行有效的溢油控制应急方案、训练有素的溢油控制人员，以及足够的溢油控制设备。

1.3.1.2 散装存储

储油罐的结构和材料应与油品存储以及存储条件相适应，如压力、温度等。

最大单罐要配备防水的二次密封系统，并为沉淀和液位超高提供足够的余量。

新的金属材质埋地储罐需要使用涂料、阴极保护或其他适合当地土壤条件的有效方法进行防腐。如果可行，应该考虑使用非金属储罐。

地面储罐需要经过规定的完整性测试，测试程序包括水压试验、外观检查，或通过非破坏性的外壳厚度测量系统进行检测。

排入河道的工厂废水，应设有可经常检查的处理设施，以检测任何可能引起油品泄漏的系统故障。

1.3.1.3 设备排水

设置合理的集水池或构筑物，可防止油品泄漏。

1.3.2 地下水污染控制

液体石油产品泄漏的两个基本原因是设备故障和操作人员失误。

- 设备故障包括地上和地下管道和储罐的腐蚀和泄漏、阀门故障、炼油厂设备故障以及下水道和排水道泄漏。通过适当的检查和维护措施，这些故障都可以避免。

- 操作人员的失误包括储罐溢油、阀门和管道的对接不精确。这些以及其他操作人员的失误可以通过制定可靠的操作程序，定期的人员培训和考核，以及系统化定期复检来避免。

1.3.2.1 预防措施

长期使用的设施在施工期间需要安装的预防措施，必须考虑以下因素。

- 建筑类型（炼油厂、储罐、管道等）；

● 可能污染场地的石油体积和性质；

● 地质和水文地质环境：地形的类型、含水层的深度、活动性和含水层质量；

● 经济环境：附近水井的出水量、家庭用水量、河流污染的风险等。

整个预防系统包括四个方面：防腐蚀、地面预防措施、地下预防措施，以及检测和预警地面观测不到的可疑污染或地下水水位的危险变化。

防止溢出的产品污染进入地面和控制其流动方向的其他方法包括：

● 用混凝土铺路、铺设黏土层或沥青层、覆盖塑料布（用砾石压着的 PVC 板、玻璃纤维增强环氧树脂）、铺设与土壤混合的化学物质等方法使土壤不透水。

● 厂区的地面排水系统将所有含油污水和被油污染的污水排入污水管道，然后通过带有检修孔（铸铁、钢铁、环氧树脂）和排水沟的管道系统，将污水排入截流器或分离器。

1.3.2.2 设备类型

● 沟槽

该保护系统用作防止油在水平方向扩散的屏障，根据土壤条件，当地下水位在低于 3~8m 的深度时，才能在实际中实施运行。

通过在测压管水位以下约 1m 处挖沟槽，阻止石油在地下水表面的扩散，使油品流到水面，从而流进沟槽后就可以回收。

● 水动力保护

通过流体动力学方法控制油品泄漏的原理是改变地下水的流动模式，使游离油或污水被引流到一个或多个特定的控制点。这可以通过水流排放、蓄水层回注或两者结合来实现，该方法能否成功取决于能否使地下水表面保持人造的水位梯度。

● 监测

地下水监测装置主要用于检测和预警，从地表观测不到的意外污染或地下水位的异常变化。根据污染发生的潜在可能性，这些监控设施安装在石油储存区、废物处理/处置设施（包括废水池、土地农场和垃圾填埋场）或整个系统中。

在选择监测设备时，应最大限度地提高系统的准确性和可靠性。此外，在监测时要区分已有的泄漏和新的泄漏。

● 缓解措施

在检测到泄漏或任何污染物后，必须采取补救措施，如确定污染程度和范围、污染区域的水文地质评估，并据此指定必要的治理方法。可行的治理方案包括油和油水的回收、污染区域的复原处理等。

• 回收措施

从地下水表面回收游离油时，主要考虑利用自然水位梯度，或通过人工诱导形成梯度或增加现有水位梯度。通过合理使用和运行回收设备，可以在相对有限的几个选定地点处收集回收游离油。通常用油井和水沟回收油和水。

>>> 1.4 处理过程

因人为或者商业活动而使水被污染，在排放入环境或者再利用之前需要经过净化处理，因此工业废水处理过程也包括这类废水的处理机理和工艺。

石油、天然气和化学工业产生废水中的部分污染物必须通过物理、化学和生物方法去除。图1-2为化学工业废水处理示意。

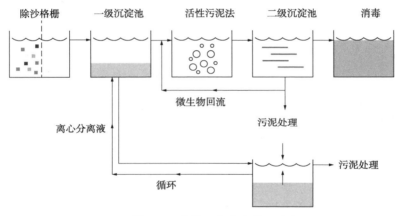

图1-2 化学工业废水处理示意

表1-10列出常用的废水处理单元操作，在选择处理技术时应考虑下列准则：

a）技术应分为有效技术、有潜力技术和不适合特定场合的技术。

b）技术应根据其有效性（实现处理目标的能力）、可实施性（材料和服务的可用性）和成本（资本、运营和维护）进行评估。

c）需要确定每类废水处理的可行技术。使用相同技术的废水应合并后形成复合废水处理系统。这些废水处理系统应与当前的加工制造和废水处理工艺进行比较，以确定废水分离和独立处理的可行候选方案。

d）应确定废水处理等级和废水排放途径，以保护受纳水体或地下水位及其用途。应根据受纳水体接收残留废物的能力以及废水需满足的排放标准来确定设计设施的处理水平，通过比较进出水的水质确定处理等级。在废水回用工程中，回用水的水质决定所需的废水处理等级、处理工艺和运行可靠性程度。需要评估拟采用处理工艺和运行的可靠性，以确保持续提供稳定水质的水。

e）所有有毒和高化学活性物质应采取源头治理，不得以任何活性状态排放到废水处理厂，包括去除可溶态和不可溶态的金属（如铅、锌、铜或其衍生物），以及其他类似危险的金属及其副产品。高活性金属，包括镁或铝合金，不能排放到下水道中，应在源头提供特殊方法和设备处理和去除。所有剧毒无机化学品，包括氰化物、氟化物和相关有害阴离子，必须在源头或就近处理并从水中去除，达到规定的要求。这也包括铬酸盐和其他特殊的复合阴离子衍生物。另一类不能排放到下水道的物质包括高活性氧化剂，特别是有机和无机结构的过氧化物；还包括其他强氧化剂，如氯酸盐、高氯酸盐、硝酸和其他类似产品。还应限制挥发性有机物质的排放，应在源头隔离和处理这些物质。在下水道中，有机物挥发会形成爆炸性混合物，或由于某些条件引发化学反应，进而可能引发爆炸。总之，所有已知对植物、动物或人类生命有危险的有毒物质，尤其是有机物，都应源头处理。所有含放射性组分的溶液也必须隔离存储，并在源头进行处理。

表 1-10　操作单元、工艺单元和废水处理系统

污染物	操作单元、处理单元或处理系统
悬浮固体	沉淀、筛分和粉碎、过滤、浮选、投加化学聚合物、混凝/沉淀
可生物降解有机物	活性污泥法、固定膜：滴滤、旋转生物接触器、蓄水池和氧化塘、间歇沙滤池、土地处理系统、物理-化学处理系统
病原体	氯化、次氯酸化、臭氧氧化、土地处理系统
营养物	
（1）氮	悬浮生长的硝化和反硝化技术、固定床生物膜硝化和反硝化技术、氨的汽提、离子交换、折点氯化、土地处理系统
（2）磷	添加金属盐、石灰混凝/沉淀、生物/化学除磷、土地处理系统
（3）氮和磷	生物脱氮、碳吸附
难降解有机物	三级臭氧氧化、土地处理系统
重金属	化学沉淀、离子交换、土地处理系统
溶解性无机固体	离子交换、反渗透、电渗析

1.4.1　油库废水污染

石油工业产生的废水种类很多，包括工艺废水，如原油脱盐水、加氢裂化或加氢处理工艺产生的酸性水；常规废水，如含油废水、清洗水、碱液。为了满足水质的排放要求，最好对这些不同的废水分别处理。这里介绍了炼油厂废水处理的常用技术，以及废水处理的最佳管理实践经验。

原油码头废水的最大来源是油轮的压载水。需要处理的压载水量取决于船舶设计、操作和压载水排放法规。船舶设计参数包括隔离压载舱的数量、油箱尺寸、船载油水分离器的使用情况；操作参数包括之前的货物类型、天气条件和油罐的清洗状况。优化油轮的设计和运行可以减少需要处理的废水量。

压载水处理是将压载舱放在岸边槽库中静置 10～24h，撇去浮油，并将水排空。在某些情况下，这种简单的重力分离仍是可行的。但是为了获得更好的处理效果，还必须采用物理、化学和/或生物方法。

在岸外空间紧张的场合，可使用转换冗余油轮形式的压载水排出设施。一种消除油轮中压载水污染的方法就是使用隔离的压载舱。

1.4.2　简单的重力分离

油水分离是炼油厂常规废水处理的第一步，其目的是消除不溶性碳氢化合物和悬浮物。该分离过程一般在重力作用下进行，可采用几种不同形状的分离器，如纵向（美国石油学会，API）、圆形或叶片状分离器。

这些处理系统依靠重力差分离油和水，能够去除大部分非溶解态和非乳化态的浮油，包括静置和沉淀装置、具有撇油功能的 API 分离器、波纹板油水分离器（CPI）和贮水池。

1.4.3　残留的悬浮物

如果要将废水中的非溶解油分浓度降到 25mg/L 以下，需要在简单重力分离系统后可选择使用几种方法进一步处理。

这些方法还可将固体悬浮物浓度降到约 30mg/L 以下。由于去除了油和固体物质，同时降低 BOD。这些处理过程对可溶性油含量几乎没有影响。

物理方法包括溶解气浮法、过滤法（利用重力或压力过滤器）、物理分离和化学药剂（如无机絮凝剂、破乳剂、聚合电解质）组合法、絮凝/沉淀法、絮凝-溶气气浮法、诱导气浮法。

1.4.3.1　简单重力分离系统的组合

可以将上述单独处理装置组合使用，这些组合可以包括储存和沉降装置+API 分离器或 CPI、储存和沉降+蓄水池、储存和沉降+API 分离器或 CPI+蓄水池。

这里有几个原因解释为什么组合工艺是处理工艺的最好选择。第一，CPI 或

API 前部先进行储存和沉降去除原油，并防止下游分离器出现临时超负荷的情况。

第二，将沉淀池用最大流量设计，分离器用小时平均流量设计，采用沉淀池和 CPI 或 API 分离器组合使用，而不是用最大流量时调整 CPI 或 API 分离器尺寸以降低处理成本。

第三，CPI 或 API 分离器与蓄水池组合，可作为一个防护室分离沉淀池中意外排放的油分。

1.4.3.2　物理和化学净化

生物处理之前必须先进行物理和化学处理。该技术将化学反应与物理分离组合使用。最常用的技术是混凝、絮凝、气浮和过滤，可去除胶体悬浮物和不溶性碳氢化合物。

1.4.3.3　生物处理

经过物理和化学处理后，仍需去除废水中的溶解性污染物。这些污染物包括可溶性碳氢化合物、可溶性 COD 和 BOD 类物质、酚类和含氮化合物，都是可生物降解类的，可通过活性污泥或滴滤池等生物处理技术去除。在某些情况下，生物处理也适用于去除溶解的可生物降解物质，在普通压载水中这类物质的浓度一般较低。用于生物处理的典型设备包括活性污泥池、生物滴滤池、生物转盘和氧化塘(曝气或不曝气)。

1.4.3.4　泄漏

原油码头作业的一个主要环境问题是石油泄漏及对鸟类和海洋生物的影响。

根据码头类型(海上或陆上)和水的特性(如洋流和接近开放水域)，泄漏的影响可能从微不足道到极其严重。例如，像入海口之类的封闭区域，被认为是最具活力的海洋环境，随着时间的推移，泄漏到该区域的石油可能会积累到难以容忍的程度。

与入海口(港湾)区域相比，近海区域相同程度的石油泄漏对海洋环境的影响较小，主要原因有以下三个：

1) 在近海区域，受影响的生物较少；

2) 由于近海区受更多海水的稀释作用，石油泄漏引起的有毒化合物浓度期望会不断降低；

3) 由于入海口处受到的海水冲洗有限，近海区域泄漏的石油与海洋生物的接触时间通常较短。

除了原油泄漏以外，处理过的压载水还可能影响"封闭"区域内的海洋生物。因此，最好的方法是将处理过的压载水通过管道输送到其他流动混合性更好的区域，从而保护"封闭"区域，把对海洋环境的影响降至最低。

泄漏污染是原油码头的一个重要特征。最常用的隔离系统是浮动吊杆和吸附绳。另外两种不常用的替代方案是气泡隔离系统和封闭式泊位。

1.4.4 处理工艺的选用

通过多种处理操作单元才可去除所有废水污染物。合理的处理单元次序，能使废水处理后水质更好。

物理/化学处理和生物处理是最主要的两大处理技术。物理/化学和生物两类技术处理能力的本质区别在于能分别去除不同类型有机物质。废水中含有不可吸附有机物，单一物理/化学操作效率较低。废水中含有不可生物降解的有机物，单一生物工艺的效率较低。表1-11列出了处理单元和工艺及去除的组分。

表1-11 处理单元及处理的废水组分

处理单元	去除机理	废水组成
沉淀/浮选	重力	固体有机物/无机物
混凝/沉淀	粒子聚集/重力/化学键	固体有机物/无机物、胶体状有机物/无机物
生物处理	粒子聚集/生物/新陈代谢/重力	固体有机物/无机物、胶体状有机物/无机物/可溶性生物降解有机物
过滤	截留颗粒/聚集/吸附	固体有机物/无机物、胶体状有机物/无机物
碳吸附	吸附	可溶性可吸附有机物/无机物
	截留	固体有机物/无机物
	颗粒聚集/吸附	胶体状有机物/无机物

通常根据废水参数和成分确定最佳的处理工艺。针对以下情况，化学/物理处理是一种合适的可选方法：

● 对于具有高浓度颗粒状有机物的废水，可溶性有机物浓度低于50mg/L BOD_5，可采用化学混凝、沉淀和过滤技术；

● 对于在相当长的一段时间内不会接纳废水的处理系统，例如间歇式处理系统、水流冲击很大的系统；

● 地面空间有限或原废水中含有毒物质。

使用物理/化学法系统处理中高强度废水（$BOD_5 > 200mg/L$）时应格外小心。在这种情况下，现场中试研究是可取的，以确定废水的出水质量，并确定碳柱中预期的生物活性是有利于有机物的去除，还是会产生嗅味和堵塞。

废水的土地处理是其他二级处理的替代技术，或者废液处理和方便用水的最后附加技术，可选择土地处理方法包括地表和地下渗滤以及深井注入。土地处理和废水回收相组合方法包括渗透-过滤、地表径流、灌溉和补给地下水。

上述的许多方法也能用于处理有毒化合物，由于毒性的复杂性，这类处理方法必须充分考虑废水和有毒化合物的性质。表 1-12 总结了对特定化合物的处理工艺。

表 1-12 有毒化合物的处理工艺

工艺	污染物
活性炭吸附	天然和合成有机化合物，包括挥发性有机化合物、杀虫剂、多氯联苯和重金属
活性污泥-粉状活性炭	重金属，氨，优先难降解污染物
气提	VOCs 和氨
化学混凝、沉淀和过滤	重金属和多氯联苯 PCBs
化学氧化	氨、难降解的有毒卤代脂肪族和芳香化合物
传统生物处理(活性污泥法、滴滤法)	苯酚，多氯联苯，选择性加氢的烃类

表 1-13 所列是炼油废水处理装置和工艺。表 1-14、表 1-15● 总结了石化废水的处理方法，根据每个处理单元和工艺的性能来确定最终的总处理工艺。

表 1-13 炼油废水处理装置和工艺

预处理	一级处理	二级处理	三级处理
去除酚类物质、S⁻、NH_3、RSH、F⁻、酸性污泥、油等；水回用；废水调质	去除游离油、悬浮态固体	去除乳化油、悬浮态固体和胶体态固体	去除溶解性有机物(可选)
工艺			
单元分离器 汽提 燃料气汽提 空气氧化 中和 调节池	API 分离器 CPI PPI 分离器	化学混凝气浮 化学混凝过滤 pH 值控制 减少中间需氧量 废水调质	滴滤池 活性氧化池 曝气池 旋转生物接触器 (RBC)	化学混凝气浮 化学混凝过滤 碳吸附
污染物增加控制	↓污泥	↓污泥	↓污泥	↓污泥

● 由于原版有误，本书此处不提供原版中表 1-14，后续表格序号顺排。

表1-14　针对分类产品的石化废水化学和生物处理方法

工厂产品	化学处理		生物处理		
	调节pH值	化学氧化	生物过滤	活性污泥法	氧化塘
一般化工品	√	√			√
尼龙			√		
尼龙化工中间体		√	√		√
有机化学品	√				
含氧碳氢化合物				√	
光化学品			√		
粉末			√		
树脂			√		√
火箭燃料	√		√		
橡胶、纺织和塑料				√	

表1-15　针对分类产品的石化废物最终处置方法

工厂产品	最终处理处置						
	河水或海水稀释	海洋处理	陆地处理	倾倒或填埋	深井处置	焚化	废料回收利用
尼龙			√		√	√	√
尼龙化工中间体	√					√	
合成橡胶	√					√	

▶▶▶ 1.5　选址和设计

　　在前面的章节中讨论了污染源和控制方法。下面将探讨在炼油厂或码头选址和设计中，如何针对特定污染物进行管理。

　　炼油厂或码头的主要设计要求是尽量减少污染物的排放以及其对环境影响。

　　实现这一目标所要采取的措施取决于所加工原油的类型、产品类型、水、燃料和其他公用事业的可用性，以及确定的污染参数。还必须考虑安全方面的要求，确保周围人员和工厂员工免受火灾、爆炸和有毒危险化学品等危害。

　　本小节简要介绍设施选址和设计中需要关注的问题，指出潜在的环境影响。

1.5.1 水生生态系统

炼油厂或码头选址应考虑对水生生态系统的潜在影响。选址中水生系统的内容应包括产卵区、摄食区、商业捕鱼区、垂钓区的位置、底栖生物种群的状况，以及对初级生产力及限制因素的评估等。

设计中要考虑设备的供水需求。虽然用水是非消耗性的，但应注重取水区和排水区的设计。

炼油厂或码头始终存在石油或石油产品泄漏的潜在可能性。所有设施都应该有泄漏应急预案和清理泄漏所需的基本设施。

1.5.2 陆地生态系统

在炼油厂或码头选址中，对陆地生态系统的影响包括总可用栖息地的减少或损失、食物网的破坏或改变、种群的变化。选址的另一个要关注的问题是植物和动物对污染物的敏感性。

1.5.3 湿地生态系统

尽管湿地可能是非植被性的，在水位接近或高于地表的多数时间里，这种水文区域仍通常会形成水生植被或者植群。湿地属于水域系统，任何一个小区域水质的变化，都会传输到其他区域而扩大其潜在影响。

通过灌水、清淤、排水或建蓄水池，可以直接改造湿地。通过改变水流模式和相邻土地用途，可以间接改变湿地区域的功能和价值。

除设施建设外，相关的管道铺设也会对湿地产生影响。

1.5.4 土地利用

炼油厂或码头的选址还应考虑现有的土地利用，以及与当地和区域土地使用规划的兼容性。

1.5.5 水污染控制

水污染控制工程的选址和设计指南需考虑如下几个方面：

- 选址

在炼油厂选址中，水污染控制工程最重要的因素是废水对进水系统的影响。选址调查中重点需要评估的几个因素包括：热负荷、总溶解性固体、重金属离子浓度、废水中有机物对水质的影响。

● 设计

水污染控制工程的设计取决于将废水排放至水体或公共废水处理厂时需满足的水质指标，以及炼油厂自身的特点。以下的设计针对工艺废水和非工艺废水的分离以及原水和处理后废水的回收和再利用：

a）根据含油量和回用需求，对炼油厂废水分离和处理。4 种常用的分类是无油废水、含油冷却水、工艺用水和卫生废水。

b）回收原废水和处理后的废水，以减低废水处理量，并减少补充水用量。例如：催化裂化装置的废水富含 H_2S(酸性水)，在汽提处理后作为原油电脱盐装置的补充水。

c）罐区、生产区和产品装卸区地面应向污水池或污水管倾斜，以快速清除和收集泄漏物。

d）在管道末端安装止回阀和储罐，用于防止和控制泄漏。

e）在常闭阀门上安装密封件。

f）在地下管道和储罐上安装阴极保护系统，或在管道外面多次涂刷防护涂层，防止管道与土壤直接接触。

g）尽可能让所有管道都安装在地面上，便于检查和识别泄漏。

h）通往化工废料系统或废水系统的混凝土沟渠，应安装在管道下方。

1.6 石油化工行业废水的来源

1.6.1 水污染

在化工厂中，通过化学反应产生的水量低于蒸发到大气中的水量，因此排水量通常低于进水量。但是，大部分进水还都是排放掉了。

此外，雨水在流经工厂污染区域时也会被污染，并作为废水的一部分排放。

1.6.2 冷却水

大多数工业水可用作冷却水。例如，生产乙烯和二氯乙烯的石脑油热裂解、氯乙烯生产中的热裂解、聚合和氧化中的反应热排出以及分馏塔冷凝器的冷却等。通常采用间接冷却的方法，因此冷却水不会受到污染。但是，在冷却器的管子由于腐蚀导致液体泄漏的情况下，会污染冷却水。

1.6.3 洗涤水和工艺用水

洗涤水与工艺用水的水质参数相似，洗涤水通常也被称为"工艺用水"。水中可溶解多种物质，因此常用水进行清洗处理。例如，CO_2、H_2S、HCl 等气体可溶解在稀碱水中。

与冷却水相比，石油化工行业使用的洗涤水和工艺用水量较少。这些废水含有大量有机物和溶解油，但仅用 COD 和 BOD 不能完全说明废水中含有的有机物量，需进一步使用 TOC（总有机碳）和 TOD（总需氧量）等指标，但 TOC 和 TOD 并不是检测废水中有毒物质或选择废水处理方法的常用指标。由于加工工艺不同，石化行业排放的有机化合物化学性质多样，因此必须了解污染物的排放源。表 1-16 给出了不同水污染类型的实例。

表 1-16　水污染（废水、废液）实例

操作单元	水污染实例
冷却水	裂解气直冷或骤冷：废水含有焦油粉尘、硫酸氢盐和氰化物 间接冷却器束管断裂：管内液体污染冷却水 蒸汽喷射器：喷射器蒸汽冷凝液中含有挥发性碳氢化合物
锅炉给水	蒸汽喷射器：喷射器蒸汽冷凝液中含有挥发性碳氢化合物
洗涤水	气体洗涤装置中排出的水：含硫酸氢、盐酸等 液体洗涤装置排出的水：含盐酸等 除尘器排出的水，含灰尘
工艺用水给水（化学反应、电解）	悬浮液和乳液聚合用溶剂，含催化剂、乳化剂、塑料单体等 蒸汽汽提装置的冷凝液：含溶解性碳氢化合物 石脑油热裂解稀释蒸汽中的蒸汽冷凝液：含有碳、苯酚和轻油
泄漏（损失）	操作错误引起的泄漏，如泵、搅拌器轴、阀杆、法兰泄漏

1.6.4　石油化工行业的典型污染物

石油化工行业产生的废水中含有以下物质：不可生物降解的或部分可生物降解有机物质、含氮化合物和重金属。

1.6.5　石化废水处理

石油化工产品是指来源于天然气、石油或两者兼有的大宗化学品。需要仔细核查拟用或在用石化产品的生产工艺，尽可能降低水溶性有机物进入供水系统的潜在危害。可以考虑以下方法：

- 废水的循环和再利用；
- 采用油或者化学品进行骤冷降温，不使用水，避免产生废水；

- 使用不产生废水的替代工艺；
- 使用空气冷却器或冷却塔代替直流冷却水；
- 在污染物进入废水之前，在制造过程中先消除污染物；
- 对废水进行处理，降低工厂排放废水中化学物质的总量。

自动化操作控制系统、报警系统和操作人员定期巡检都能有效防止化学品的泄漏。必须安装足够的防控设施，防止化学品和废物意外排放到下水道或受纳水体中。一种非常有效的控制水质方法是使用能容纳数天废水产生量的大型蓄水池，多次检测水质符合要求后再排放到受纳水体中。

1.6.6 化肥厂

化肥厂产生的废水来源众多，可总结如下：

a）合成氨厂的含氨废物；

b）尿素制造厂产生的氨和尿素废物；

c）铵盐，如硝酸铵、硫酸铵和磷酸铵；

d）磷酸盐和过磷酸盐工厂产生的含磷酸盐和氟化物的废物；

e）硫酸、硝酸和磷酸厂的酸性泄漏物；

f）离子交换再生装置的废液，阳离子交换装置的废酸液和阴离子交换再生装置的废碱液；

g）冷却塔排污产生的磷酸盐、铬酸盐、硫酸铜和含锌废物；

h）金属盐，如铁、铜、锰、钼和钴等；

i）澄清池排出的污泥和沙滤器的反冲洗水；

j）部分氧化操作单元的炭浆；

k）气体净化过程产生的洗涤废水，含有乙醇胺（MEA）和二乙醇胺（DEA）、砷化物（As_2O_3）、碳酸钾和烧碱等污染物。

化肥生产中的废水来自多个操作单元，不同工厂产生的废水存在很大差异。每个装置的运行时间、维修状态、运营管理和复杂程度都会对厂内物料损耗有重大影响，导致过度损耗（以及后续污染）的主要因素包括：

- 基础设施落后，效率低，过程可控性差；
- 设备，尤其是控制设备的保养和维修不当；
- 原料经常变化，难以通过调整工艺装置及时有效应对这些变化；
- 在原厂设计阶段，缺乏对污染治理和材料损耗的应对措施。

由于生产过程中冷却的要求，化肥厂总体耗水量较高。废水排放总量在一定程度上取决于厂内废水的再循环率，在完全回收再循环的情况下，原水主要用作补给水。

采用直流冷却系统的工厂通常会产生大量的废水（从 $1000m^3/h$ 到超过 $10000m^3/h$），主要是排放的冷却水。

1.6.6.1 氮肥

一个生产硝酸铵和尿素产品的复合化肥厂，会产生硝酸铵、硝酸、氨、尿素、硫酸、烧碱、铬酸盐、油、油脂、锅炉给水添加剂等污染物，这些污染物包含在全厂的废水中。其中合成氨厂和尿素厂产生的废水可分为如下几类：

合成氨厂 HCN 汽提塔出口排放物、跑损的催化剂、变换工艺中的冷凝物。

尿素厂 浓缩的废液、冷却水排污、含油污水和生活污水中其他污染物的排放。

1.6.6.2 磷肥

磷肥生产过程中废水来源如下：

工厂1 原水进水

废水来源：过磷酸盐厂、硫酸生产装置、水处理厂、冷却塔等。

工厂2 原水进水——海水（直流冷却）

废水来源：合成氨厂、磷酸厂、硫酸厂、公用工程厂、冷却水补给、锅炉排污、清洗离子交换装置、地面冲洗水等。

1.6.6.3 NPK 氮磷钾复合肥

氮/磷/钾（NPK）废水的主要成分是造粒装置中直接跑损的肥料化合物。NPK 生产中废水示例如下：

工厂1 原水进水

废水来源：合成氨厂、尿素厂、磷酸和 NPK 厂、水处理厂、冷却塔和锅炉房等。

工厂2 原水进水

废水来源：合成氨厂、尿素厂、磷酸和 NPK 厂、硫酸和硝酸厂、水处理和蒸汽发电厂、甲醇厂等。

▶▶▶ 1.7 污染的影响

形成污染的废物在组成上可分为主要成分和次要成分，但需要引起注意的是，在特定情况下，特定的次要废物成分可能产生更严重的污染。

1.7.1 主要污染物

化肥生产过程中废物引起水污染效应，主要取决于以多种化学形式存在的氮和磷元素。

1.7.1.1　氮：氨氮和尿素

尿素水解成氨氮，因此将这两种化合物合成一类。氨氮的污染包括毒性、需氧量和富营养化。氨在相对较低的浓度下对鱼类和其他水生生物有毒，而尿素本身就对某些水生生物有毒。

氨氮和尿素都可被生物氧化，因此废水中的氨氮可看作受纳水体潜在需氧量。此外，在水生环境中氨氮起到肥料的作用，导致藻类和水生植物生长过快，加速水体富营养化。

如果受纳水体用于供水目的，由于氯化的化学干扰（氯胺中间体的形成）及相应的氯需求量增加，高氨浓度下可能导致新的环境污染问题。

1.7.1.2　硝酸盐

高浓度硝酸盐引起的水污染问题包括水体富营养化和对公众健康的影响。硝酸盐浓度高会导致水体富营养化加剧，促进藻类和水生植物的生长，影响水质和景观价值。与供水中硝酸盐有关的健康危害，被认为是婴儿甲基血红蛋白血症和潜在的致癌作用。

1.7.1.3　磷酸盐

高浓度磷酸盐对水体富营养化影响很大。从受纳水体的无机营养物富集来说，因为某些水生植物有固氮特性，并不完全依靠可溶性氮促进生长，因此磷酸盐在特定条件下比含氮化合物更为重要。

在这种情况下，磷酸盐是植物生长限制剂，通过降低磷酸盐的浓度可有效控制富营养化，以防止藻类和水生植物过度生长，从而增加营养保留。

1.7.2　次要成分

在液体废物流中，除了含氮或磷化合物排放造成的污染外，许多次要的污染物组分也会造成污染。主要包括：油和油脂、六价铬、砷和氟化物。

在特定情况下，由于具有毒性或能引起抑制硝化作用，一种或多种污染物能对受纳水体产生不良影响。此外，油和油脂可能对水道的氧传递产生不利影响。

▶▶▶ 1.8　烯烃厂

（1）废液　烯烃装置的废液主要为含油污水、火炬系统抽空排污、烧碱氧化废水、稀释蒸汽发生器排污和污染的冷凝液。

（2）含油废水　含油废水的主要排放源是储罐排出的废水和水力除焦的废水。清洗被焦炭污染的设备时，在排放到含油废水处理系统之前，水力清洗废水中夹带的焦炭粉要经过分离处理。

（3）火炬系统的废水　火炬系统用于在错误操作和紧急情况下排放的碳氢化合物进行安全处置。热火炬分离罐主要用于收集由火炬密封罐、多余的燃料气、热放空和热吹扫等排放的液体。

（4）废碱液中和　来自裂解炉的裂解气，在进入冷却段进一步处理前，首先在碱洗塔中去除 CO_2、H_2S 和硫醇等残余的气体。从洗涤塔底排出的废碱液，富含硫化物成分和挥发性有机化合物，如冷凝油和苯。碱洗废液中硫酸盐浓度高达 6%（以 NaHS 表示），具体取决于裂解炉原料和洗涤塔操作情况，因此碱洗废液也是烯烃厂中最难处理的废液。废碱液现场处理最有效技术是湿式氧化法，可以将活性硫酸盐氧化为可溶性硫代硫酸盐、硫酸盐。

（5）污染的冷凝液　可疑冷凝液由来自热交换器的所有冷凝液流组成，热交换器中碳氢化合物侧的压力大于加热蒸汽的压力。任何热交换器的泄漏引起冷凝液中热交换器中碳氢化合物污染。通常冷凝液不会流入缓冲罐。冷凝液中的可疑成分包括丙烷、丙烯、丁烷、丁二烯和戊烷，其浓度与最大溶解度有关。

（6）稀释蒸汽发生器排污　烯烃厂废水的主要来源如下：在正常和异常操作条件下的工艺用水，急冷塔的工艺用水，可能受污染或未受污染区域的地表径流。

虽然废水的组分因来源而变化，但成分主要是石油、酚类、H_2S 和碳氢化合物。

1.8.1　聚合物厂

- 以聚乙烯厂（HDPE/LLDPE/LDPE）为例

工艺废水：从干燥塔底部排出的工艺废水夹带聚合物的细微粉末，通常具有以下特征，温度<50℃，BOD_5<100ppm，COD<200ppm，SS≤100ppm。

雨水和地面冲洗水：根据其来源分别收集和处理。

聚合区域：聚合区的壁板可能被聚合物粉末，和从泵、压缩机和其他机械设备中溢出的油污染。已铺路面上的雨水和冲洗水会带走粉末和油，需单独收集到水池中，在此夹带的污染物保留下来。

挤出成型设备的建筑物区域：厂房内的地板偶尔受聚合物/碎片和润滑油的污染。

- 聚丙烯工厂

工艺废水：干式洗涤塔和造粒工艺都会持续产生废水。干式洗涤塔塔底排出废水中含有微量的聚合物细粉，通常具有以下特点：pH 值为 6~8，温度范围 40~60℃，污染的聚合物粉末；造粒工艺废水中含油、微量的悬浮固体，通常具有以下特点，pH 值为 7~8，SS 低于 25ppm，油含量低于 1ppm，COD 范围 5~10ppm，温度 50~80℃。

1.8.2　聚氯乙烯厂

通过聚合反应生产聚氯乙烯（PVC），在此过程中产生大量的热量。为了转移热量，目前已经开发了乳液法（E-PVC）和悬浮法（S-PVC）两种生产工艺，所产生废水的组分基本相同。

PVC 工厂的废水主要来源于聚合反应器的助剂、真空泵站、回收的氯乙烯单体等。用具有 2 个隔间的废水沉淀池收集这些工艺段的废水。含有水溶性 PVC 和 VCM 废水的主要水质特点见表 1-17。

表 1-17　含有水溶性 PVC 和 VCM 废水的主要水质特点

温度	40~70℃	BOD_5	75~150ppm（质量分数）
pH 值	6~7	水溶性 PVC	15~20mg/kg 水
COD	150~250ppm（质量分数）	VCM（氯乙烯）	0.5~1mg/kg 水

1.8.3　芳烃厂

在正常运行过程中，芳烃厂的废水主要来自石脑油的加氢和催化剂再生两个工艺过程。

• 石脑油加氢工艺

该工艺中废水主要来自反应产物分馏塔的酸性水。根据石脑油原料的品质等级，酸性水含有碳氢化合物、H_2S 和 NH_3 等。水质特征如下：温度 45℃，HC、H_2S 和 NH_3 浓度分别为 100ppm、50ppm 和 20ppm。

在酸性水处理装置中，使用过氧化氢直接氧化法分批处理所收集的酸性废水。

• 催化剂再生工艺

作为芳构化工艺段的组成部分，催化剂再生装置连续对芳构化工艺段的失活催化剂进行再生后，将其送回芳构化装置内。该装置产生的废水主要来自洗涤塔、氯氧化塔和干燥机组。

洗涤塔废水：主要污染物是溶解在水中的 CO_2，以及微量的 Na_2CO_3、NaOH、NaCl 和 NaOCl。

氯氧化塔废水：废水中含有钠盐，该废水为各种钠盐的混合物，如 NaOH、Na_2CO_3、NaOCl 和 NaCl，需要用盐酸中和处理。

▶▶▶ 1.9 工业废物的环境保护

所有工业企业生产的污染物浓度超过排放标准时，都应在废物处理设施处理后才能最终排放到环境中。处理最后阶段应使用监控系统，仅将处理后的废水稀释至排放标准就直接排放，是绝对不允许的。表 1-18~表 1-20 分别是城市废水的排放标准、废水的允许排放浓度和饮用水水质。

表 1-18 典型城市废水的最高排放值（日平均）

出水指标	单位	最大值	备注
BOD_5	mg/L	30	不超过 50
COD	mg/L	60	不超过 120
Cl	mg/L	1	
氯仿	MPN	100/100mL	
颜色	色度	16	
清洁剂	mg/L	1.5	等效于 A. B. S
溶解氧	mg/L	2	
F	mg/L	2.5	
氨（以 N 计）	mg/L	2.5	
亚硝酸盐（以 N 计）	mg/L	50	
硝酸盐（以 N 计）	mg/L	10	
油和油脂	mg/L	10	
pH 值	—	6.5~8.5	
磷酸盐	mg/L	1	
可沉淀固体	mg/L	0.1	
悬浮固体	mg/L	40	≤60
硫酸盐	mg/L	400	≤10%
硫化物	mg/L	1	
浊度	NTU	50	

表 1-19　典型废水的允许排放浓度

污染物及指标	排放到地表径流/（mg/L）	排放到地下水/（mg/L）	灌溉和农业用途/（mg/L）
铝 Al	5	5	5
钡 Ba	2	1	1
铍 Be	0.1	1	0.1
硼 B	2	1	1
镉 Cd	1	0.01	0.01
钙 Ca	75	—	—
铬 Cr^{6+}	1	1	1
铬 Cr^{3+}	1	1	1
钴 Co	1	1	0.05
铜 Cu	1	1	0.2
铁 Fe	3	0.5	5
锂 Li	2.5	2.5	2.5
镁 Mg	100	100	100
锰 Mn	1	0.5	0.2
汞 Hg	0	0	0
钼 Mo	0.01	0.01	0.01
镍 Ni	1	0.2	0.2
铅 Pb	1	1	1
硒 Se	1	0.01	0.02
银 Ag	1	0.05	0.01
锌 Zn	2	2	2
锡 Sn	2	2	—
钒 V	0.1	0.1	0.1
砷 As	0.1	0.1	0.1
氯离子 Cl^{-1}	对于淡水，工业废水中的氯化物含量低于250mg/L		
氟离子 F	2.5	2	2
总磷 P	1	1	—
氰化物 CN	0.2	0.02	0.02
乙醇 C_2H_5OH	1	0	1

污染物及指标	排放到地表径流/(mg/L)	排放到地下水/(mg/L)	灌溉和农业用途/(mg/L)
甲醇 CH_2O	1	1	1
铵 NH_4^+	2.5	0.5	—
亚硝酸根 NO_2^-	50	10	—
硝酸根 NO_3^-	50	1	—
硫酸 SO_4^{2-}	300	300	500
亚硫酸根 SO_3^{2-}	1	1	
总悬浮固体 TSS	30	30	100
悬浮固体 SS	0	0	0
总溶解固体 TDS	工业废水排入地下水/河流和任何水源后，距离排放口 200m 内受纳水体中总溶解性固体含量的增加不超过本底值的 10%		
油和油脂 Oil and grease	10	10	10
生化需氧量 BOD	20	20	100
化学需氧量 COD	50	50	200
DO	>2	>2	>2
洗涤剂 ABS(detergent)	1.5	0.5	0.5
浊度 Turbidity	50	50	50
色度 Color	工业废水排入后，受纳水体色度的增加低于 16 个标准单位	75	75
温度 Temperature	工业废水排入后，距离排放口 200m 内受纳水体温度增加值低于 3℃	—	工业废水排入后，距离排放口 200m 内受纳水体温度增加值低于 3℃
pH 值	6.5~8.5	5~9	5~9
放射性 Radio actives	0	0	0
大肠杆菌 Digestible coliform	400/100mL	400/100mL	400/100mL
大肠菌群 MPN	1000/100mL	1000/100mL	1000/100mL

表 1-20 饮用水的主要物理指标

指标	期望阈值(T. L. V)	最大值
色度	5 units	5 units
气味	2	3
浊度	5	25
pH 值	7~8.5	6.5~9.2
饮用水的化学指标/(mg/L)		
砷 As	0	0.05
镉 Cd	0	0.01
镉 Cn	0	0.05
铅 Pb	0	0.1
汞 Hg	0	0.001
硒 Se	0	0.01
铬 Cr	0	0.05
钡 Ba	0	1
银 Ag	0	0.05
硼 B	0	1
硬度	150	500
钙 Ca	75	200
镁 Mg	50	150
锰 Mn	0.05	0.5
铁 Fe	0.3	1
锌 Zn	5	15
铬 Cr	0.5	1.5
硫酸根 SO_4^{2-}	200	400
氯离子 Cl	200	600
氮 N	0.002	0.05
洗涤剂	0.1	0.2
磷 P	0.1	0.2
总溶解固体(TDS)	500	1500

在评估和选择操作单元和工艺时，必须考虑的重要因素如下：

a) 工艺适用性

通常根据过去的工程、公开的数据、工厂装置和中试研究装置的数据来评估工艺的适用性。如果遇到新的或非常规的情况，中试装置的研究就至关重要了。

b) 适用的流量和流量范围

工艺要与预期的流速匹配，例如，超大流速工况不宜选用稳定塘。在设计操作单元和工艺时，必须考虑能在较大的流量范围内运行。在相对稳定的流速下，大多数工艺运行状况最好；因此流量变化太大的工况下，需要先调节流量。表 1-21 是废水二级处理厂操作单元的设计要点和尺寸因素，以及流量和成分质量负荷等对处理效率的潜在影响。除调节流量外，解决流量变化范围大的设计要点还包括峰值流量下的分流设计和设置旁路工艺单元。如果监管部门许可，最简单的处理工艺包括一级处理和消毒，以及部分废水进行二级处理。

分流单元和设置旁路的优点是在暴雨高峰期，二级处理过程中的生物量被保留，不会因雨水冲击而损失；暴雨后，处理厂废水的水质可快速恢复；处理突发事件时，整个设施的体积不需要过大。其缺点是在短时间内出水水质变化，这和排放许可证要求不一致，因此设置分流和旁路单元的处理工艺，必须提前确定处理流程的顺序，以确保符合环境法规要求。

c) 进水水质特征

进水的水质特征决定拟采用的工艺类型(如化学或生物工艺)及正常运行的要求。

d) 抑制和非抑制组分

对此需要确定以下几点：废水的组分，可能抑制处理工艺的组分，对处理过程没有影响的组分。

e) 气候限制

温度不仅影响大部分化学过程和生物过程的反应速率，也会影响设施的实际运行效率。温度升高可以加快臭味的产生和限制大气扩散。

f) 反应动力学与反应器选型

根据主要的反应动力学设计反应器，其中动力学公式中的数据通常来自经验数据、已发表文献和中试厂研究的结果。

g) 性能

处理工艺的性能取决于出水水质，出水水质必须符合排放要求。

表 1-21　流量和负荷对二级污水处理厂操作单元和规模的影响

运行单元	关键设计参数	尺寸参数	设计参数对处理厂性能的影响
污水泵送及管道	最大小时流量	流量	出水井可能引发洪水，收集系统可能超载，流速超过设计值处理装置可能会溢流
格栅	最大小时流量	流量	流速高，通过格栅和筛网的水头损失增加
	最小小时流量	通道表观流速	流速低，固体可能沉积在管道内
除砂	最大小时流量	溢流率	流速高，平流式沉砂池沉砂效率降低，导致后续工艺出现沉沙问题
初次沉淀	最大小时流量	溢流率	溢流率高，固体去除效率降低，增大二级处理系统的负荷
	最小小时流量	停留时间	流速低，废水停留时间长
活性污泥法	最大小时流量	水力停留时间	流速高，固体被冲刷；流速低，出水循环回用
	日最大有机负荷	有机物/活性污泥比	曝气供给氧气能力低于需氧量，导致处理性能差
滴滤池	最大小时流量	水力负荷	流速高，固体被冲刷，工艺效率低
	最小小时流量	水力和有机负荷	流速低，运行过程中需要提高回用率
	日最大有机负荷	质量负荷/介质量	高负荷运行过程中，氧气不足，工艺处理效率下降，并产生异味
二次沉淀	最大小时流量	溢流率或停留时间	流速高或停留时间短，固体去除效率低
	最小小时流量	停留时间	停留时间长，污泥上浮
	日最大有机负荷	固体负荷	影响沉淀池的固体负荷
氯接触池	最大小时流量	停留时间	停留时间短，杀菌率低

h）处理残渣

必须确定或估算处理过程中所产生的固态、液态和气态各种状态残渣的类型和总量。

i）污泥处理

要确定影响污泥处理和处置工艺可行性或成本过高的所有潜在限制性因素，也要厘清污泥处理循环负荷对废水处理单元和工艺的影响。

j）环境限制和规范

盛行风、风向等气象因素，以及临近的居民区，都会限制或影响处理工艺的选用，尤其是产生嗅味的工艺。此外，噪声和交通也会影响厂址的选择。如果受纳水体有特殊用途，还需去除特定的污染物成分。最终的受纳水体和用途/环境法规等对净化后的水质要求，都会影响废水处理操作单元和工艺的选用。

k）化学药剂的需求

必须确定处理工艺和操作单元长期运行过程中所添加化学药剂的来源和用量。也必须知道添加化学药剂对废水处理后的残留物性质和处理成本的影响。

l）能量的需求

设计低成本高效益的处理系统时，必须知道能源的需求以及能源的成本等因素。

m）操作和维护要求

需要确定处理系统所需的专用操作和维修保养要求、相应备件及其供货情况和价格等。

n）可靠性

必须确定操作单元和工艺长期运行的可靠性。处理单元或者整个工艺是否容易被干扰？能否承受周期性的高负荷冲击？如果出现上述情况，对处理效果有什么影响？由于废水水质变化大，在设计时必须确保处理后出水水质的平均浓度低于排放要求。

o）兼容性

操作单元和处理工艺能在现有设施上成功运行，同时也要充分考虑处理设施或者处理厂是否容易改扩建。

p）土地可用性

需要有足够的空间放置现有的处理设施，并充分考虑将来改扩建对场地的需求。

q）设备可用性

除小型泵、电机和阀门等，大多数废水处理中所用设备都是定制的。一些设备还需要特殊的制造技术或是专有设备，只能从有限的来源购买。因此要系统性考虑处理工艺或处理系统所需的设备组件，并确定对设施设计、施工、运行和维护的潜在影响。

r）人员要求

选择处理工艺不仅要考虑操作人员和维护人员的数量，还要考虑员工所需的技能。要系统性评估控制系统的操控范围和复杂性，以及需配备的人员。

>>> 1.10　废水中的 COD

本节首先讨论 COD 测量的原理，再讨论计算 ThOD 理论需氧量的方法。COD 是废水中的有机物和可氧化无机物，化学氧化时消耗的氧气，同时需消除氯化物的影响。除非另有规定，化学氧化剂通常都是重铬酸盐。

天然水体中的微生物降解有机物时也消耗氧气，BOD 是微生物"吃掉"有机物时消耗氧气量的参数。进入水体的有机物越多，微生物消耗氧气量越大。过量污染物会消耗水体大量的氧气，并对环境造成有害影响，因此在废水排放前必须了解废水的耗氧量。

生化需氧量 BOD 需要数天才能得到测试结果，化学需氧量 COD 测试速度却快得多，因此 COD 也常用于水质分析。COD 的标准测定方法是回流消解滴定法，在水样中加入强氧化剂，回流煮沸数小时后用滴定法测量所消耗氧化剂的量。用标准方法测定 COD 通常需要几个小时，但使用比色法只需不到 1h。COD 测量的是溶液中有机物含量。

由于测定速度快，COD 可用于测量水中污染物的总量，因此也用于水体和废水的水质评价。

COD 与 BOD 的区别在于，COD 测量用于氧化有机成分的氧化剂的量，BOD 表示在 20℃下保存 5 天期间微生物消耗的氧气量。在试验开始和结束时分别测量水样的溶解氧，之间的差值就是耗氧量。BOD 和 COD 存在关联，因此当知道水样 COD 时，可以确定相应的生化需氧量 BOD。

1.10.1　COD 的测定

COD 测定过程中需要使用强氧化剂，如重铬酸钾。重铬酸钾具有较强的氧化性，适用于多种有机物和无机物，操作简便，被认为是最佳的氧化剂。COD 测定的标准方法是回流消解滴定法，样品中加入氧化剂后煮沸 2h。通过测定前后氧化剂浓度的差值计算所消耗的重铬酸盐。

但是水样测试过程中无机成分被氧化也会消耗重铬酸盐，因此会干扰 COD 的测定。在氧化过程中，重铬酸盐离子 Cr^{6+} 被还原成铬酸盐 Cr^{3+}。

1999 年，Baker 等在《*Water Research*》发表的文章中发现，第一组和第二组相关数据组中化合物的 COD 等于理论需氧量 *ThOD*；对于第三组和第四组的化合物可通过该方法估算 COD；第五组和第六组的化合物之间没有相关性。

1.10.2 理论需氧量的计算

从不同的研究中可得到各种化合物的理论需氧量 $ThOD$。由于理论需氧量 $ThOD$ 不需要针对废水中发现的所有化合物进行测定，因此可采用 Baker 等人 1999 年所发表文章中的方法对进行计算。

Baker 等人认为，单个化合物 i 所消耗的氧气量可通过式（1-1）和式（1-2）计算。式（1-1）中假设所有化合物都被完全氧化为最终产物，其中字母 n、m、e、k、j、i 和 h 分别代表组分中各元素的分子数量。

$$C_nH_mO_eX_kN_jS_iP_h + bO_2 \longrightarrow nCO_2$$
$$+ \left(\frac{m-k-3j-2i-3h}{2}\right)H_2O + kH_x + jNH_3 + iH_2SO_4 + hH_3PO_4 \quad (1-1)$$

$$b = n + \frac{m-k-3j-2i-3h}{4} - \frac{e}{2} + 2i + 2h \quad (1-2)$$

使用式（1-3）确定 1g 化合物 i 的需氧量 $ThOD_{O,i}$，其中 b_i 是每摩尔组分 i 消耗的氧气摩尔质量，M_i 是化合物 i 的摩尔质量，M_{O_2} 是氧分子的摩尔质量，c_i 是化合物 i 在水中的浓度。

$$ThOD_{O,i} = b_i \frac{M_{O_2}}{M_i} \quad (1-3)$$

$$ThOD_{O,i} = ThOD_{O,i} \times c_i \quad (1-4)$$

$$\sum ThOD = \sum_i^n ThOD_i = \sum_i^n (ThOD_{O,i} \times c_i) \quad (1-5)$$

表 1-22 是每摩尔化合物 i 的计算需氧量、摩尔质量和理论需氧量 $ThOD$。

例如，苯酚化学式为 C_6H_6O。当废水中的苯酚浓度为 360mg/L，测定方法如下：

根据式（1-1），$n=6$，$m=6$，$e=1$，$k=0$，$j=0$，$i=0$，$h=0$ 代入式（1-2）中，将苯酚氧化成最终产物所需的氧分子量为：

$$b_{C_6H_6O} = 6 + \frac{6-0-0-0-0}{4} - \frac{1}{2} + 0 + 0 = 7(molO_2/molC_6H_6O)$$

$$ThOD_{O,i} = 7\frac{mol_{O_2}}{mol_{C_6H_6O}}\left(\frac{31.98}{94.1\frac{g_{C_6H_6O}}{mol_{C_6H_6O}}}\right) = 2.38\frac{g_{O_2}}{g_{C_6H_6O}}$$

$$ThOD_{C_6H_6O} = ThOD_{O,C_6H_6O} \times C_{C_6H_6O}$$

$$= 2.387\frac{mg_{O_2}}{mg_{C_6H_6O}} \times 360\frac{mg_{C_6H_6O}}{liter_{H_2O}} = 856.8\frac{mg_{O_2}}{liter_{H_2O}}$$

表 1-22   化合物 i 的需氧量、摩尔质量和理论需氧量

物质名称	分子式	物质需氧量 b_i/mol	摩尔质量 M_i(g/mol)	理论需氧量 $ThOD_i$(g_{O_2}/g_i)
甲醇	CH_4O	1.5	32.03	1.5
苯酚	C_6H_6O	7	94.1	2.38
丙酮	C_3H_6O	4	58.07	2.2
乙醇胺	C_2H_7NO	2.5	61.08	1.31
苯	C_6H_6	7.5	78.11	3.07
异丙基苯	C_9H_{12}	12	120.2	3.19
丙醇	C_3H_8O	5	44.1	3.63
甲苯	C_7H_8	9	92.14	3.12
总氮	NH_3	0	17.03	0
二甲苯	C_8H_{10}	10.5	106.17	3.16

2

物理单元操作法

利用物理作用而进行的废水处理操作，称为废水的物理单元操作法，其最常用的单元操作及其应用见表2-1。

表 2-1　物理单元操作法在废水处理中的应用

单元操作	应用
流量计量	过程控制，过程监控和排放报告
筛分	通过截留（表面过滤）去除大粒度的可沉降固体颗粒
破碎	将粗大固体颗粒磨碎成尺寸基本均匀的小颗粒
重力（沉降）分离	通过相对密度差，使油滴或固体颗粒分离
均流	平衡 BOD 及悬浮固体的流量与质量负荷
混合	将化学药剂、气体与废水充分混合，使固体颗粒始终处于悬浮状态
絮凝	使微粒集聚变大，通过重力沉降提高去除率
沉淀	去除可沉降固体颗粒，污泥浓缩
浮选	去除密度接近于水的细颗粒悬浮物，也用于生物污泥浓缩
过滤	去除化学或者生物处理后残留的细颗粒悬浮杂质
微筛分	与过滤法功能相同，还能去除稳定塘流出物中的藻类
换气	投加和去除气体
挥发与气提	废水中挥发性和半挥发性有机化合物的排放

▶▶▶ 2.1　流量计

选择流量计时主要的衡量标准包括：应用类型、空间大小、流体组分、精度、水头损失、安装要求、操作环境和是否易于维护等。

由于流量计量类电子设备和转换器发展迅速，建议向仪表制造商咨询获取最新的产品信息。

当计量仪表的读数被用于过程控制时，其流量计的选择应首要考虑精度和可重复性这 2 项参数指标。

▶▶▶ 2.2　格栅筛分法

格栅筛分法可去除 2~6mm 粒径的悬浮颗粒。筛网具有统一尺寸和形状的网孔，其组件应由平行排布的金属杆、钢丝网、格栅或穿多孔板组成。图 2-1 是典型的废水处理筛分过程。

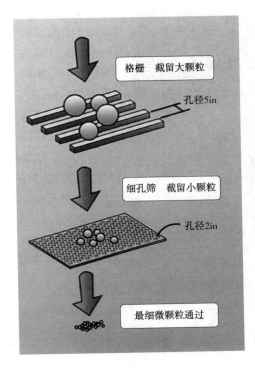

图 2-1 废水处理的筛分过程

为保证筛分工艺的连续运行，应安装多套设备，以满足表 2-2 所示的设备维护类型、颗粒物筛分尺寸和筛分设备应用范围等要求。

表 2-2 筛分设备

筛分装置类型	尺寸分类	尺寸/mm	应用
隔栅（条状格栅）	粗	15~35	预处理
筛网倾斜（固定）	中	0.25~2.2	一级处理
筛网倾斜（旋转）	粗	0.76×2.29×50	预处理
鼓（旋转）	粗	2.5~5	预处理
	中	0.25~2.5	一级处理
	细	$(6\sim35)\times10^{-3}$	去除残余的二级悬浮固体
转盘	中	0.25~10	一级处理
	细	0.025~0.5	一级处理
离心	细	0.05~0.5	一级处理、沉淀池二级处理、去除残余二级悬浮固体

图2-2　典型筛分设备——条状
格栅或多孔板

图2-2是由一系列平行杆或放置在通道中的多孔筛网组成的典型条形筛网。水流流过筛网后大颗粒被截留去除。条形筛可选择粗筛网或细筛网（孔径2~5cm）。为防止固体截留物淤积堵塞进而导致进入处理厂的废水流量降低，需要定期通过人工或机械清洗筛条。通过滤网的水流量（滤速）是一个非常重要的参数，通常保持在1.5ft/s（0.45m/s）左右。当滤速低于1ft/s（0.3m/s）时，水中的沙砾物质将会从水流中跌落沉降，淤积进入筛分通道内（造成堵塞）。

▶▶▶ 2.3　破碎

作为格栅或筛分的替代方案，破碎机在磨碎粗颗粒的同时，无须将其从水流中分离出来。

在该装置中，所有废水都通过研磨机床，其由筛网或开槽篮、旋转或摆动刀具和固定切割器组成。固体颗粒经过筛网后，在切割器两组刀具的切割作用下被切割或粉碎。但是该类粉碎研磨设备对不能透过筛孔的过大固体颗粒并不适用，也不能用于去除漂浮物，这些物质必须手动清除。图2-3给出了研磨粉碎机的结构示意。

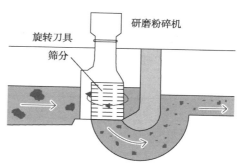

图2-3　研磨粉碎机结构示意

粉碎机通常采用旁路结构设计，以便在流量超出粉碎机容量负荷、设备出现突然断电或机械故障的情况下，可以使用手动控制的条状格栅进行筛除；为便于维护保养，粉碎机还应设置快速闸门和排水装置。

关于推荐使用的通道尺寸、负荷范围、上下游水深和功率要求等，应参考这些设备制造商数据和额定值表。由于制造商给出的设备容量额定值量，通常是基于清洁的水质而设定，因此考虑到筛网的部分堵塞问题时，实际使用额定值应降低20%~25%。

▶▶▶ 2.4 除沙

除沙主要通过沉沙池或污泥的离心分离来完成。在进入离心机、热交换器和高压隔膜泵之前，进行除沙处理至为重要。

除沙的目的是去除可能导致过度机械磨损的重质无机固体颗粒。沙砾类物质包括有沙子、砾石、黏土、蛋壳、咖啡渣、金属碎屑、种子和其他类似物料等。除沙工艺可通过重力/流速、曝气或离心力等几种处理装置将沙砾固体从废水中分离出来。这些工艺都是基于无机沙砾比有机固体重，而将其分离去除，而有机物质则保持悬浮状态分散在水体中有待后续处理。图 2-4 给出了沉沙池除沙结构示意。

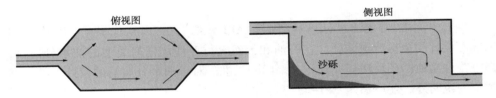

图 2-4 沉沙池除沙(俯视和侧视)示意

▶▶▶ 2.5 重力分离

2.5.1 原理

在大多数炼油厂中，API 分离器通常放在处理工艺的最前端，也可以说是废水处理中最重要的步骤。虽然多年来，炼油厂试图采用其他技术或处理作为 API 分离器的替代方案，但大多数炼油厂最终仍选择 API 分离器，作为其废水处理初级油固分离的首选技术。

炼油厂的废水需经重力式分离器去除大部分油后，才可排放到后续处理单元进行深度处理。油水分离器实际上是一个滞留池，用它可以降低废水的流速，并延长停留时间，使油滴上升到表面后撇渣去除。

设计合理的 API 分离器，其主要作用是在炼油废水进入下游二级油水分离精制或者经某种高级处理工艺(通常是生物处理，但也使用了其他处理技术)去除溶解性有机物之前，去除其中大量的石油和悬浮固体。

在一些特殊情况下，为了降低油水分离器的最终负荷，可以考虑设计集

（隔）油池、储油池或储水池。

处理设施的有效性取决于设计流量、水温、油滴密度、油滴颗粒尺寸以及悬浮物的数量。同时，也有赖于良好的操作技术和合理的监管维护。

重力式分离器不能分离或持留溶解态物质，也不能去除可溶性的生化需氧量（BOD）。油水分离器只能去除分散的游离态油滴，不能破坏稳定的乳化液，去除乳化液和溶解性油则需要采用其他额外的处理方式。

油水分离器有以下几种类型：

（a）传统的矩形流道型分离器；

（b）平行板式分离器；

（c）集油池；

（d）储油器；

（e）其他类型。

本书中，用"常规油水分离器"代替"API分离器"，以指代根据API发布的标准而设计的矩形流道装置。在石油和天然气行业使用任何类型的油水分离器，都应符合当地的环境法规并经相关部门的批准。对于油水分离器的设计，除本书规定的说明外，还应参照API-421的最新版本。

2.5.2 应用

油水分离器仅适用于去除游离态油。对于乳化油或可溶性油，油水分离器无法将其去除，需要进行额外的下游工艺处理。油水分离器的主要功能，就是在废水进入下一处理阶段之前去除大部分游离态油。

在这种情况下，油水分离器可以保护后续处理工艺免受高含油废水的冲击。

图2-5　地上矩形API油水分离器

与传统油水分离器相比，平行板分离器所占空间更小，理论上处理后出水中含油率更低。

在某些场合，油水分离器还可作为防止溢流和泄漏的一种保护装置（例如用于直流冷却水）。

需要强调的是，由于油水分离器不能去除废水中的乳化油和溶解油，其单独使用时对这两种油的含量必须适当进行量化考虑。图2-5为其地上矩形API油水分离器装置图。

2.5.3 油水分离器：通用设计条例

在设计阶段应考虑以下因素：

a）地点

①安全距离；②进入作业区的道路状况；③盛行风向（运行时）；④未来是否扩建。

b）功能

①操作人员的双向通道/逃生通道；②扶手和格栅；③易操作的撇渣器、泵和过滤器；④低洼处适当通风；⑤灯柱；⑥地面排水；⑦泵基座周围的路牙；⑧冲洗水或泵密封冷却用水的供应；⑨真空槽车/移动式起重机的维护通道；⑩带有装置编号和说明的标牌；⑪监控室内集油池的高液位报警；⑫寒冷气候条件下的加热盘管。

c）安全距离

①距公共道路边缘距离：30m；②距主要道路边缘距离：15m；③到固定点火源的距离：15m。

d）空气污染控制

根据环境法规条例要求，应采取有效控制措施，最大限度避免烃类和其他污染物（如含硫化合物）从分离器的敞口处，扩散溢流到大气中的情况发生。

可以在前隔室或主分离器上方覆盖固定屋顶或安装浮顶，以控制油水分离器中烃类或其他污染物的排放。而且，屋顶应尽可能选择不透气材质。

e）筛网

应在含油污水出口（油水分离器进口）处安装筛网，以便截留和手动清除干扰操作运行的碎布、石头和其他杂物碎屑。筛网应配备相应的热浸镀锌材质的钢架、横向导轨，清除固体的可移动式箱体，以及可拆卸的不锈钢筛网。还需要配备用于清理筛网的升降机。

2.5.4 传统矩形流道 API 分离器

2.5.4.1 基本设计要素

传统的油水分离器（图2-5、图2-6）是简单的矩形槽罐，可以提供标称驻留时间以去除较大油分子。该类型设备只能去除直径不低于150μm的游离油滴，而大量小油滴则难以去除。因此，这些分离器出水中含油量通常不会低于

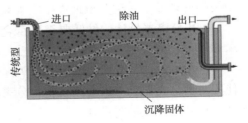

图2-6 常规 API 油水分离器

100ppm。理想型油水分离器则是那些没有出现湍流、短路或涡流的分离器。

如果颗粒在黏性流体中因重力而做下沉运动，当颗粒所受的摩擦力与水的浮力相结合，能够精确平衡颗粒自身的重力时，颗粒运动就会达到一个终端速度，也称为沉降速度。这一沉降速度（或终端速度）可以通过以下式(2-1)进行计算：

$$v_s = \frac{2(\rho_p - \rho_f)gR^2}{9\mu}$$
(2-1)

式中 v_s——颗粒沉降速度，m/s，（当 $\rho_p > \rho_f$ 时，颗粒向下沉降；而当 $\rho_p < \rho_f$ 时，颗粒则会向上浮动）；

g——重力加速度，m/s^2；

ρ_p——颗粒的质量密度，kg/m^3；

ρ_f——流体的质量密度，kg/m^3；

R——球形颗粒的半径，m；

μ——运动黏度，N·s/m^2。

斯托克斯定律对流体中的粒子行为做出了以下假设：

层流，球形粒子，均质材料（组成结构单一），光滑的表面，粒子之间无相互干扰。

在适当的静态流场条件下，可以通过重力分离去除游离油。重力式油水分离器是利用流体之间的比重差异，使低密度的游离油颗粒有足够长的停留时间，上升至水面加以分离去除。这类分离理论是基于油滴在水中的上升速率与分离器的表面负载率而进行计算的。表面负载率是分离器的流量与其表面积之比。如果油滴向分离器表面的上升速率快于表面装载速率，则油滴将会到达分离器表面，并可被机械撇除。

用斯托克斯定律可以求出所需的油滴上升速率。

油水分离器的设计应充分考虑废水和油本身的特性。此外，分离器的设计还应考虑废水中可沉降固体和其他污染物（如表面活性剂）的量，这可能阻碍整个系统的处理效率。通常根据产生废水和处理设施的类型来预设这些特性。

API 分离器设计的最低要求应符合 API PUBL 421（现行版）中概述的程序要求和以下设计说明：

● API 分离器至少应包括两个平行通道，以便当一个通道因维修或清洁停止使用时，分离器仍可以继续运行。分离器的设计应符合设计流量，并按所有通道都运行时的流量进行设计。

● 应预留出分离器的扩展空间，以满足未来新分离器设计中可能的要求。

● 现有处理单元应具备可扩展的特性，以便将来在不中断运行服务或者对现有设施进行重大施工变更的情况下，能及时增加额外通道。

● 设计分离器时应充分考虑在最恶劣的环境条件下的运行情况（例如最低环境温度、风速影响等）。

● 设计主分离器时，要确保在最恶劣的环境条件下，出水中油浓度在 50~70mg/L 范围内。对于最低环境温度约为 0℃ 或者更低的区域，出水中最大油含量应降至 50mg/L。对于任何区域使用的原油脱盐油水分离器，出水中的游离态油最大浓度应不超过 50mg/L。

● 使用美国环境保护署 EPA 的方法（413.1 重力分离法和 413.2 红外分光光度法），测定水中的总油脂（仅游离态油）的含量。在不具备 EPA 测试方法的情况下，也可使用 ASTM D—3921 水中石油烃的油脂测量方法。EPA-413.1 适用于油浓度 50~1000mg/L 和非挥发性烃类化合物，而 EPA-413.2 适用于油浓度 0.2~1000mg/L 和挥发性烃类化合物。

● 分离器盖的要求和覆盖类型（固定或浮动）将根据环境污染法规要求设计。此外，还需格外关注每天产生超过 800L 挥发性有机化合物的油水分离器，必须加装盖子。

● 油水分离器的安装使用，应确保工业含油污水管道中的含油废水可在重力作用下流向分离器进行分离。进入分离器的污水浓度应低于分离器规定的污水处理等级。

● 为了最大限度地减少油的乳化和分离出的油在废水流中的再混合，应避免泵送分离器进水。

● 为避免油水分离器所接收含油废水浓度和水量的瞬时扰动，在进水端上游应设置调节水池。储水池的容积设计，应保证其在最大流速条件下，进入分离器的含油污水最低停留时间不低于 3h。

● 储水调节池的设计应考虑进行适当的覆盖，以达到控制环境污染的目的。

● 每个分离器应包括一个预分离池或入口水槽和两个平行通道。两个平行通道共用一个预分离池。

● 分离器中不能使用凝聚剂。

● 通常，在油气加工行业主分离器的通道有效长度不应小于 40m。然而，对于所有油水分离器都是基于分离直径最小为 100μm 的油滴而进行设计。

● 油水分离器的设计应至少评估废水的以下特性：游离油含量、固体含量、油相和水相的相对密度（比重）、废水的绝对黏度等。

应在最低设计温度工况下确定相对密度和黏度。

● 分离器应配备地板（而非地面），地板应允许使用刮泥器，防止地下水泄漏，并避免污染地下水。

● 在材料选择时，要系统性考虑腐蚀、渗漏、结构强度、浮力（与当地地下水位的高度差、分离器的总质量）等因素。所有与流体接触零部件都应采用镀锌钢或红杉木制成。

● 设备运动部件中的金属与金属触点应使用防静电材料。图 2-6 为传统 API 油水分离器的示意。

2.5.4.2 API 分离器组件

图 2-7 为油水分离器。API 和油水分离器应至少包括以下几个部分。

图 2-7　油水分离器

2.5.4.2.1　进料区

通常包括预分离器水槽、拦污栅、撇油器、隔油挡板和前池。

2.5.4.2.2　预分离器水槽

预分离器水槽是进水管末端和分离器前池之间的过渡，它有两个功能：降低流速和收集浮油。

为减少蒸发损失，预分离器水槽的过渡段和分离段必须加装盖子。为此，盖子下游端的蒸汽空间应被屏障或封闭。

废水出口和预分离器段之间的过渡段的设计，应在保持湍流最小状态下降低流速。预分离器段的设计应将水平流速降低至 3~6m/min。

预分离器段至少应包含两类设备：拦污栅（或格栅）以及浮油撇油器。

2.5.4.2.2.1　拦污栅

拦污栅或格栅由一系列条形杆组成，位于每个分离器水槽的入口处，用于清除树枝、碎布、石块和其他碎屑杂物。栅条截面积 1mm×5mm，开口间隙 1.9~2.5mm。依据水槽的深度和可利用空间，栅条间距在 25~50mm 之间，与水平面呈 45°~60°。为清理拦污栅截留的垃圾，在拦污栅顶部安装盘状或槽状的垃圾收集器。为将液体排回水槽，垃圾收集盘需要设计为穿孔盘。

2.5.4.2.2.2　撇油器

在拦污栅下游应安装撇油器，用于清除分离器进水口处的油污。进水口段可以使用可旋转管槽式撇油器和浮动式撇油器。

浮动式撇油器

浮动式撇油器适合安装在预分离器部分，尤其是当液位预期发生显著变化的情形下。以下给出的典型设计规范要求，应适用于所有其他类型的浮动式撇油器。

浮动式涡流撇油器

浮动式涡流撇油器应安装在预分离水槽处，并配备有涡流油水混合装置。该装置应具备以下特性：

● 涡流撇油器对每一集水池应至少达到85%的除油效率。

● 涡流撇油器应为浮动式，每个撇油器应由涡流发生器及其驱动、电机支撑结构、浮筒组件、控制站、泵及其驱动装置等组成。

涡流发生器应配备一个由电机驱动的垂直轴螺旋桨，以产生涡流来收集浮油，并通过泵送将其回收。

每台机组应配备一个简单可靠的油位指示器电极控制系统，用以实现自动、无人值守操作。当涡流袋中含有油时，该系统可作为自动开关来启动泵的运行。该涡流撇油器应能连续运行。

● 涡流发生器应由环绕于其叶轮的圆柱形裙板组成。叶轮应使用锥形进口段和向下的零螺距螺旋桨。发生器电机底部应由一块与裙部分离的平板组成，并形成一个环形开口，以使水流通过发电机。

发电机应通过三根等间距的支撑杆安装在浮子结构上。叶轮、裙座和底板应为碳钢结构，并涂有两层环氧树脂以防腐蚀。通过空心钢质套接管将叶轮与其驱动电机连接起来。套接管应位于叶轮底座上，叶轮则与位于基板上的聚四氟乙烯轴承相连接。管道应在其上端穿孔，并安装一个套筒，用于控制流入管道的液位。流入管道的流量应通过底板引导，并通过管道横向输送至安装在电机裙板上的泵处。

● 泵应为直联式离心泵。泵壳和轴承盖应为青铜结构。叶轮应动态平衡并与泵轴连接。泵应有足够的压头(扬程)将油输送到污油罐中。

● 浮子组件应由三个玻璃纤维浮子结构组成，并附接在支撑结构的垂直支架上。玻璃纤维浮子应在垂直面上可调，以便在水面以下有适当的撇渣深度。在设计浮子组件时，应考虑到废水组分改变导致的液体密度变化。

● 所有电气设备和接线应以API-RP-500A(现行版)中I类D组1区危险场所的标准制造和安装。所有的电机都应配备防滴水罩和吊耳。电机排水塞应该安装在最低点，以便排出积聚的湿气。每台电机应配备一个不锈钢铭牌。

控制面板应为防爆型，适合安装在不通风，220V、50Hz电机控制电路内。

电机和控制面板上都应提供空间加热器或其他加热方式。空间加热元件应由设置在预定温度下的集成恒温器独立控制，以防止在寒冷天气期间，因装置储存和不使用时，控制面板内出现过度冷凝。

● 所有螺栓、螺母、螺钉和其他必要的连接装置均应为不锈钢材质。

● 泵排放口应配备长6m、DN50(2in)聚氯乙烯(PVC)软管，并配带快速断开接头。为便于永久定位和搬运，应将刚性单点起重夹具连接到组件上。

● 当按照书面操作说明运行设备时，供应商应保证以下要求：涡流撇油器对每个废水池的除油率应不少于85%；设备在设计、工艺和材料方面应无缺陷，以满足规定的操作条件。

图2-8 转鼓式撇油器

转鼓式撇油器：转鼓式撇油器(图2-8)可以为金属铸造厂、炼油厂、工业设施和消费品制造商提供大规模的坑底油、污油清除解决方案。

转鼓式撇油器由安装在水平位置的转鼓或无槽管组成，部分浸没在沉降油层表面之下。滚筒由外置电机驱动旋转；当滚筒旋转时，它会黏附一层油膜，附着在滚筒表面。油膜用刮刀去除，并将其导入槽中。

转鼓式撇油器可用于以下应用：

● 连续和自动操作；

● 尽量减少撇油器附带撇去的水量。

转鼓式撇油器的缺点是：

● 清除的油量有限，无法处理大量泄漏；

● 润滑脂和重物滑落的问题；

● 漂浮的碎屑可能会干扰吸油；

● 需要对旋转机械进行定期维护；

● 不能撇去可悬(漂)浮固体。

如果预计处理废水中含有大量的油，则不宜使用转鼓式撇油器。当选择转鼓式撇油器时，应提供变速驱动器和聚四氟乙烯刮水器叶片。

马蹄型浮式撇油器

马蹄型浮式撇油器由一个浮式集油盘组成，集油盘由三面中空室支撑（API-421）。中空室的第四侧是敞开的，包含一个撇油堰，面向上游流动方向，以撇去即将到来的油。撇下的油则通过管道或软管流向集油池或其他储油器。

马蹄型浮式撇油器的优缺点如表 2-3 所示。

表 2-3　马蹄型浮式撇油器的优缺点

优点	缺点
简单	需要人工操作
经济	大量的水随油一并撇出
维护费用低	一般为非连续性
不需要公用设施	仅在液位变化有限的情况下运行
高容量	
同时去除油和可漂浮固体	

开槽管撇渣器通常是分离槽段的首选类型。它有能力清除大规模泄漏时可能遇到的大量石油。回收的油应排入装置一侧的污油池中。

2.5.4.2.3　分离器前池

石油废水经预分离器水槽预处理后排入分离器前池，前池将进水分配至分离器通道。如果缺乏上游集砂器，污泥可能会沉积在前池中。在没有上游集砂器，尤其是在使用反应射流扩散装置的情况下，应提供用于去除污泥或将污泥转移至分离器进行后续处理的方法。可使用喷射水流将前池中的固体冲入分离器区域。除非分离器通道被堵塞，否则这种做法可能会影响排出水的质量。

或者，可以将反应射流扩散装置放置在前池的地板上进行作业，以便收集从前池冲刷至分离器通道的固体。根据流量分配装置是否截留油，判断是否需在前池中设置开槽管撇油器。

隔油挡板应安装在开槽管撇油器的下游。撇油器和隔油挡板的间距不应超过150mm。为防止油在其上流动或飞溅，隔油挡板应足够高。该挡板的下浸深度不应超过450mm。挡板应延伸至通道顶部。

2.5.4.3　分离部分

2.5.4.3.1　闸流器

每个通道的入口应该设置一个或多个闸板，以便在需要时将进入通道的水流切断。应为闸门拆除配备起重机。闸门框架和槽应由合适的耐腐蚀和耐侵蚀材料制成。

2.5.4.3.2 速度头(水流)扩散装置

入口通道的下游应安装扩散装置，以便在通道的横截面积上均匀分配流量，并重新利用湍流。有两种类型的扩散装置可用：垂直槽挡板和喷射流装置。这里应使用喷射流装置。

2.5.4.3.2.1 垂直槽挡板

垂直槽挡板由垂直柱组成。这种类型的分配器会产生严重污染，不应使用。

2.5.4.3.2.2 喷射流装置

喷射流进水是优选的扩散装置。它可适当地引入和分配进水。

喷射流装置由锥管或锥孔与碟形挡板组成；挡板的凹面朝向锥管或孔口。水流穿过管(孔)，被挡板反向折返到分离器的入口壁，以消散流速水头并分配流量。

如果分离器前池较大，且水流的正常方向朝向进口壁，则通常使用节流孔。当水流方向在平行于进口壁方向上速度分量超过 9m/min 时，需使用管道分配水流。

喷射流装置具有许多优点：

- 与垂直槽挡板相比，不易堵塞；
- 能在更大流速范围内提供良好的分布；
- 成本比垂直槽挡板低；
- 固体屏障中较小的孔道很容易关闭，从而避免了为维护而中断水流的闸门或水坝；
- 与垂直槽挡板相比，喷射流装置通道出水中的含油量更少。

除了 API-421 中列出的要求外，喷射流入口的设计应基于以下基础：

- 喷射流装置喷嘴应由适当半径的厚度为#10 规格不锈钢板制成，并应完全安装在进水管前。
- 每个 API 通道应至少设置 4 个喷嘴，每个油/水通道配置 2 个喷嘴。
- 应提供将射流喷嘴安装到进水壁上的射流喷嘴壁套和入口导向叶片。
- 射流喷嘴之间的最大间距应为 1.5m。

2.5.4.3.3 油泥移动装置

分离器通道包含一个机械装置，用于将分离的油和污泥移动到收集区域。它将浮油移至分离器下游端，沉淀污泥则移至上游端。有两种油泥移动装置可供选择：移动桥(跨距)式和飞行刮板或链条式。

2.5.4.3.3.1 移动桥(跨距)式

这种类型的移动装置由一或两组叶片组成，叶片悬挂在横梁或桁架上延伸跨越通道宽度。

跨距位于托架布置的轮子上，轮子在通道两侧的轨道升起，沿着水池长度边缘行进。驱动轮子前进的链条轨道位于通道壁的顶部。

调整叶片使其在下游依次撇油，并在上游运行时刮去污泥。单叶片布置操作，是通过使用提升或凸轮机构将叶片的高度调整到油位或通道底部来实现其功能的。铲刀叶片随高度变化在桥架下侧的枢轴上转动运行。

双叶片的布置可通过两种方式之一实现材料的顺序移动。在浮油朝下游移动过程中，污泥叶片将移出通道或平行于通道底部放置。而在下游运行结束时，将除油铲刀叶片从水中抬起，并将除污泥铲刀叶片正确定位好，以便在回程中将污泥向上游移动。

表面行程速度通常为 0.6m/min，而底部行程则为 0.3m/min。

该设备可以跨越一个或多个通道运行。操作可以是手动的或连续的操作，但最好是自动操作，并按循环时间间歇性启动。

桥式油泥移动装置具有以下优点：需要润滑的部件位于水面之上；允许以不同运行速度前进和后退。

缺点如下：相比其他类型更昂贵；它需要一根可移动的电力电缆，通常是一个电缆卷盘或一个由支撑线绕成的电缆的悬挂系统；通道覆盖更加复杂；此种设计并不常见，也没有在配备盖子的装置上使用过。

桥式移动装置的设计规范应包括以下特征：全宽撇油；密封、防爆、防风雨驱动器；过载保护；调平叶片的设施；可将叶片从水中升起，以便进行维护。

2.5.4.3.3.2 飞行刮板或链式

刮板式油泥移动装置由两条平行的环形链条组成，链条位于通道两侧，并和刮板跨越通道相连。组件通过电机驱动的链轮以 0.3~0.6m/min 的运行速度移动。

刮片可以沿链的整个长度均匀分布，但仅一半链长度上的刮片通常就足够且更可取。因为刮片的数量越少，产生的湍流就越少。刮板应横跨通道的整个宽度。通常情况下，刮板高度应为 200mm，刮板的中心间距为 3m。

每个通道只应安装一组油/污泥移动装置。电机和减速器组件可以直接安装在混凝土上。平行通道安装的每组油/污泥移动装置，都应有自己单独的驱动单元独立运行。这些设备的操作可以是自动的，也可以是手动的。

飞行刮板式油/污泥清除机的优点是：初始成本较低；可用于配备过载通道。

该设备的缺点：需要水下轴承；油泥会积聚在链条和链轮上；分离器顶部和底部移动速度相同；链式凹陷可重新分配水面下的石油。

飞行刮板式油/污泥移动装置的设计规范应包括以下特点：

● 全宽撇渣；

- 全封闭、防爆、防风雨的驱动器；
- 驱动链轮过载保护；
- 轴校准设施；
- 运行调平设施；
- 用于保护地面或楼梯、梯子、平台、通道等附近工作人员的链条防护装置；
- 紧链器；
- 刮板清洁器链条的平均极限强度应为18200kg，其普通链节和连接链节由 DN20（3/4in）、热处理高碳钢销钉和铆钉组装而成；
- 用于支撑污泥收集器表面运行的角度轨道；
- 刮刀间距为3m，且高度为200mm；
- 两片刮板上防火花结构的刮刷，可有效清洁水面处的罐壁和罐体底部；
- 清洁器应由标称尺寸为75mm×203mm（3in×8in）的心红木刮板组成，并固定于两股链条上；
- 应为刮板运行提供耐磨损外壳以接触底部围栏；
- 链条应在四组链轮上运行，用以清除池底污泥，并将浮油和漂浮物输送至分离器通道的下游端；
- 清洁器的运行速度应不超过36.6m/h（10.15mm/s）；
- 所有翼板都应在工厂经准确钻孔和开槽，并仔细分组和捆扎在一起，以便安全运输和储存；
- 为磨损表面设置与罐底齐平的导轨；
- 耐腐蚀锚栓；
- 传动链和集电链的链轮齿面硬度应不低于360布氏硬度，并且应在机加工前消除应力，并牢固地固定在主轴上；
- 所有的刮板清洁器都应该是双面式；
- 所有轴系应为笔直坚固的冷轧钢材制成，延伸跨越至水池的整个宽度，并应与螺纹固定轴环对齐；
- 必要时，轴系应包含带有安装键的键槽，且其尺寸应足以传输所需功率；
- 所有水下轴承均应采用巴氏合金、水润滑、球窝和自动调心，这种特别设计有利于防止沉降固体在其表面积聚；
- 水下支座应直接用螺栓固定在混凝土墙上，以使其易于调整；
- 每台电机都应具有足够的功率在不过载的情况下启动和操作清洁机构；
- 每个驱动装置的减速器应为蜗轮型、全封闭，能够在油中运行，并采用经批准的制作工艺，使其具有耐磨功能；

● 减速器装置和电动机应作为一个通用单元直接安装在混凝土上。

2.5.4.3.4 污泥收集和清除

在入口挡板下游底部的每个通道都应单独设置污泥料斗，并为每个通道提供用于高效清除污泥的螺旋输送机。污泥料斗应为倒金字塔状，其侧面坡度至少倾斜45°。采用下传动抽吸系统时，每个料斗的顶端都配置出口管，出口管则连通污泥排出管。

螺旋输送机应包括湿井式驱动装置，配备螺旋齿轮减速器、链条和链轮驱动装置。螺钉的厚度至少应为9.5mm，由合适直径的管轴支撑，并在水润滑轴承中运行。污泥应直接排入污泥池。

两个分离器通道共用一个污泥池。积存的污泥可通过污泥泵清除。当集水坑中的液位达到高液位时，污泥泵应自动启动，而当液位降至低液位时，污泥泵将自行关闭。应提供两台立式污泥泵（一台运行，一台备用）。

应为污泥池提供控制室内的高液位和低液位警报器。

2.5.4.3.5 撇除油的收集

来自主分离器通道和前池段的撇渣油应通过重力输送至通用集油槽。两个分离器通道共用一个集油槽。集油槽为抽出泵提供一个储液罐，此外还可用于将附带的水分与油层进一步分离。

集油槽应配备两台立式离心泵（一台运行，一台备用）。所有的撇除油都应被泵送到浮油罐中。浮子、电探针或空气差压型液位控制器均应在高液位启动泵，并在低液位关闭它们。控制室还应提供高、低液位警报器，以防止集油槽油溢出和泵气蚀。

集油槽和泵的功率应该足够大以避免泵连续运行，还可以处理油的大量泄漏溢出。如果数据不可用，可以根据以下基础估算集油槽离心泵的尺寸：

● 假设在干燥天气情况下，分离器进水中的油可达到2000mL/m³（体积浓度为2000ppm）。

● 当使用开槽管式撇油器时，可以假设与撇油一起排出的水量约为撇油体积的七倍。当使用转鼓撇油器时，可以假设水量与撇油量相同。

● 在泵出之前，集油槽中应该有大约4h的滞留时间。

● 集油槽泵应在20~30min内出油，应在0.5~1.5h内出水（当油泵和水泵不相同时）。

● 当用同一台泵将油和水的混合物泵送至污油罐时，应在1h内将油和水泵出。

2.5.4.3.6 撇油装置

应在每个分离器通道的末端提供开槽管撇油器。撇油装置的要求应如上文所述。每个通道的可旋转撇油器管道应首尾相连，并排至装置一侧的污油池。

2.5.4.3.7　隔油挡板

应在撇油装置的下游不超过 300mm 间隔处设置隔油挡板。安装挡板时，其最大淹没深度应为水深的 55%，并应能够延伸至通道的顶部。

2.5.4.3.8　出水堰

隔油挡板下游不超过 600mm 处应设置出水堰壁。

堰壁从通道底部延伸至某一高度，该高度等于正常水深减去堰顶（顶部边缘）上的正常水流量深度。堰顶对应于堰上的水头。沿着堰壁的顶部，在堰壁的下游面上安装一个尖顶或槽口的堰板。板上的螺栓孔应垂直拉长，以便在安装时能使堰板完全水平，并可对标高微小调整。

应采取措施防止堰板和堰壁之间发生泄漏。

2.5.5　平行板分离器

2.5.5.1　概述

平行板油水分离器通过增加分离器水平表面积和减少湍流来提高性能。传统的通道单元通常可以用平行板进行改造，以达到改善废水排放或提高废水流速的目的。带有平行板聚结介质的分离器，其流速可达传统装置的三倍。与传统的油水分离器相比，它们还可以去除直径更小的游离油滴。据报道，平行板分离器的出水比传统分离器的出水含油量少 60%，而且从这些装置收集的油含水量也更少。

在传统的矩形槽油水分离器中，更多的分离（更高的流量或更好的出水）只能通过增加储罐容积来实现。在开放的通道矩形槽中，增加容积、创造必要表面积是改善处理效果的唯一方法。

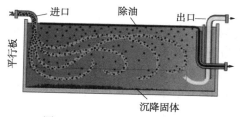

图 2-9　平行板 API 油水分离器

由于这些储罐传统上是由焊接钢材制成的，因此体积的增加意味着钢材成本的激增。添加 PVC 平行板涂层介质是一种价廉且简单的方法，可以在不增加现有钢质材料分离器体积的情况下增加处理量。图 2-9 为平行板 API 油水分离器结构示意。

在分离器的可用空间有限的情况下，更紧凑的平行板单元可提供额外表面积，使平行板分离器成为传统分离器强有力的首选竞争替代品。分离器的表面积可以通过在分离器室中安装平行板来增加。

由此产生的平行板分离器的表面积，其增加值将为所添加平行板水平投影面积的总和。通过平行板单元装置的流量可以是同等常规分离器的两到三倍。

除了增加分离器的表面积外，平行板的存在还可以减少短路现象发生，降低分离器中出现湍流倾向，从而提高分离效率。对于平行板系统来说，其出水中的油含量可以更低。与传统分离器相比，平行板系统回收的小油滴比例更高，其出水油含量可降低至（传统分离器出水油含量的）60%。这种类型的分离器不适合去除乳化油或溶解油。

2.5.5.2 设计注意事项

- 分离器设计时假定油滴（粒）直径为 $60\mu m$。
- 相对密度和黏度，应根据分离器设计中废水或油的最恶劣环境条件进行计算。
- 在设备选择和分离器设计中，应诊断并考虑到诸如油和固体去除以及堵塞等工艺技术问题及其解决办法。例如，应选择合理的板材倾角和板材间距，以避免出现任何堵塞问题；应在分离器前端设置固体去除装置，以避免分离器出现淤堵现象。
- 应设置机械排泥设备，以避免采用将板组从分离器中抬升的办法进行除泥。该系统还应包括抽油设备。
- 这些板材应为波纹状型材。但还需要与主要供应商进行必要的协调，以优化板材间距和其他配置参数。
- 在石油和天然气行业，含油污水处理应设置至少两组平行的分离器，其中一组分离器其入口与流量分流器（水闸）和独立出口相连接，以便在一个分离器因进行维修或清洁而停止使用时，另一组分离器可以继续运行。分离器的设计流量按如下方法确定：当所有分离器都正常投入使用时，分离器所处理的最大流量。
- 分离器的设计应确保在最坏的环境条件下，易分离的流出油（STS）为 $40mg/L$。
- 分离器的安装应确保工业含油污水管中的含油污水可以通过重力流向分离器。应避免泵送分离器进水。
- 需要设置预分离器/预沉淀池。预分离器通常建造成两个隔间，由溢流堰、滞留挡板、沉淀区和流入平行板分离器进口通道的溢流所组成。
- 浮式撇油器应安装在固定挡板前面，每个隔间一个。在最大流量条件下，推荐的溢流率为 $10mm/s$。在最大流速条件下，其停留时间应大约为 $15min$。值得注意的是，溢流出水的成分可能会因位置不同而发生改变。需进行取样并测试，以验证上述流量和保留时间值的准确可靠性。为了简化真空车的清洁程序，预分离器的底板应保持 1：50 的坡度。

2.5.6 隔油池

2.5.6.1 概述

隔油池是一种仅用于截留浮油的设施，不应用于分离分散的油。应根据法规评估是否必要安装隔油池。隔油池可以用作：

a）雨水池的入口，以保持表面清洁；

b）泻湖的出口，防止分离出的油进入公共水域。

2.5.6.2 设计

隔油池结构包括：

- 最小长度为 60m 的引流道，正常条件下流速应限制在 0.25m/s，在最大降雨量时，流速应限制在 0.45m/s。
- 过渡部分。
- 最终堰段。在正常条件下，流速应限制在 0.20m/s，在最大降雨量期间，流速应限制在 0.35m/s。挡板下方的速度分别不得超过 0.08m/s 和 0.15m/s。

使用上述速度进行计算时，应考虑隔油池底部深度为 0.30m 的沉积层。

2.5.6.3 施工

堰段应建造成 V 形，每条支柱形成一个隔室。然而，根据吞吐量可以只考虑建造一根支柱。在过渡段，引流道的横截面应逐渐变为堰段的横截面。挡板墙的下侧应至少低于隔油池的水位 0.60m。

隔油池进油通道和过渡部分最好建造在两个隔间内，以便在需要时进行清洁和维修。

2.5.7 储油池

储油池的设计应能容纳因大量意外泄漏而溢出的油量。对于一次泄漏，应假设该油量至少为 100m³。储油池应建在意外溢流排放系统的末端。

2.5.7.1 设计

在正常条件下，通过容纳室的污水排放最大速度不应超过 0.05m/s，在最大降雨期间不应超过 0.075m/s。挡板下方的速度，在任何情况下都不应超出 0.15m/s。在计算流速时，应考虑整个容纳室（蓄水池）底部 0.30m 的沉积层。

除非另有规定，否则溢流率（储油池的排放量除以其水平表面）应为 0.005m/s。

建议假设理论设计水深为 1.20m。挡板的底面应至少低于蓄水池的水位 0.60m。

2.5.7.2 施工

在储油室之前，应在过渡部分安装隔油挡板、撇油器和集油槽，以便在正常条件下保持储油池表面无油。隔油挡板的底面应低于水位 0.20m。储物存放间最好安装在两个或多个隔间内，以便在需要时进行清洁和维修。

▶▶▶ 2.6 流量均衡

均衡（调节）池（图 2-10）用于稳定全天的污水流量。进入污水处理厂的水流量非常不稳定。白天污水以较高速率流入处理厂，均衡池将被填满。而当夜间污水流量下降时，均衡池将开始排水。

均衡（调节）池用于克服由水流量变化引起的运行问题，能够改善下游工艺的性能，并降低下游处理设施的规模和成本。

2.6.1 应用和选址

流量均衡用于抑制流量的波动变化，从而实现或接近恒定的配水流量。平衡（调节）池的设计必须考虑干湿天气流量以及由操作问题引起的流量变化。

图 2-10 均衡调节池

均衡池中必须提供充分的混合和曝气，以均衡各种废水流，防止固体沉积、腐烂和臭味问题。

为了实现均衡流量、一定的成分浓度和平抑水流量，应以串联方式设置均衡池，以便所有流量都通过该池。

应根据处理类型、收集系统和废水的特性进行详细研究，以优化均衡池的位置选址。在炼油厂和石化厂中，优选的位置应是油水分离器的下游和浮选装置的上游。然而，在任何地方或以离线模式设置水池时，都应该考虑到所有的经济和运营视角，并应得到公司的批准。

流量均衡的应用将主要带来以下好处：

• 生物处理得到了强化，因为可以消除或减少冲击负荷，稀释抑制物质，并且可以使 pH 值保持稳定；

• 通过恒定的固体负荷，提高生物处理后二次沉淀池的出水水质和增稠性能；

•降低了废水过滤表面积要求，改善了过滤器性能，并且可以实现更均匀的过滤器反冲洗循环；

•在化学处理中，质量负荷的抑制调节提高了化学进料控制水平和工艺可靠性。

2.6.2 体积要求

在确定均衡池所需的容积时，应考虑以下因素：

•水池中的水位应达到足够深度，以保证曝气和混合设备连续运行；

•必须提供足够的均衡池容量，以容纳预期的浓缩厂回流水流量；

•为应对日流量的意外变化和 BOD 质量负荷率的附加抑制，应提供额外的均衡池容积；

•根据每天的平均流量，该容积应足以为所有进入工厂的废水流量提供至少16h 的滞留时间。

▶▶▶ 2.7 混合

2.7.1 说明与类型

在废水处理的许多阶段，混合是一个重要的单元操作，包括：一种物质与另一物质的完全混合、液体悬浮液的混合、混溶液体的混合、絮凝、传热等。

废水中的大多数混合操作可分为：

a）连续快速（30s 或更短的时间）混合，最常用于一种物质与另一种物质混合的情况；

b）连续混合，将反应器、储罐或水池内的物质保持在完全混合状态。

废水处理厂中使用的典型混合器包括：螺旋桨搅拌器、涡轮混合器、直列式静态混合器、直列式涡轮混合器、气动混合器。

2.7.2 应用

混合器的选择应基于实验室、中试工厂试验或制造商提供的类似数据。带有高速运转的小型叶轮的混合器，最适合分散废水中的气体或少量化学物质。带有缓慢移动叶轮的混合器，最适合混合两种流体并进行絮凝。

当向废水或污泥中加入混凝剂（如硫酸铝或硫酸铁）和助凝剂（如聚电解质和石灰）时，应使用桨式混合器作为絮凝装置。在机械上，絮凝过程是通过用缓慢转动的桨叶轻轻搅拌来促进发生的。

桨叶线速度为 0.6~0.9m/s 时，可在不破坏絮体的情况下产生足够的湍流。直列式静态混合器通常用于混合化学品，而折流板上、下方的通道则用于絮凝。在溶解气浮装置中，絮凝是通过将气泡引入罐底（气动混合）来实现的。

▶▶▶ 2.8　沉淀

沉淀或澄清，是指让悬浮物质在重力作用下沉淀的过程。悬浮物质的来源可以来自于水源中最初存在的颗粒物，如黏土或砂浆。

更常见的是，悬浮物或絮体是由水中的物质，和在凝聚混凝或其他处理过程（如石灰软化）中使用的化学物质产生的。

沉淀过程是通过将被处理水的流速降低至某一速率以下，使水体中的颗粒不再保持悬浮状态而发生沉降作用来完成的。当水流速度不足以支撑颗粒物的移动传输时，颗粒物受到的重力会将它们从流动体系中移除。

2.8.1　沉淀理论

如图 2-11 所示，对于离散的球形颗粒，当重力 F 等于摩擦阻力 F_D 时，其沉降速度（终端速度）可导出为：

$$(\rho_s - \rho_w)gV = C_D A_c \rho_w v_s^2 / 2 \qquad (2-2)$$

沉降速度：

$$v_s = \sqrt{\frac{2gV(\rho_s - \rho_w)}{C_D \times \rho_w \times A_c}} \qquad (2-3)$$

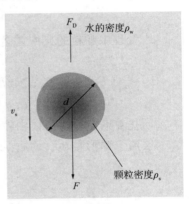

图 2-11　离散球形颗粒的
受力平衡分析

式中　V——颗粒体积 $= \dfrac{\pi d^3}{6}$；

A_c——颗粒横截面积 $= \dfrac{\pi d^2}{4}$；

v_s——沉降速度；

C_D——阻力系数。

式（2-3）可转化为：

$$v_s = \sqrt{\frac{4g(\rho_s - \rho_w)}{3C_D \times \rho_w}} \qquad (2-4)$$

2.8.1.1 阻力系数的测定

阻力系数（C_D）可应用图 2-12 进行估算。

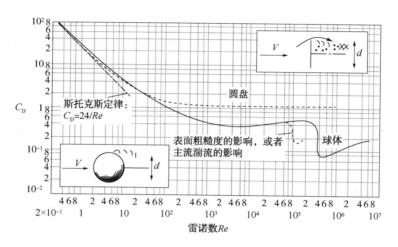

图 2-12 阻力系数估算图

水处理中颗粒的典型雷诺数：

$$C_D = 24/Re \qquad Re < 1 \qquad (2-5)$$

$$C_D = 24/Re + 3/Re + 0.34 \qquad 1 < Re < 10000 \qquad (2-6)$$

$$C_D = 0.4 \qquad 10000 < Re < 100000 \qquad (2-7)$$

斯托克斯定律对流体中粒子的行为作出以下假设：

层流、球形颗粒、均质（成分均匀）材料、表面光滑、粒子不会相互干扰。

$$v_s = \frac{g(\rho_c - \rho_w)d^2}{18\mu} \qquad (2-8)$$

式中　v_s——粒子的沉降速度，m/s，如果 $\rho_c > \rho_w$ 则垂直向下，如果 $\rho_c < \rho_w$ 则向上；

　　　g——重力加速度，m/s²；

　　　ρ_c——固体颗粒的质量密度，kg/m³；

　　　ρ_w——流体的质量密度，kg/m³；

　　　d——球形物体的直径，以 m 为单位；

　　　μ——动态黏度，N·s/m²。

2.8.1.2 理想沉淀池

图 2-13 为一个理想沉淀池示意。在理想沉淀池中，过流率确定了可完全去除颗粒的最小沉淀速度：

$$v_o = h_o/t_o = h_o Q/V = Q/A \qquad (2-9)$$

当 $v_s < v_o$ 时，移除率为 $100\%(v_s/v_o)$，因为：

$$h/h_o = v_s/v_o \qquad (2-10)$$

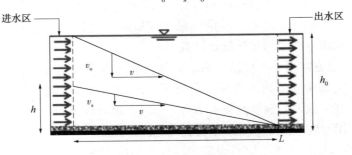

图 2-13　理想沉淀池

2.8.2　应用和类型

沉淀是通过重力沉降将比水重的悬浮颗粒与水分离。沉淀可用于去除沉沙、初级沉淀池中的颗粒物、活性污泥沉淀池中的生物絮体以及使用化学混凝工艺时形成的化学絮体。

它还用于污泥浓缩池中的固体浓缩。然而，在大多数情况下，其主要目的是澄清污水。所以在设计沉淀池时，必须考虑澄清污水和浓缩污泥。

根据颗粒的浓度和相互作用的趋势，可将沉淀分为四种类型，见表 2-4。

表 2-4　污水处理中涉及的沉降现象的类型

沉降现象的类型	描述	应用/产生
自由沉淀（类型 1）	指低固相浓度悬浮体中颗粒的沉降。颗粒独立沉降，与相邻的颗粒相互作用较小。	去除废水中的沙砾和沙粒。
絮凝沉淀（类型 2）	指在沉降过程中，较稀的悬浮颗粒聚合或絮凝。通过合并的粒子质量增加，以更快的速度沉降。	去除初级沉降设施和二级沉降设施上部未经处理的废水中的部分悬浮固体。还可以去除沉淀池中的化学絮凝物。
拥挤沉淀（类型 3）	指中等浓度的悬浮液中颗粒间的作用力足以阻碍相邻颗粒的沉降。粒子之间的相对位置不变，粒子质量作为一个单位沉降。沉降块顶部形成固-液界面。	在与生物处理设施共同使用的二级沉淀设施中发生。
压缩沉淀（类型 4）	指沉降过程中颗粒的浓度足以形成结构，且仅通过压缩才能发生进一步沉降。颗粒通过上清液的沉降不断添加到压缩物中。	通常发生在深层污泥块的下层，如深层二沉设备的底部和污泥浓缩设备中。

2.8.3　设计考虑

a）预沉池可以在开挖的地面上建造，也可以用钢或混凝土建造。水池应配备连续的机械污泥清除装置。预沉的最短停留时间应为 4h。在预沉淀前应设置提供预氯化或部分混凝的化学进料设备。

b）沉淀池通常用于各种形状和流动机制的化学混凝池或软化水处理。处理厂沉淀池特定形式或形状的选择，取决于建筑面积以及与相邻结构的一致协调性。水池最好为圆形和钢筋混凝土结构。当然，也可以使用矩形或方形水池，这取决于可利用空间的大小，并应征得公司的同意批准。

c）水池的底部应采用倾斜设置，以便于清除沉积的污泥。矩形水池的底部坡度应为 1%，圆形或方形储水池的底部坡度应为 8%。推荐水深为 3.5~5.3m。矩形水池的长宽比应为 3：1~5：1。

d）为最大限度地减少短路和湍流的影响，应为所有储罐的出入口结构选择有效水力设计。入口结构应设计为：

1）在沉降区的横截面上均匀分布流量；

2）启动时水流平行或径向流动；

3）最大限度地减少大规模湍流；

4）防止污泥区附近速度过快。

e）流经沉淀池的水流通常从沉淀池顶部进入，但在圆形沉淀池中水流可能会进入沉淀池的中央絮凝室。污水直接从周边的堰垂直流出。高效设计的立式储罐比卧式储罐更稳定。

立式储罐的额定体积沉降速度通常为 1~3m/h。其容积负荷可以通过将倾斜管引入沉淀水池来增加。

f）沉淀过程应先进行混凝，然后过滤。

g）每个澄清器应包括一个刮板式澄清器机构和一个带有驱动器的桥，该驱动器沿水池的长/外围移动（取决于水池的类型）来刮去水面上积聚的浮渣。应在澄清池底板上方设置旋转叶片，以收集从混合液中分离出来的污泥。每个叶片都应该带有硬橡胶刮板，以便每次旋转时都会使刮板刮到池底，并将污泥推向卸料斗。

2.8.4　沉淀池的数量

在选择沉淀池的数量时，应考虑以下因素：

1）如果水池因清洁、维修或任何其他原因暂停使用时，会对处理后废水产生什么影响。

2）可按照预期达到最好效果的最大尺寸进行设计。

对于任何需要安全供水的情形，应采用混凝和过滤处理工艺，并为此提供至少两组水池以保证供水安全。

2.8.5　进水口布置

进水口的布置应确保混凝处理水能均匀分布在各沉淀池以及其横截面上，并避免未经混凝处理水流流过沉淀池发生短路。可通过测试确定各种水流和絮状物的允许速度范围，这里给出的推荐范围在 0.20~0.55m/s 之间。

如果需要入口管道或水槽，则每个开口处的水头损失和入口处可用的最大能量水头之间应有较大差距。并且，为了防止絮凝物破碎，水流动速度必须保持足够低。

2.8.6　短路

为减少短路和提高沉降效率，需在沉淀池中布置挡板，并应特别注意形成死角、涡流和对沉淀固体造成干扰。

2.8.7　出水口布置

离开沉淀池的出水应在沉淀池的宽度/边缘上均匀收集，防止流速过快并将沉淀的污泥提升到堰上溢流而出。可以在整个水池、布水槽或设置的排水口上建造堰。

淹没堰前面的出水孔口的组合，提供了有效的出口布置并减少了短路。在建造水池时，应特别注意设置足够的堰长，以防止溢流率过大导致流体高速接近堰的问题。

2.8.8　滞留时间

理论上单位体积的水流过混合池、沉淀池所需的时间，称为滞留时间。它等于以给定流速将水池填充满所需的时间，可以通过将水池的容积除以流经水池的水流速率来计算得到。

滞留时间必须与保留时间区分开来，保留时间是水中颗粒通过水池所需的最短时间。根据水池的用途，滞留时间一般为 2~4h。但如果需要去除大量悬浮固体，则滞留时间将更长。

2.8.9　表面负荷率

沉淀池的表面溢流率可以通过烧杯试验在采用最佳混凝剂、最佳投加量和达到最佳絮凝时间效果下研究确定。对去除悬浮物来说，在使用适当的混凝、絮凝剂条件下，其最大表面负荷率为 $25m^3/d/m^2$。

2.8.10　影响沉降的因素

一些因素会影响可沉降固体与水的分离。以下给出一些需要考虑的常见因素类型。

2.8.10.1　颗粒尺寸

待去除颗粒的大小和类型，对沉淀池的运行有显著的影响。因其较大的密度，沙子或淤泥可以很容易被清除。水流通道的速度降低到 $1ft/s$ 以下时，大部分砾石和沙砾都将通过简单的重力作用被清除。

相比之下，胶体材料，即停留在悬浮液中并使水看起来浑浊的小颗粒，在添加化学物质（如铁盐或硫酸铝）使其凝结和絮凝之前不会沉降。

颗粒物的形状也会影响其沉降特性。例如，圆形颗粒比具有粗糙或不规则边缘的粒子颗粒更容易沉降。

所有颗粒都带有轻微的电荷。相同电荷的颗粒之间往往倾向于相互排斥。这种排斥作用使颗粒不易聚集成絮状物并沉降。

2.8.10.2　水温

在沉淀池操作中，需要考虑的另一个因素是被处理水的温度。当温度降低时，沉降速度将会变慢。其结果是，随着水的冷却，沉淀池中的滞留时间必须延长。

当温度降低时，操作人员必须改变混凝剂的投加量，以补偿沉降速率的降低。但在大多数情况下，温度对处理效果没有显著影响。

水处理厂在夏季对水的流量需求通常较高，此时温度最高，沉降速度最合适。当水较冷时，沉淀池中的流量处于最低水平，在大多数情况下，处理水厂的滞留时间将得到增加，以便絮体有充分的时间在沉淀池中沉淀析出。

2.8.10.3　沉淀池区域

大多数沉淀池可划分为以下几个功能区域（图2-14）。

入口区：入口或进水区为絮凝水流提供平滑过渡，并应将其均匀地分布在整个进水入口至沉淀池。正常设计应包括挡板，可将流量平缓地散布在储水池的总入口，并防止储水池短路。短路指的是部分进水过快流出沉淀池的情况，有时也流经沉淀池顶部或底部。挡板可在水池的宽壁上穿孔，并包括横跨入口的墙面。

沉降区：沉降区是沉淀池中最大的部分。该区域提供了悬浮颗粒沉降所需的平静区域。

污泥区：污泥区位于沉淀池底部，在污泥被移除进行额外处理或处置之前，为污泥提供一个储存区域。

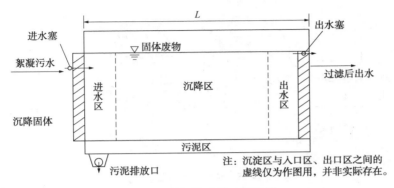

图 2-14　沉淀池的功能区域

▶▶▶ 2.9　溶气气浮

2.9.1　概述

溶气气浮（Dissolved Air Flotaion，DAF）是一种将微小气泡（10~100μm）附着在悬浮于液体中的固体颗粒上，导致固体颗粒漂浮的液固分离过程。在 DAF 体系中，空气在压力下溶解于液体。溶解的空气停留在溶液中，直到压力释放至大气压后，空气才能以微小气泡的形式从溶液中释放出来。

气泡与废水充分混合并附着在废水流中的固体颗粒上，使固体颗粒物质附聚漂浮到液体表面形成固体（漂浮）层。然后，通过表面撇渣器将浮层移除分离。

DAF 是一种浮选过程。在该过程中，首先将空气在 350~750kPa（ga）的压力下溶解在水中，然后在减压条件下，使其以微气泡形式在浮选槽水体中释放，气泡在悬浮物颗粒上附着，并上浮到液体表面。通常情况下，DAF 装置对废水中的游离油和其他悬浮物浓度水平可以降至 API 分离器可达到的水平以下。

图 2-15 为传统的 DAF 装置示意。其设计目的是在使用化学助剂的作用下，产生游离油含量小于 15mg/L（最大值）的处理出水。在 DAF 装置中，处理出水中油含量的最好结果一般不会低于碳氢化合物在水中的溶解度水平。

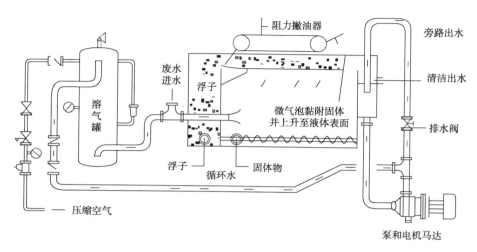

图 2-15　传统 DAF 系统示意

溶气气体浮选法（DGF），是用气体（如天然气）代替空气，以便保持还原性环境或用以避免待处理废物发生氧化的应用情形。

DAF 装置用于进一步除油的主要目的是为了满足下游后续生物处理所需的出水质量及其预处理要求。DAF 装置通常置于 API 分离器的下游和生物氧化处理装置的上游。

DAF 装置的主要应用，是在生物处理工艺单元的上游，从石化及类似工业废水中去除游离和乳化的烃类化合物。这样做的目的是为了防止有毒或抑制性物质阻碍其下游后续的生物处理过程的正常运行。

DAF 设备的其他工业应用，包括高浓度鱼类养殖废水的处理、食品和肉类加工业废水的预处理，以及纸浆和造纸行业产生废水的处理。在某些情况下，DAF 也可以替代生物处理过程中产生的固体重力沉降。

与传统的重力沉降系统相比，DAF 系统的优势在于它是一个高速率的过程。这意味着可以减少空间需求，并且在污泥浓缩时可以产生更稠的污泥。此外，按照设计 DAF 系统还可以根据系统的运行参数，为运营商提供一定程度的灵活性。

2.9.2　系统配置

DAF 装置应建造在部分或全部位于地面以上的混凝土罐中。应至少提供两组并联装置，每个装置的设计流量为总设计流量的50%，即新鲜进料和加压循环水流量之和。每台机组的循环水流量，应设计为每台 DAF 机组新鲜进料流量的50%～75%范围内。当矩形浮选装置的尺寸超过 6m 宽或 30m 长，或圆形浮选装置的直径超过 24m 时，应设置多个 DAF 单元。

每个 DAF 装置应由包括但不限于以下设施组成：

- 加压流量控制系统和保压罐；
- 絮凝室；
- 控制阀和仪表，用于有效控制整个循环系统的所有流量条件；
- 伸缩阀；
- 浮渣撇渣器，包括驱动器和支架；
- 浮渣螺旋输送机和浮渣槽；
- 浮渣滞留挡板；
- 底部污泥收集器和驱动装置；
- 多孔循环管和挡板，用于将加压循环分配到整个浮选槽中；
- 由不锈钢制成的偏转挡板；
- 浮渣池搅拌器和驱动装置；
- 污水堰和浮渣滞留挡板；
- 所有增压泵和加压泵，包括电机和驱动装置；
- 空气压缩机；
- 入口水闸，自由面积为 $0.1m^2$；
- 可调出口堰。

2.9.3 影响 DAF 效率的因素

2.9.3.1 进水水质

进水的某些特性会影响 DAF 效率，例如颗粒大小、pH 值、表面活性和悬浮固体浓度。凝聚剂会显著影响颗粒的大小，使用的化学品可能会改变表面活性，通过在水中引入足够多的气泡可以使所有悬浮固体漂浮起来。

在添加混凝剂之前，应将 pH 值调整到适当的范围内。pH 值调节装置应设置在 DAF 装置的上游部分。

2.9.3.2 设计参数

应考虑以下主要设计变量：溢流率(上升率)、循环回流比、溶气压力。

2.9.3.3 运行参数

该装置的尺寸应确保能够提供足够的操作灵活性，以便在进水特性发生预期变化的情况下保持出水质量。操作员应能够调整以下主要操作变量：pH 值、凝聚剂的类型和剂量、助凝剂类型和剂量、空气压力、回收率。

2.9.4 可处理性测试

应通过对废水进行研究，以确定它是否适合通过 DAF 工艺进行处理。如果确定 DAF 工艺适用于这种特定废水处理，则可利用中试装置试验或实验室小试试验来确定下列设计参数[见 API 编《炼油厂废物处置手册：液体废物卷》(1969年)中"用于 DAF 工艺的可处理性试验程序"]。

- 溢流率或颗粒质量速率；
- 最佳回收率；
- 气液混合(溶气)罐中的压力水平；
- 所需的化学调理类型，例如：化学品的种类和数量；化学品的最佳投加量；化学品的优势点；化学品应用的优势点；快速混合(闪混)和絮凝滞留时间；如果在设计前无法对废水进行测试，应尽可能使用类似炼油厂或工厂的数据。

2.9.5 设计考虑

水力负荷率(HLR)是水处理厂机组运行的一个重要特征，因为它与公用设施中满足用水需求所需的水箱尺寸直接相关。DAF 澄清池的 HLR 计算如式(2-11)所示：

$$HLR = \frac{处理流量}{澄清池总占地面积} \tag{2-11}$$

式中　　　　HLR——水力负荷率，m/h；

处理流量——澄清池出水流量，不包括循环流量，m^3/h；

澄清池总占地面积——包括澄清池接触区和分离区的占地面积，m^2。

DAF 是一种高速澄清工艺，其水力负荷率标准范围为 5~40m/h，而沉淀负荷率为 0.5~5m/h，两者均受水质、温度和水池配置等因素影响。

温度会影响水的黏度，因此在温暖的环境中上升速度会更高。理论上，絮体-气泡聚集体的上升速率可以由斯托克斯定律式(2-12)导出，如式(2-13)所示。确保絮体-气泡聚集体的上升速率足以保证聚集体在被吸入清水区之前即升至澄清池的顶部，这一点对 DAF 的性能至关重要。

$$v_b = \frac{g(\rho_w - \rho_b)d_b^2}{18\mu_w} \tag{2-12}$$

$$v_{fb} = \frac{4g(\rho_w - \rho_b)d_b^2}{3K\mu_w} \tag{2-13}$$

式中　　v_b——气泡上升速度；

v_{fb}——絮体气泡集料的上升速度；

g——引力常数（重力加速度）；

ρ_w——水的密度；

ρ_b——空气气泡密度；

μ_w——水动力学黏度；

d_b——气泡直径；

d_{fb}——絮体气泡聚集体的直径；

K——换算系数：当絮凝体<40μm 时，系数为24；当絮凝体为170μm 时，系数为45。

2.9.5.1 系统设计

a）该系统设计应保证连续服务和不间断运行的时间不少于2年。

b）所有设备应适用于指定气候区的无防护室外安装。

c）电气设备的外壳应适合特定的区域分类和环境。

d）从絮凝池到 DAF 装置的废水和从 DAF 装置到接收池的漂浮物/污泥应通过重力作用输移。

e）设计保留时间应至少如下所示：

- 中和罐：3min；
- 絮凝池：20min（进水）；
- 浮选池：40min（进水+循环）；
- 气液混合（溶气）罐：最大循环率下可运行3min。

f）基于 DAF 浮选面积，设计流量应为 1.5L/s/m²（最大）。

g）应在 500~700kPa（G）的压力范围内，向保压罐连续供气（保压罐的供气压力不应低于500kPa 或者高于700kPa）。

2.9.5.2 DAF 部分

a）侧水深（SWD）应至少为 2.5m，最大为 3.0m。除水深外，还应提供 500mm 的自由板。

b）应提供穿孔循环分配管和挡板，以便在浮选室的深度和宽度上均匀分配流量。穿孔的间距和设计应适合在腔室宽度上的流量分布。管道的一端应采用法兰连接，以便与再循环管道相衔接。

c）装置的设计应保证在按照设计流量工作时上升速率大于 7.2m/h，以便能够去除可漂浮的游离油和（或）悬浮固体。

d）浮选室内的水流量速率不应超过 36m/h。

e）撇渣器应由两组链条架组成，链条架在液面上方通过两组带枢轴撇渣刮板的链轮运行。撇渣刮板应在浮选池的出水端进入浮料层，并逆向朝进水端进行刮渣和撇油作业。撇渣器应由合适的变速驱动器驱动。需要时应设置撇油链支撑。撇渣器叶片应具有深度调整功能。对于矩形池，撇油器链条应配备自润滑装置。对于圆形池，叶片应与横向支撑杆相互连接，以减少叶片水平偏转和回弹过度的可能性。

f）浮选池中应配备螺旋输送机，用于将浮渣槽中的可浮固体转移至池壁以外的集水坑。输送机的直径应为225mm，并有全螺距刮板安装在其标准质量的钢管上。输送机应由合适的电力驱动装置驱动。浮渣池处应提供搅拌器和驱动器，以保持浆液悬浮。

g）底部污泥收集器应由标称尺寸为50mm×152mm的红木刮板组成，并安装在两根间距不超过3000mm的链条上。收集器链应在三组链轮上运行，并由合适的变速驱动装置驱动。链条应为带有平链环和连接链环的C720重型枢轴式链，由热处理高碳钢销和铆钉组装而成。

收集器的罐底应至少配备25#三通导轨（根据DIN 997的表3）。如果需要，刮板回程的轨道应由76mm×51mm×9.5mm的角钢和6.25mm钢支架制成。

h）圆形浮选池的撇渣器/刮泥器尖端速度最大应为0.025m/s，矩形气浮池的尖端速度最大应为0.015m/s。

i）撇渣器和刮板机若使用皮带传动装置应得到公司的批准，皮带传动的使用限制应如下所示：

- 最大额定驱动功率：110kW；
- 驱动器服务系数：1.5；
- 皮带类型：连接式（多个V形皮带）。

皮带应为重型或优质皮带，具有耐油、静电传导特性。联轴器应选择锻钢柔性联轴器。

j）浮式撇渣器和刮泥器应配备带开关的循环计时器。圆形刮板应配备远程扭矩指示器和手动扭矩提升装置。一旦达到设计负载，应立刻关闭驱动电机，并启动视觉和听觉警报系统。撇油器/刮渣板驱动轴上应配备安全销。

k）应包括从浮选池中清除沉降污泥的措施。通常情况下，可以在储罐的进口端设置多个料斗或槽。沉淀的污泥通常被刮入料斗或槽中，并通过泵送或利用浮选池中的静水压头将污泥压出来进行定期清除。

l）浮渣/污泥接收池的尺寸应能为0.5vol%的未处理废水进料漂浮物废渣生产提供至少3h的滞留时间。储罐应配置蒸汽或空气喷射设施(一种或两者兼备)。浮箱的大小应能容纳产生的最大浮渣数量。至少应设置两组浮箱。供应商的设计依据(包括浮箱的数量)应得到公司的批准。

m）浮渣/污泥输送泵应具有以下特点：

● 至少应提供两台螺杆泵（一台运行，一台备用）。使用单螺杆泵时，应为每台泵提供备用定子。

● 应提供泵吸滤器，以滤除泵无法处理的固体颗粒。筛网材料应为铜合金。过滤器应配备冲洗接头。

2.9.5.3 中和/絮凝段

2.9.5.3.1 中和部分

a）中和罐的设计要求如下：

● 油箱应该有挡板；

● 圆形储罐的液位高度应大致等于其直径；

● 除圆形储罐外，液体体积应具有近似的立方尺寸。

b）进料流入口管道布局应能使液位从上方约 600mm 处流下，以达到预混合条件。

c）进水和出水连接处应完全相反。出水连接应该符合 API 650 的低类型要求。

d）向中和槽中注入酸碱时，应靠近未经处理的废水进水。

e）混合器应为螺旋桨式或轴流式。液体泵送或移动能力应为进料流量的 10~20 倍，流体应流向罐底。

f）中和设施最好位于均衡池的下游。

g）pH 值控制系统应包含以下内容：

● 至少要设置比例和复位反馈控制方式。

● pH 值分析仪应具有自清洁功能。pH 值控制探头应位于中和罐出水管线上，并尽可能靠近中和罐。

● 控制室应设置 pH 值指示剂和高位报警。

● pH 值控制系统应为自动控制。

2.9.5.3.2 絮凝段

絮凝设备应安装在大小合适的隔间内。应在每个单元的顶部提供 610mm 的自由空间。设备应包括一个安装在轴上浆轮组成，并由适当的变速驱动装置驱动。每个桨叶组件应由标称尺寸的、干净的、实心红木叶片组成，叶片由钢制角臂支撑。

絮凝罐应包含以下内容：

a）圆形水箱应设有挡板；

b）混合器的最大尖端速度应为 0.6m/s；

c）储罐应包括一个空气分布器（曝气喷头）。

絮凝器隔间中应安装手动操作的齿条和小齿轮浮渣收集管，以清除凝聚区域中的漂浮物。浮渣管应能前后旋转，以确保能够清除管道和池壁之间的浮渣。

应围绕管道的垂直轴，对称切割成60°的槽，槽的边缘用作溢流堰，当管道旋转时浮渣在堰上流入管道。管道的开口端应提供合适的防水密封。密封件应在不需要将管道从支撑支架上取下的情况下进行自由更换，并且不应束缚或阻碍旋转管道的正常工作。

2.9.5.4　加压流量循环系统

a）每个加压流量循环系统应包括加压罐、加压泵、流量计、水和空气调节阀，以及必要的仪表，如指示器、报警器、开关阀等。

应为每个 DAF 装置提供单独的加压流量系统，包括单独的加压罐、流量计、调节阀、连接管道、仪表等。当使用两套 DAF 系统时，应配置三台加压泵，以保证每台泵都能够为两套 DAF 装置提供服务。在这种情况下，每个加压流系统也应设计为可用于两个浮选池运维服务。

每个带有所有部件（如加压罐、泵、管道等）的加压循环系统的设计，都应能处理每个 DAF 装置至少75%的设计新鲜进料量。循环泵应为卧式离心泵。

b）加压罐的设计应确保在正常工作条件下达到至少80%的饱和度。应在进气管线上安装空气喷射器，并在进水管线上布设喷水嘴。等效液体滞留时间应为3min。应在正常液位和内部构件之间提供至少 1m 的中断距离，以允许气泡和空气脱离。应提供一种加压循环储罐的下水排空方法。

c）安装在加压储罐上的浮子开关和电磁阀应在储罐中保持适当的气液比。浮子开关应在水位过高或过低时启动发出警报。压力罐还应配备压力表、液位计、低压报警器、带针阀的通风口和泄压安全阀。供应商提出的液位和压力控制系统应提交给公司审核批准。所有液位控制应选择外部类型。

d）加压罐内应配置适当填料，以增加水的接触面并提高空气的溶解度。

e）气液混合溶气罐应由具有 3mm 腐蚀余量的镇静碳钢制成，并配有合适的涂层或内衬。溶气罐的机械设计压力应足够高，以保证将来在高于最初预期的工艺压力下照常运行。

f）背压（排放阀）应尽可能靠近浮选池和进水流。阀门的选择必须适合系统的机械设计压力，保证其不易被固体堵塞，并应尽量减少湍流。

为防止絮体发生破碎，阀门不应施加过高剪切力。在浮选室入口处的背压阀下游，应提供带有适当尺寸喷嘴的进水流量分配器。

g）不允许向循环泵的吸入口及中间区段注入空气。当需要将空气添加到循环泵的排放侧时，应通过多孔扩散器注入。

h）循环回收和排放的取水口应满足循环进水的要求，以便在原水损失时 DAF 装置能进行完全回收。

i）循环管路应确保流量充足，保证夹带的空气不会阻碍泵的正常运行。循环管线应采用耐腐蚀材料制造。

j）空气的供应量，至少应为 $0.12Nm^3/m^3$ 废水进料。如果厂方的空气不可用，且系统中配置了单独的空气压缩机，则应提供 100% 的安装备件。

k）气水混合溶气罐控制和仪表系统的最终配置应获得公司审核批准。

2.9.5.5 出水室

出水应利用重力作用从出水室排出。应为各气浮池提供一个通用出水室。通用出水室的最短停留时间应为 12min。在每个气浮池的末端提供一个可调节的水位堰板，以允许调节水位，从而控制撇渣器浆叶进入浮选区的浮渣层进行运营作业。

应配置浮渣保留挡板，以防止浮选固体从浮选室下方通过和流出。配置一个雨刷来清洁撇油器叶片。循环水泵的设计，应将流量从出水室输送至加压泵的吸入侧，其流量应等于浮选池设计新鲜进水流量的 50%~75%。

2.9.6 仪表与控制

a）设备的所有仪表都应适用于服务和电气区域分类要求。

b）所有仪器都应标有公司指定的识别标签号。不锈钢铭牌上应印刷或雕刻上该标签号，并用不锈钢驱动螺钉永久安装。

c）除第 2.9 节规定的仪器外，还应提供以下仪器：

新鲜进水流量记录仪；控制化学剂量的比例控制器；循环水流量计；空气流量计（通常为转子流量计）；污水水包油检测器；出水总悬浮固体浊度计。

2.9.7 管道

a）絮凝池和 DAF 气浮池之间的重力线（Gravity lines）的大小应确保最大流速为 0.6m/s。

b）废水管线的样品接头和相关阀门应为 DN 20，污泥管线为 DN 50，进料循环样品管线为 DN 25。连接位置应便于接近。

c）到达漂浮物/污泥接收罐的漂浮物和污泥管线应配备杆连接和冲洗连接部分。

d）应提供用压缩空气对浮选池的放气系统进行吹扫的设施。

e）所有容器和储罐均应配备排水管。

f）应规定腐蚀余量。

g）与曝气水接触的所有管线和附件应为碳钢材质，带有防腐内衬。最低可接受的防腐内衬材料为煤焦油环氧树脂。

2.9.8　化学品设施

a）在可行的情况下，应在设计化学品设施之前通过试验确定要添加到 DAF 进料中的化学品的类型和数量。

b）除用于中和工段使用的化学品(酸、碱等)之外，至少还应为两种化学品提供化学设施：混凝剂和助凝剂。还应提供包括化学品储存、溶液或稀释、添加、计量、闪速混合和絮凝所需的设备。如果要处理固体化学品，应提供合适的防护围墙或遮挡棚，以保护固体及其添加设施免受天气影响。

c）不得使用泵来运送絮凝物，输送絮凝物的管道尺寸应避免絮凝物发生破碎和沉降。设计运移速率约为 0.6m/s。

d）快速搅拌桶的设计应使水力停留时间为 4~5min，并应配备快速搅拌装置。长径比应为 1.0 左右。

e）絮凝池应采用低速混合器进行温和搅拌，最大搅拌速率为 0.6m/s。

f）应提供适当的庇护所或建筑物，以覆盖化学品设施。

2.9.9　材料

除非以下另有规定，否则容器、管道和所有其他设备的材料应按照公司的相关标准选择：

a）碳钢储罐和容器，应配置至少 3mm 的腐蚀余量和两层煤焦油聚酰胺环氧树脂的保护涂层。保护涂层表面处理应使用白色金属喷砂清理。每一涂层的标称干燥厚度应为 200μm(8mm)。

b）包括新蒸汽设施的碳钢漂浮物/污泥接收罐，应衬有 25mm 厚的喷浆灰口铁内衬。不能使用煤焦油聚酰胺环氧树脂涂层。

c）接触充气水的容器/储罐，其所有内部构件应为不锈钢材质。

d）接触曝气水的管道应为碳钢材质，其最小腐蚀余量为 3mm。

e）橡胶和塑料零件应能抵抗芳香溶剂的侵蚀。

f）撇渣器和堰调节螺栓应为 316 型不锈钢。

g）运动部件中的金属-金属间触点应使用防火花材料

2.9.10　DAF 系统中空气浓度的估算

DAF 是一种通过去除悬浮物来澄清废水（或其他水）的水处理工艺。其悬浮物去除过程是通过在压力作用下将空气溶解在水或废水中，然后再在大气压下将空气释放到浮选池中来实现的。图 2-16 为 DAF 系统的示意。与其他重力分离工艺一样，原水在进入 DAF 池之前需要经过凝结和絮凝预处理。

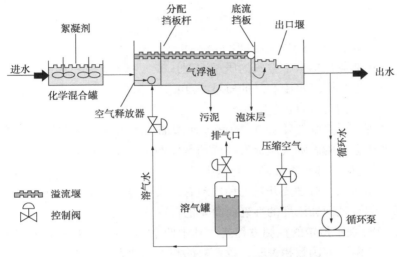

图 2-16　DAF 系统示意

　　水被引入靠近地面的水池接触区。挡板壁将接触区与澄清区隔开，并防止短路。在 DAF 池中，称为白水的气泡(直径通常为 10~100μm)黏附在絮凝物颗粒上，通过将絮凝-气泡聚集体的净比重降低到周围液体的净比重以下而使它们向上漂浮。

　　在装有待处理水的水池底部附近引入气泡。当气泡在水中向上移动时，它们会附着在颗粒物和絮状颗粒上，颗粒和气泡结合产生的浮力会使颗粒上升到液体表面。

　　释放的空气会形成微小的气泡，这些气泡会附着在悬浮物上，使其漂浮到水面上，然后可以通过撇取装置将其去除。因此，可以使比液体密度更高的水体颗粒上升至水面漂浮起来。上升到表面的颗粒被去除，以便作为残余物进一步处理，而澄清液则进行过滤，以去除任何残余颗粒物。

　　高压下水中溶解空气浓度的增加是形成微气泡的基本原理。本节开发了一种简单的预测工具，用于估算溶气气浮(DAF)系统中的空气饱和浓度。

　　出水浊度随着空气负荷的增加而下降，直至达到一个临界点，在该临界点应用额外的空气不会相应地提高工艺性能。

　　释放空气的质量浓度可以用式(2-14)计算：

$$C_b = \frac{C_r - C_{fl}}{1+r}r \qquad (2-14)$$

　　饱和器中的空气浓度，可以表示为气泡数浓度(N_b)或气泡体积浓度(ϕ_b)。这些值可以通过式(2-15)和式(2-16)确定：

$$\phi_b = \frac{C_b}{\rho_{air}} \quad (2-15)$$

$$N_b = \frac{10^{12} \times 6\phi_b}{\pi d_b^3} \quad (2-16)$$

式中 C_b——释放空气的质量浓度；

   C_{fl}——絮凝池出水中空气的质量浓度；

   C_r——循环回流水中空气的质量浓度；

   d_b——平均气泡直径。

已经发现，浮选性能随着 N_b 的增加而增加，因为气泡和颗粒之间有更多的碰撞和附着机会。附着的气泡拥有较低的絮体颗粒密度和较大的体积，使产生的絮体颗粒-气泡聚集体具有较高上升速率。

鉴于上述情况，有必要开发一种比现有方法更容易、不那么复杂，且需要更少计算来预测空气饱和浓度的准确而简单的关联式。

式（2-17）表示拟定的控制方程式，其中四个系数用于将 DAF 中溶解空气浓度作为压力和温度的函数相关联，各系数的相关取值列于表2-5中。

$$\ln(x) = a + \frac{b}{P} + \frac{c}{P^2} + \frac{d}{P^3} \quad (2-17)$$

表 2-5 式（2-18）~ 式（2-21）中使用的调节系数

系数	取值	系数	取值
A_1	$5.112376352927 \times 10^1$	A_3	$1.021345559148 \times 10^8$
B_1	$-3.767964895874 \times 10^{-1}$	B_3	$-1.048743022561 \times 10^6$
C_1	$1.060069664864 \times 10^{-3}$	C_3	$3.594675738720 \times 10^3$
D_1	$-1.011565521006 \times 10^{-6}$	D_3	-4.104275097337
A_2	$-3.283012529565 \times 10^5$	A_4	$-7.036559254429 \times 10^9$
B_2	$3.360561486772 \times 10^3$	B_4	$7.218196550836 \times 10^7$
C_2	$-1.150208224506 \times 10^1$	C_4	$-2.473400471536 \times 10^5$
D_2	$1.311220065117 \times 10^{-2}$	D_4	$2.824070339246 \times 10^2$

式中

$$a = A_1 + B_1 T + C_1 T^2 + D_1 T^3 \quad (2-18)$$

$$b = A_2 + B_2 T + C_2 T^2 + D_2 T^3 \quad (2-19)$$

$$c = A_3 + B_3 T + C_3 T^2 + D_3 T^3 \quad (2-20)$$

$$d = A_4 + B_4 T + C_4 T^2 + D_4 T^3 \quad (2-21)$$

式（2-13）~ 式（2-20）中的符号：

A、B、C 和 D——调整参数；

C_b——释放空气的质量浓度，mg/L；

C_{fl}——絮凝池出水中空气的质量浓度，mg/L；

C_r——循环回流水中空气的质量浓度，mg/L；

d_b——平均气泡直径，μm；

N_b——气泡数浓度，个/mL；

P——压力，kPa（绝）；

r——循环比，无量纲；

T——温度，K；

x——溶解空气浓度，mg/L；

ϕ_b——气泡体积浓度，L/L；

ρ_{air}——饱和水蒸气的空气密度，mg/L。

这些最佳调整参数能够覆盖高达 40℃ 的温度和高达 700kPa（绝）的压力条件。如果将来有更多数据可用，可以根据建议的方法进一步调整优化表 2-5 中给出的最佳调整参数值。

在这项工作中，我们的努力旨在建立一个有望帮助工程师使用指数函数快速计算 DAF 系统中溶解空气浓度随压力和温度的变化的关联关系式。本文中提出的新研制工具是一种简单而独特的计算表达式，这在文献中不曾发表过。此外，开发该工具所选择的指数函数会衍生出性能良好（平滑且无振荡）的方程，从而实现可靠且更准确的预测。

图 2-17 为所提出的方法结果与文献数据的比较。图 2-18 和图 2-19 为所提出的方法结果及其在预测 DAF 系统中溶解空气浓度随压力和温度变化时所展示的平稳性能。

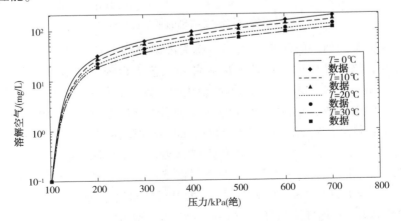

图 2-17　预测工具的性能与计算 DAF 系统中溶解空气浓度的数据对比

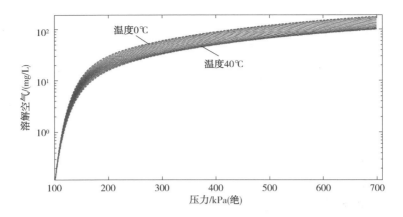

图 2-18　DAF 系统中溶解空气浓度预测工具结果的平滑性

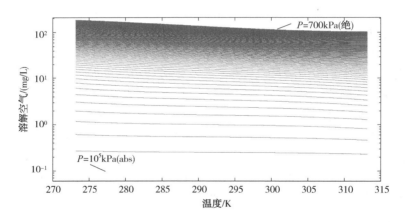

图 2-19　从另一个角度来看，预测工具估计 DAF 系统中
溶解空气浓度结果的平滑性

预计我们努力研制的简单方法工具将为准确预测 DAF 系统中的溶解空气浓度铺平道路，该工具也可为水处理从业者和工艺工程师定期监测关键参数时参考。下面给出一个典型的例子，以说明应用所建议的关联关系式的便利性。

示例：DAF 装置在 10℃，500kPa 的饱和压力和 10% 的循环水流量下运行。絮凝水以絮凝颗粒浓度（N_p）为 2000 个颗粒/mL 和絮凝体积浓度（ϕ_p）为 2×10^{-6}L/L（2ppm）进入气浮池的接触区。计算 DAF 罐接触区的空气质量浓度（C_b）、气泡区体积浓度（ϕ_b）和气泡数浓度（N_b），并将气泡浓度与絮状颗粒进行比较。假设水温为 10℃（$\rho_{air} = 1.20$kg/m^3 = 1200mg/L），絮凝后的水没有缺氧，因此水中的空气浓度为 24mg/L，平均气泡直径为 40μm。确定循环水中的空气质量。

解决方案

计算 DAF 罐中空气的质量浓度。使用新的预测工具计算通过饱和器后在水中溶解的空气。

$$a = 6.4599$$
$$b = -1.26202 \times 10^3$$
$$c = 2.1006 \times 10^5$$
$$d = -1.7465 \times 10^7$$
$$x = 129.26 \text{mg/L}$$

在 601kPa（500kPa 表压+101kPa 大气压）溶气罐压力条件下，循环水中的空气质量约为 129.26mg/L。根据 DAF 罐接触区的空气质量平衡，可计算释放的空气浓度：

$$C_b = \frac{C_r - C_{fl}}{1+r} r = \frac{(129.26-24)}{1+0.1} \times 0.1 = 9.64 \text{(mg/L)}$$

然后，气泡体积浓度 ϕ_b 计算为：

$$\phi_b = \frac{C_b}{\rho_{air}} = \frac{9.64}{1200} = 8033 \times 10^{-6} \text{(L/L)} \text{(8033ppm)}$$

然后，计算气泡数浓度 N_b：

$$N_b = \frac{10^{12} \times 6\phi_b}{\pi d_b^3} = \frac{(10^{12}) \times 6 \times 0.008033}{\pi \times 40^3} = 2.4 \times 10^5 \text{(个/mL)}$$

根据气泡数浓度和气泡体积浓度，计算气泡数与絮体颗粒的浓度比：

$$\frac{N_b}{N_p} = \frac{2.4 \times 10^5}{2000} = 120$$

由于气泡与颗粒的数量比很高，因此颗粒聚集和附着的机会很大：

$$\frac{\phi_b}{\phi_p} = \frac{8033}{2} = 4017$$

由于气泡体积与颗粒体积之比较高，絮体–气泡密度较低，导致颗粒–气泡聚集体的上升速率较快。

在这项工作中，提出了一种简单易用的方程，该方程比现有的方法更简单，计算量更少，适用于工艺工程师用来估算 DAF 系统中溶解空气浓度随其压力和温度的函数关系变化。

与估算 DAF 系统中溶解空气浓度的复杂数学方法不同，这种关联关系式方法简单易用，对工艺工程师，尤其是从事水和废水处理工作的操作人员将有巨大帮助。此外，这种数学公式十分简单，可以由工艺工程师或水处理从业人员轻松处理，而无须任何深入的数学能力。

为工程师提供的示例清楚地证明了所提出方法的简单性和实用性。此外，从与文献数据的比较中可以看出，估算结果是相当准确的（平均绝对偏差小于0.5%），这将有助于在水处理行业获得更快的工程设计和操作。

所提出的方法具有清晰的数值背景，如果将来有更多数据可用，可以快速重新调整相关的系数参数。随着压力的增加，空气在水中的溶解度呈线性增加。此外，如所提出的预测工具所示，空气在水中的溶解度会随着温度的升高而降低。在热带地区或原水温度通常超过25℃的任何地方进行 DAF 设计时，为确保在较高温度下可以向工艺输送足够的空气，有时有必要采用高于正常设计的循环回收率进行计算。

▶▶▶ 2.10 颗粒介质过滤器

2.10.1 概述

颗粒介质过滤是利用水通过多孔介质以去除其悬浮固体的工艺过程。过滤通常是传统水处理过程中的最后一道操作工序，主要是为了满足最终处理水的浊度限制。图 2-20 为颗粒介质过滤系统。

过滤过程会导致颗粒介质中截留的固体逐渐累积，这需要通过过滤器反冲洗循环来达到其间歇清除之目的。

为了有效地疏松和冲洗残留的固体废物，该循环通常包括空气冲刷和水洗两个阶段。

颗粒介质过滤器是以颗粒介质（如沙子）作为滤床填料过滤水，将未溶解（游离）油和固体悬浮物从废水中分离出来的

图 2-20　颗粒介质过滤系统

设施。颗粒介质过滤器不能去除苯酚、H_2S、可溶性 BOD 或其他可溶性成分。它通过滤床过滤和其他机制（例如介质颗粒之间的沉降和吸附）从水流中去除固体。

随着杂质的去除，床层压降增加，因此，过滤器应定期停止使用并沿上流方向进行反冲洗来减少压降。反冲洗的方法：以相对较高的流速用过滤器过滤进出水使床层膨胀或流化，并注入空气对颗粒进行冲刷。有时，可以使用洗涤剂或蒸汽洗涤来更彻底地清洁滤床。

2.10.2 过滤器的类型与应用

颗粒介质过滤器的区别在于：

- 按操作模式　a) 下向流；b) 上向流。
- 按介质种类数量　a) 单一介质；b) 混合介质：b1) 双重介质(如沙子和无烟煤)和 b2) 三种介质(如石榴子石、沙子和无烟煤)。
- 按介质材料名称　a) 沙子；b) 无烟煤；c) 石榴子石或钛铁矿。
- 按流动驱动力　a) 重力；b) 压力。
- 按穿透深度　a) 浅床过滤；b) 深床过滤。

无论是否使用化学品，颗粒介质过滤器，都能去除废水中的油和悬浮固体。在化学品应用中，通常在颗粒介质过滤之前，向废水中添加化学絮凝剂，以便增强除油效果。

此外，颗粒介质过滤器可以设计成简单的聚结器操作使用，无须添加化学物质，便可使小油滴在通过滤床时聚结成较大的油滴。

当过滤器以这种方式运行时，析出的油随后将以重力分离的方式从水中去除。该技术可用于油田采出水，但不适用于处理炼油厂或石化厂废水。由于需水量和滤床面积均较大，应避免使用重力式过滤器。

在条件允许的情况下，颗粒介质过滤器的设计基准污染物去除效率应通过对含特定物质废水的测试来确定。对于现有的实际废水处理，应在设计之前进行中试厂运行试验，以确定出水纯度、循环时间、压降、压降累积、化学品和剂量等设计参数条件。

对于无法进行测试的基础设备和(或)其他设施，表 2-6 中列出了颗粒介质过滤器的典型污染物去除效率，可以参考使用。

表 2-6　颗粒介质过滤器的典型污染物去除效率

参数	API 分离器效率	生物处理效率
残余游离油水平	低于 20mg/L 的游离油残留，可达到 80%～90%	80%～90%游离油残留
悬浮固体去除率	80%～90%	80%～90%
BOD_5 去除率	30%(基于用作预处理工艺时过滤器去除不溶性 BOD 的情况而定；当过滤器用于深度处理时，BOD 不会降低；颗粒介质过滤器不能去除可溶性 BOD 或其他可溶成分)	—

深床、下流式沙滤器产生的出水质量与上流式沙滤器或下流式双介质过滤器大致相同，但循环时间较短。由于滤料介质在高流量下不会流化，下流式过滤器

可以经受的流量变化冲击比上流式过滤器更大。然而，由于这些过滤器的固体保留能力较低，深床下流式沙滤器可能并不适用于含絮凝剂的废水过滤。浅床、下流式重力沙滤器通常用于生活废水的深度处理。

一般而言，以下类型的过滤器是炼油厂或石化厂废水处理的首选过滤器：
- 深床、压力、下流式、沙滤层过滤；
- 深床、压力、上流式、沙滤层过滤。

任何其他类型过滤器的使用，应经公司审核批准。

2.10.3 系统设计参数

a）进料（给水）系统的设计应尽量减少流量波动。

b）应提供多台机组，以保证当其中一台机组停止运行进行反冲洗时，依旧能在最大设计容量下连续运行。

c）单台机组的设计，应保证为连续服务和不间断运行至少 2 年。

d）过滤器应为立式圆柱体，蝶形封头有四条支撑腿。然而，如果使用卧式过滤器（经公司批准），有效过滤面积应为下排水系统与底部介质之间的界面面积。

e）所有设备应保证可在指定气候区进行无遮蔽棚、室外安装。

f）反冲洗操作类型（手动或自动）以及是否提供自动可编程控制器应由公司指定。

g）应提供给水分配、污水收集、反冲洗水和空气冲刷的连通集管。

h）应提供足够的储存容量和所有必要的备品附件，用于反冲洗。

i）根据公司的出水水质要求，可以使用深床压力过滤器，包括上流式和下流式，也可以选择添加或不添加化学物质。然而，这些化学品的使用需由供应商根据出水水质提出建议，并应获得公司的批准。

2.10.3.1 下流式沙滤器

下流式沙滤器应由支撑在几层砾石上的沙床组成，这些砾石位于支撑整个沙床的反冲洗分配器上。沙子滤料的直径应为 1~2mm。沙床层的最小、最大深度分别为 1.2m 和 2m。砾石层应为级配颗粒，按粒度分级最粗糙的一层位于底部。

反洗分配器的设计应确保其能够支撑砾石，并能在反冲洗期间适当地同时分配空气和水。

与上流式过滤器相比，下流式过滤器拥有更好的防止穿透保护能力。下流式过滤器还具有在过滤过程中不流化的优点，因此可以在临时增加相对较大流量的情况下保持平稳运行。

2.10.3.2 上流式沙滤器

上流式沙滤器是由一层支撑在数层大小不同的砾石上的沙床组成，而沙床和砾石支撑层则被放置在床支架/分配器上。为防止过滤过程中发生沙床流化，沙床的顶部附近应设置压紧格栅。过滤器不允许使用开口容器。过滤器应由含沙直径为 $1 \sim 2mm$ 的压力容器组成。

沙滤床支架的设计应能够在反冲洗过程中同时添加和分配空气和水。沙层的最小深度为 1.2m，最大深度为 2m。

上流式沙滤器中的介质应为细沙（相对于过滤器中的其他材料而言较细），并应由一层粗沙和两层不同尺寸的砾石组成。所有介质都应具有适当的尺寸和形状，其形状应接近球形（球形度至少 0.8），以便在反冲洗过程中滤料颗粒能进行有效移动。均匀性系数（U）应至少为 1.2。

2.10.3.3 反冲洗注意事项

a）用于反冲洗过滤器的水必须干净。它可以是过滤器滤出水的一部分，也可以是来自其他来源的清水。当使用滤出水反冲洗时，应配置一个保持必要水量的储存罐。或者，如果有合适的过滤器且压力足够，也可以直接从过滤器出水中提取反冲洗水。

b）应配置两台反冲洗泵（一台运行，一台备用）。反洗水的流速取决于沙粒的大小和水温，应由供应商提出建议。推荐每平方米滤池的反冲洗水量为 $39m^3/h$。

c）在每个过滤器的反洗水管线中应设置一个节流孔，流量为每平方米滤床 $45 \sim 50m^3/h$，以限制反冲洗水量，避免冲洗滤床中的沙子。在反冲洗泵排水管道上应该安装一个带有局部指示器的手控阀。

d）在反洗过程中应注入空气，使介质移动、翻滚和旋转，以冲刷掉残留的材料。空气流量将由供应商告知。气压应至少为 300kPa（G）。在空气吹扫或反洗过程中，不会在滤床上保持刻意的背压。如果在吹气过程中，由于存在易燃成分而可能遇到安全问题（爆炸性），则应使用惰性气体或氮气代替空气。

e）如果工厂空气不可用，则应配置鼓风机（具有 100%备用容量），以便在反冲洗操作期间为空气冲刷提供气源。

f）反冲洗储罐应有足够的容量，至少可保证反冲洗泵在设计流量下工作 20min。

g）清洗滤床层时，反冲洗的排出水中将包含大部分主要污染物，应将排放物送至污泥清除设施做进一步处理。

h）如果公司需要系统能进行自动反冲洗，则自动反冲洗应由循环计时器启动，但应具有在过滤器出现高压降或低流量时激活反冲洗程序的超控装置。其他如对于高含油量出水和高浊度出水情况下的超控也应考虑。

图 2-21 提供了 20℃时反冲洗水速率的快速估算方法。

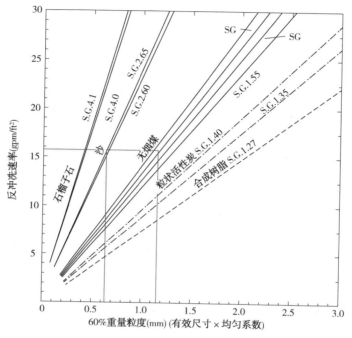

图 2-21　20℃时对颗粒-介质过滤系统反冲洗速率的估计

2.10.4　循环时间（周期）

在线运行过滤时间取决于被过滤原水中的固体负荷、油含量及其所含的污染物特性，如果条件允许，其值应通过试验进行确定。如果使用化学品，其预期过滤运行时间应为 8~24h 量级范围；如果不使用化学品，预计运行时间会更长。压降可能对油和固体的滞留起到一定作用，因此在过滤操作运行过程中不应出现骤停或滤速突然下降，以及运行停止后立即重新启动或流速突然增加，否则可能会导致出漏油或者产生高压降。

2.10.5　容器和配件设备

a）过滤器的容器必须足够高，以容纳所需深度的滤料介质和进水流量分配器，并为反冲洗床层膨胀留出超高预留空间。进气分配器下方所需的空间由制造商确定。立式容器的过滤介质应至少为 1.2m。

预留空间至少应为总床深度的三分之二，其测量为从滤料介质顶部到容器顶部切线的长度距离，但应不小于 1.2m。

在上流式过滤器中，每个过滤容器的床层上方应配备过滤介质保持器，以防止过滤过程中床层流化。

b) 沙滤器的设计应不受蒸汽的影响，其最低机械设计温度应为 93℃，机械设计压力至少等于过滤器给水泵或反冲洗水循环泵的关闭压力，以两者中较大者为准。除上述条件外，如果蒸汽连接至过滤器，其过滤器的设计还应考虑蒸汽系统的机械设计压力和温度。压力容器的设计和制造应符合 ASME 第八节第一部分的要求。

c) 滤床应置于多孔挡板上。挡板上的孔应该用装置覆盖，以便将滤料介质保留在滤床层中。覆盖装置上应刻有小于滤料介质颗粒尺寸的槽或孔。

d) 所需的总过滤面积将通过待过滤流量除以过滤器水力负荷（一台单元机组停用进行反冲洗的情况下，该区域每单元允许的过滤速率）来确定。当一个过滤器处于反冲洗操作时，深床压力下流式过滤器的最大水力负荷应为 $12.2m^3/(h \cdot m^2)$。

e) 最大滤料介质损失应为每年滤料介质量（体积用量）的 5%。

f) 滤料介质收集弯管应安装在每个压力过滤器单元的出口，以便在排水失效时指示滤料介质的损失。当装置以最大设计流量运行时，通过收集弯管的最大压降应为 35kPa(ga)。

g) 直径 900mm 及以上的过滤器装置，都应在顶盖部及滤料介质支架下方各设有一个直径 500mm 的检修孔（人孔）。直径小于 900mm 的过滤器顶部和滤料介质支架下方则应各设一个直径为 250mm 的检修口（手孔）。按照要求，检修孔最小直径为 50mm(20in)，由此可进入设备单元隔间通道。检修孔盖应配备装卸吊艇架。在任何情况下，都应配置拆除内部构件的通道。

h) 应在靠近容器底部处提供滤料介质排放连接口。其最小尺寸应为 DN 150(6in)，并配有盖板（盲法兰）。

i) 应配置排水管，以便对每个单元进行排水。排水管的最小尺寸应为 DN 50(2in)，适用于直径不超过 750mm(30in) 的单元设备。而对于较大的装置单元，排水管的最小尺寸则为 75mm(3in)。

j) 应为每个容器提供清洗接头。

k) 应为每个容器配备手动空气安全阀。

l) 每个容器的进、出口都应配备取样阀。在 65℃ 以上运行的机组应配备通用样品冷却器，以便可以将样品冷却到 38℃ 以下。

m) 每个压力容器都应配备一个压力安全阀。

n) 过滤容器应采用镇静碳钢结构材料制成，其最小腐蚀余量为 3mm。如果需要衬砌，其衬砌材料应与水质和介质的耐磨性相兼容。供应商对涂料和衬里的方案建议应提交公司审核批准。容器内部构件应为不锈钢材质。

o）如果现场气候条件需要，应为过滤器提供防冻措施。

2.10.6 仪表和控制

2.10.6.1 压力仪表

a）应配备一个压差计，并在控制室中发布可调高压警报，以监测通过组合入口和出口总管的压差。在入口和出口反冲洗集管上需要增设额外的压力表，以便在反冲洗过程中使用。

b）对于每个容器，应提供在过滤或反冲洗操作期间，测量入口压力和容器压降的设施。控制室应为每个容器提供高 DP 警报。这些仪表不会显示过滤器是否堵塞，因此还需要单独的流量仪表。

2.10.6.2 流量仪表

应提供可调节流量控制器和流量指示器，以控制和指示每个容器的运行、空气冲刷或地下冲洗、反冲洗和出水流量。

2.10.6.3 液位指示

必须提供一种装置（最好是观察镜），用以检查过滤容器中的水位，以防止其在反冲洗前就抬升至砂土滤料介质顶部。

2.10.6.4 温度

应提供一些方法来测量和控制反冲洗水的温度。

2.10.6.5 排气通风

通风孔应至少为 $DN\,20(3/4in)$，并通过管道连接到最近的排水管。当机组自动运行时，通风口也应自动运行。此外，还应配备一个辅助手动排气阀。自动操作的排气阀应安装一个截止阀，以便在不关闭设备的情况下拆除排气阀。

2.10.6.6 分析仪表（在线）

如果公司有规定，则应在控制室内为装置排出水提供以下带指示器和警报的在线分析仪：

- 浊度分析仪（表面散射型）；
- 油分析仪。

2.10.6.7 用于自动操作的可编程控制器

如果公司规定提供自动运行的可编程控制器，则应按照以下要求提供：

a）应指定所需的可编程控制器的数量。

b）控制方式（自动/步进/手动）应允许对操作顺序内的每一步进行选择和控制。

c）控制系统应配置状态选择（服务/备用/断电）的功能和标识。

d）应提供联锁装置，以防止：

- 多台机组同时进行反冲洗；
- 反冲洗储罐（清水、污水）中的液位均不足以进行完全反冲洗时，使用过滤器反冲洗。

e）应提供一种能确认一个步骤已在规定时间内完成的方法。如果该步骤完成失败，则应启动警报，并停止序列操作或启动另一个应急步骤。

f）可编程控制器应具有在其发生故障时从本地安装的电磁阀柜手动操作的能力。

g）包含自动阀手动操作的本地电磁阀柜应位于装置附近。电磁阀的操作应通过安装在机柜外部的开关进行。开关应采用铰链式防风雨盖进行保护。

h）控制室应提供远程接口。该接口应包括硬接线图形面板或视频屏幕上显示的图形（如规定）。每个单元的最小图形显示应如下所示：

- 控制模式（自动/步进/手动）；
- 机组状态（服务/备用/断电）；
- 可编程控制器故障；
- 指示反冲洗顺序的每个步骤；
- 泵和压缩机的开/关指示；
- 每个自动阀的位置；
- 序列中的阀门故障；
- 显示状态的过滤器装置示意图。

i）可编程控制器输入和输出电路应单独隔离，并防止影响内部逻辑的现场接线转换。

3

化学处理

>>> 3.1 化学处理分类

污水处理过程通过投加化学药品加快消毒。发生化学反应的过程就是化学操作单元，为达到各类水质排放标准，通常与生物处理和物理处理等组合使用。化学处理过程包括化学混凝、化学沉淀、化学氧化和高级氧化、离子交换、化学中和、稳定化等不同的工艺，都能用于污水处理。

3.1.1 化学沉淀

化学沉淀法常用于去除含有毒金属废水中的可溶性金属组分。在废水中投加沉淀剂，将可溶性金属转化为固体颗粒。沉淀剂发生化学反应，使可溶性金属转化为固体颗粒，再用过滤法去除废水中的颗粒。处理效果取决于金属的种类和浓度，以及所用沉淀剂的种类。氢氧化物沉淀是常用的化学沉淀法，$Ca(OH)_2$ 和 NaOH 是常用的沉淀剂。但是废水中通常含有多种金属，因此很难将可溶性的金属颗粒都转化为氢氧化物沉淀。

3.1.2 化学混凝

化学混凝过程中废水中颗粒发生聚结而去除。分散在废水中的细颗粒表面所带的负电荷(在正常稳定的状态下)，会阻碍颗粒聚集形成更大颗粒而沉降。加入带正电的混凝剂可以中和颗粒表面的负电荷，降低颗粒稳定性。粒子电负性下降后更容易形成大颗粒。在废水中加入阴离子絮凝剂，絮凝剂与带正电的颗粒物发生反应，中和颗粒或者在颗粒间架桥形成更大的颗粒团簇。利用沉降法可以去除废水中的所形成的大颗粒。

3.1.3 化学氧化和高级氧化

化学氧化过程中投加氧化剂，电子从氧化剂转移到污水中的污染物。污染物结构改变后转化为破坏性较小的化合物。在碱性氯化法反应中，氯作为氧化剂去除氰化物。但是，碱性氯化法的化学过程中会产生有毒的含氯化合物，还需要二次处理。高级氧化法能去除在蒸汽汽提、空气吹脱或活性炭吸附等过程中因化学氧化所产生的有机化合物副产品。

3.1.4 离子交换

用硬度大的水清洗后会有灰色的残留物(这是硬水洗衣服会使颜色发灰的原因)，通过离子交换过程可以软化水。Ca^{2+} 和 Mg^{2+} 是两种导致水硬度增高的离子。

通过投加溶解的 NaCl 溶液或者盐水两种方式引入带有正电的钠离子，可以软化水。引起水体高硬度的 Ca^{2+}、Mg^{2+} 与 Na^+ 交换，游离的 Na^+ 释放到水中。但在大量的水被软化后，软化剂溶液中有过量被置换出来的 Ca^{2+}、Mg^{2+}，需要添加 Na^+ 对溶液进行再生。表 3-1 是根据离子交换树脂的应用进行的分类。

表 3-1 离子交换树脂的分类

类型	应用	使用状态下离子形式	再生剂溶液
阳离子交换树脂强酸性	降低钙离子浓度	Na^+	NaCl
	降低盐含量	H^+	HCl、H_2SO_4
弱酸性	降低碳酸氢根浓度	H^+	HCl、H_2SO_4、CO_2
	降低重金属离子浓度	Na^+、H^+	HCl、H_2SO_4、NaOH
阴离子交换树脂强碱性	降低盐含量	OH^-	NaOH
	减少指定离子的含量，例如硝酸根离子、硫酸根离子	Cl^-、HCO_3^-	NaCl、$NaHCO_3$
	降低有机物含量，例如腐殖酸	Cl^-、OH^-	NaCl、NaOH
弱碱性	降低盐含量	游离碱	NaOH
	降低重金属离子浓度	游离碱	NaOH
	降低有机物含量，例如腐殖酸	游离碱	NaOH

3.1.4.1 离子交换系统的设计准则

离子交换系统的设计参数包括以下几点：处理流量、进水水质、出水水质要求、离子交换器的交换容量和水力参数、再生间隔周期、操作类型——手动或自动、灵活性要求，即软化装置的数量。

（分段）从经济上来说，除了特殊场合的工业应用，离子交换器不适用于软化溶解固体含量超过 1000~2000mg/kg 的水。

在以下条件或需求时，软化水选用离子交换工艺优于沉淀工艺：水的硬度小于 100mg/kg（以 $CaCO_3$ 计量）；要求水中溶解固体含量极低；仅需要少量净化水。

阳离子交换剂的交换容量和再生盐用量如表 3-2 所示。

要去除 1.05~7kg/kg 的钠，阴离子交换装置的交换容量在 27.4~57.2g/L（以 $CaCO_3$ 计量）。当流量超过 22.7m³/h 和碱度超过 100mg/kg 时，应考虑在脱盐系统中进行脱气。

表 3-2　阳离子交换树脂的参数

阳离子交换剂	理论交换容量/（g/L）	再生盐用量	
		体积/（kg/m³）	有效去除硬度/（kg/kg）
湿沙	6.4	20.2	3.1
加工后的湿沙	12.6	39.5	3.1
合成硅沸石	25.2	79.2	3.1
树脂	73.2	201.7	3.1
聚苯乙烯	50.3	80	1.7

建议在需要高纯水时使用混合床除盐装置。要设计软化水储存装置用于存储生产的软化水，并满足以下用途：脱气装置的用水补给，处理单元和冷凝液的再生处理。

3.1.5　化学稳定

该处理过程的原理与化学氧化类似，都是利用大量的氧化剂如氯，处理污泥。加入氧化剂可以减缓生物在污泥内生长的速度，也有助于混合物的除臭。然后将水从污泥中去除。过氧化氢作为氧化剂更加经济。

▶▶▶ 3.2　定义与应用

通过化学反应引起变化的废水处理过程都称为废水化学处理过程。在废水处理中，化学操作单元通常与物理单元、生物单元操作联合使用以达到处理目标。

化学单元工艺在废水处理中的应用见表 3-3。与物理单元操作相比，在考虑以下化学单元工艺的应用时，大多数化学法使用添加剂（活性炭吸附除外），存在着会导致废水中总溶解固体浓度升高这一固有的缺点。如果处理后的废水有回用需求，这就是一个必须考虑的重要因素。化学法的另一个缺点是运行成本高。

表 3-3　化学单元工艺在废水处理中的应用

工艺	应用
化学沉淀	在初次沉降池中，用物理化学法去除磷、强化去除悬浮物
化学絮凝	去除废水中的游离油和悬浮固体
吸附	去除常规化学法和生物法不能去除的有机物，也用于废水在最终排放前的脱氯处理

工艺	应用
消毒	选择性消杀致病微生物(可通过多种方式实现)
氯消毒	选择性消杀致病微生物,氯是常用的化学消毒剂
脱氯	去除氯化处理后残余的化合氯(可通过多种方式实现)
用氯消毒:二氧化氯、氯化溴、臭氧或紫外线	选择性消杀致病微生物
其他化学应用	其他多种化学试剂都能用于达到特定目标

其他化学品在废水收集、处理和处置等方面的应用可参考表 3-4。

表 3-4 化工单元工艺在废水处理中的应用

应用	化学药品	说明
收集		
抑制黏菌生长	Cl_2、H_2O_2	抑制真菌和产黏液的细菌
腐蚀控制(H_2S)	Cl_2、H_2O_2、O_3	控制下水道中 H_2S 产生的破坏
	$FeCl_3$	控制下水道中 H_2S 产生的破坏
嗅气味控制	Cl_2、H_2O_2、O_3	尤其在泵站、长而宽污水管中
处理		
去除油脂	Cl_2	在预曝气前投加
降低 BOD	Cl_2、O_3	氧化有机物
控制 pH 值	KOH、$Ca(OH)_2$、NaOH	—
硫酸亚铁氧化	Cl_2	生产硫酸铁、氯化铁 $6(FeSO_4 \cdot 7H_2O)+3Cl_2 \rightarrow 2FeCl_3+Fe_2(SO_4)_3+42H_2O$
过滤池控制	Cl_2	过滤喷嘴的残余物
过滤器滤程控制	Cl_2	在雨季使用的过滤喷嘴的残余物
污泥膨胀控制	Cl_2、H_2O_2、O_3	临时控制措施
硝化池上清液氧化	Cl_2	—
硝化池和英霍夫氏池泡沫控制	Cl_2	—
氨氧化	Cl_2	氨转化为氮气

续表

应用	化学药品	说明
嗅味控制	Cl_2、H_2O_2、O_3	
难降解有机物的氧化	O_3	
处置		
细菌还原	Cl_2、H_2O_2、O_3	工厂污水、溢流和雨水
嗅味控制	Cl_2、H_2O_2、O_3	

活性炭吸附

长期以来活性炭用于给水和废水处理。活性炭因具有较大的表面积，产生的吸附容量受到特别关注。活性炭的表面特性取决于所用的原料和所采用的生产加工工艺。通常，烟煤为原料生产的颗粒碳孔径较小，表面积较大，堆积密度最高；褐煤为原料生产的活性炭孔径最大、表面积最小、堆积密度最低。

活性炭吸附污染物的性能与污染物性质和浓度以及温度有关。在恒温条件下，被吸附物质的量与浓度的关系，可以用吸附等温线表示。水和废水处理中最常见的吸附等温线方程是 Freundlich 等温线和 Langmuir 等温线。

（1）Freundlich 等温线

$$\frac{x}{m} = K_f C_e^{1/n} \qquad (3-1)$$

式中　x/m——被吸附组分的质量与吸附剂质量的比值；

　　　C_e——吸附平衡时溶液中吸附质的浓度；

　　　K_f，n——经验常数。

（2）Langmuir 等温线

$$\frac{x}{m} = \frac{abC_e}{1+bC_e} \qquad (3-2)$$

式中　x/m——被吸附组分的质量与吸附剂质量的比值；

　　　C_e——吸附平衡时溶液中吸附质的浓度；

　　　a，b——经验常数。

活性炭可分为两种：直径小于 200 目的粉末活性炭（PAC），直径大于 0.1mm 的颗粒活性炭（GAC）。固定床吸附柱一般采用 GAC，在二级生物处理出水中投加 PAC 作为深度处理工艺。PAC 的另一个应用是直接向活性污泥法的曝气池中投加 PAC。

▶▶▶ 3.3   化学沉淀

化学沉淀法通过添加化学物质处理污水，以改变溶解性固体和悬浮固体的状态，并通过沉淀去除这些固体。化学过程和多种物理过程组合使用，对废水进行二级处理，其中包括脱氮除磷。废水处理中常用的化学药剂见表3-5。净化效率取决于化学药剂的投加量以及处理过程精准控制。化学沉淀处理后，废水中基本不含悬浮物或胶态物质。化学沉淀可以去除 $80\% \sim 90\%$ 总悬浮物、$40\% \sim 70\%$ BOD_5、$30\% \sim 60\%$ COD 和 $80\% \sim 90\%$ 细菌。相比而言，普通沉降法只能去除 $50\% \sim 70\%$ 总悬浮物和 $30\% \sim 40\%$ 有机物。

表 3-5　　　用于废水处理的化学药剂

化学药剂名称	分子式	摩尔质量/(g/mol)	密度/(kg/m³)	
			固体	液体
明矾	$Al_2(SO_4)_3 \cdot 18H_2O$	666.7	$960 \sim 1200$	$1250 \sim 1280(49\%)$
	$Al_2(SO_4)_3 \cdot 14H_2O$	594.3	$960 \sim 1200$	$1330 \sim 1360(49\%)$
氯化铁	$FeCl_3$	162.1	—	$1345 \sim 1490$
硫酸铁	$Fe_2(SO_4)_3$	400	—	$1120 \sim 1153$
	$Fe_2(SO_4)_3 \cdot 3H_2O$	454		
硫酸亚铁(绿矾)	$FeSO_4 \cdot 7H_2O$	278	$993 \sim 1057$	—
石灰	$Ca(OH)_2$	56(以 CaO 计)	$560 \sim 800$	—

▶▶▶ 3.4   化学絮凝

为了满足饮用水、工业用水和农业用水的要求，当务之急是处理废水，尤其是城市废水和石油天然气化学工业废水中的污水、污泥和黏液。这些废水非常不受欢迎，是不安全的，在循环使用前必须去除废水中的污染物。

絮凝和混凝可用于去除废水中的污染物。自然界中的胶体粒子表面经常携带电荷使悬浮液维持稳定状态。

加入化学药剂可改变胶体粒子的表面性质，或者使溶解的物质沉淀后通过重力或过滤分离出来。胶体从稳定状态转换到不稳定状态称为脱稳，脱稳的过程就是混凝和絮凝。尽管混凝和絮凝之间存在细微差别，但通常将这两个术语作为同义词使用。通过投加无机化学药剂，利用电荷中和引起的脱稳，这种工艺称为混凝。

另一方面，悬浮液中颗粒形成较大的团聚体，或通过投加高分子量聚合物后聚结形成的小团簇聚体的过程称为絮凝。在絮凝过程中，表面电荷并没有发生实质性变化。

混凝形成的絮体体积小、结合松散；絮凝形成的絮体具有体积较大、黏结力强和多孔的特点。

3.4.1 定义和应用

化学絮凝可去除水中的悬浮物和游离态油。投加混凝剂加速悬浮物质沉降，去除常规沉淀法无法分离的固体。

化学絮凝包括以下四个步骤：

混凝：加入化学药剂后形成絮凝颗粒，这个过程被称为闪速混合(图3-1)。

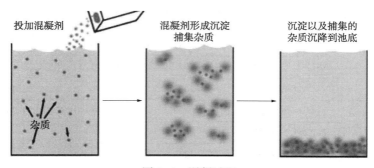

投加混凝剂　　　混凝剂形成沉淀　　　沉淀以及捕集的
　　　　　　　　捕集杂质　　　　　　杂质沉降到池底

杂质

图3-1　混凝过程

絮凝：慢速搅拌一段时间，让絮凝颗粒或沉淀与杂质充分混合，由于凝聚作用体积变大，这个步骤称为慢速混合(图3-2)。

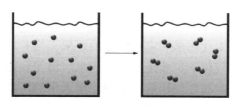

图3-2　絮凝过程

沉淀：絮状物通过重力作用沉降到底部(图3-3)。

去除沉淀物：絮状物经过混凝、絮凝和沉降后，作为沉淀物或污泥被去除。

化学絮凝单元能保护后段流程中的生物氧化单元，使其不受石油过量进入水体后对处理效果的影响。化学絮凝还有其他以下的用途：保护后段处理工艺的碳

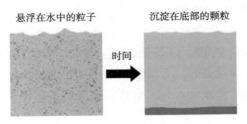

悬浮在水中的粒子　　　沉淀在底部的颗粒

时间

图3-3　污水处理中的沉淀过程

吸附装置，避免过量石油和固体的影响；增加后段处理工艺中厚砂层或混合介质过滤器的循环时间；处理后水质参数低于美国石油协会 API 要求的分离器出水的油含量；降低色度和浊度；去除重力分离法无法高效处理的稳定细油滴；去除与非溶解物质相关的 COD 和生化需氧量（水的 BOD 几乎不受化学絮凝过程的影响）；降低硫化物的浓度（使用铁盐做絮凝剂）。

化学絮凝装置应包括以下主要部分：化学品存储装置、计量和投加装置；快速搅拌；絮凝；沉降；污泥处理和处置等。

化学絮凝单元对污染物去除效率如表3-6所示。

表3-6　化学絮凝对污染物去除效率

污染物	去除效率
石油	残留量 5~25mg/L（取决于预处理设施），通过萃取和红外分析法测量
悬浮物	去除率为 50%~80%，最小残留量为 20mg/L
硫化氢	去除率为 10%
苯酚	去除率为 10%
BOD_5	去除率为 10%（基于不溶性 BOD 的去除率）

3.4.2　设计依据

炼油厂或石化厂废水预处理工艺，废水经过预处理和调节池后再进入化学絮凝单元，预处理的类型和调节池数量随废水水质和设施而有所不同，因此必须研究每个案例。预处理至少包括硫化物和氨汽提设施，API 类型或其他重力沉降池去除石油和可沉淀的固体。

避免用泵输送絮凝处理后的水，或避免受湍流的影响；絮凝池安装能缓慢搅拌的低速混合器，搅拌器选用变速机械搅拌器；高温会影响澄清池的处理效果，因此应在污水控制间安装高温报警器，进水温度过高时报警。此外，还应在流入下水道的关键水流上设置高温警报。pH 值的变化会影响沉淀池的处理效果，需要安装测量碱度和游离矿物酸度的仪表，或者在下水道中安装报警型 pH 值仪表。

这些警报器应允许转移，以避免温度、酸度、碱度或 pH 值的波动范围太大；设计化学药剂投加设备时应考虑能按不同加料速率添加酸、碱、混凝剂和助凝剂；如果空气污染法规或公司相关章程有要求，还需特别注意絮凝装置的加盖问题。

图 3-4　二次循环澄清池

3.4.3　沉淀池

设计污水二级循环沉淀池(图 3-4)是为了出水水质达标排放到环境中，或进行进一步处理。二级沉淀池能有效分离生物絮凝物和胶体固体，出水中有机物和悬浮物含量极低。

3.4.3.1　设计依据

曝气池中的固体在二级沉淀池中沉淀。部分固体再循环回到曝气池以提高有机物分解的速度。同时为有效控制曝气池中污泥龄，固体通过泵从二级沉淀池底吸出。

处理后的废水从二级沉淀池出水堰流出。部分沉淀的污泥返回曝气池，与一级处理后的废水混合后进入生物氧化处理单元。

沉淀的污泥还需进一步处理：在控制的条件下进行厌氧分解产生沼气(甲烷)。

(a)至少配备两个沉淀池，按以下操作条件设计沉淀池：

包括回流在内的总停留时间不得低于 2h；沉淀池溢流(上升)率不大于 $2.4L/d/cm^2$；通过萃取和红外方法检测的残油量 5~25mg/L(取决于预处理类型)；悬浮固体去除率 50%~80%，最低残留量 20mg/L；硫化氢去除率 10%；苯酚去除率 10%；BOD_5 去除率 10%(以不溶性 BOD 的去除率计算)；循环流速为沉淀池进水速率的 100%；污泥排出的速率为 100%新鲜进料且连续处理的速率。

(b)水池最好设计成圆形，钢筋混凝土结构，底部坡度 8%。也可根据空间的实际情况并得到业主认可后设计为矩形或方形水池。

(c)侧面最小水深 4.5m。水面上至少有 600mm 超高空间。

(d)在 40%~100%的设计速率下，装置能有效运行。

3.4.3.2 沉淀池组成

圆形沉淀池的中心应设置一个锥形罩,将絮凝过程与沉淀过程分开。

为确保出水均匀,出口堰应保持水平。应明确规定水平堰以及安装后保持水平的能力。有可能结冰的地区应设置水下出水堰。对于矩形和圆形沉淀池中,可以采用多个堰降低出水堰的溢流率。在圆形沉淀池中多个堰应为径向型,长度至少应与环形堰相等。通过设置堰以均匀地收集大部分表面的污水,以促进沉淀区的充分利用并减少短路。

出水通过溢流堰进入集水槽,并流入出口管。外围污水槽应是平底的,其尺寸应使流速约 0.6m/s。

二沉池应该配备刮泥机,将沉淀的絮状物和污染物送至池底的出泥口。圆形沉淀池的刮板机将污泥输送至池体底部中心的锥形出口,刮泥机沿中心轴旋转。旋转机以相对较低的速度运行(尖端速度约为 2.5cm/s),可以避免搅动已经沉淀的固体。圆形刮泥机要能连续运行和以恒定速度运转。

二沉池采用静水压力排泥。通过自动排污控制阀,沉淀池实现间歇性排泥。在排泥前,需要在污泥出口设置压力水反冲洗装置。

安装循环定时器以自动控制反冲洗的吹扫频率和冲洗持续时间。人工设定时序调整排泥频率。设定值要基于生成的絮凝物量、进入化学絮凝单元的淤泥和污垢的量。沉淀池中累积的污泥通过污泥泵回流至沉淀池的进水。2%~5%的污泥输送至好氧消化池、污泥浓缩池或污泥池。

沉淀池应安装与输油装置配套使用的撇油器。当化学絮凝单元后面是生物氧化工艺单元时,要特别注意避免生物氧化单元进水中含有大量的油。除油装置由缓慢转动的叶片组成,这些叶片将已经沉淀的油传送到撇油器进而被清除。在圆形沉淀池中,除油装置通过与刮泥板共用轴旋转。在矩形沉淀池中,除油装置是连续链板式刮泥机。

3.4.4 化学药剂添加系统

3.4.4.1 化学药剂类型

调节 pH 值:为调节废水 pH 值要不断添加碱性或酸性的化学药剂。液碱通常用来提高 pH 值;硫酸降低 pH 值。由 pH 值控制器设置计量泵的转速或泵的冲程,并调节添加酸的速度。pH 值计/酸碱控制器调节碱性或酸性药剂的添加量。

混凝剂:明矾是常用的混凝剂,以固体或溶液使用。如果明矾溶液需要稀释,用待处理的废水稀释到最佳浓度(通过测试确定)。卸料后再向明矾溶液中加入稀释水达到良好的混合效果。明矾有腐蚀性,明矾溶液使用过程中所接触的管道和设备要采用耐腐蚀的材料。

助凝剂：高分子电解质是常用的助凝剂。确定与所处理废水和污染物最匹配的高分子电解质（阳离子、酸性或者中性）后再进行烧杯实验。虽然活性 SiO_2 也是助凝剂，因使用寿命短不推荐使用。闪混和慢混（絮凝过程）时，需要配备相应设施投加助凝剂。

3.4.4.2　高分子电解质处理和混合系统

设计高分子电解质处理和混合系统要求应至少符合以下列表。这些也适用于任何其他化学处理系统（如需要）或液体高分子电解质中添加活化剂。

（a）高分子电解质作为助凝剂，投加到溶气气浮选装置和沉淀池的进口。

（b）设备/设施接收按一定比例混合的处理厂上段工艺的废水和高浓度聚电解质储罐的溶液，再输送到单独的储水罐内，还包括控制系统和电气终端。稀释后高分子电解质溶液的设计浓度为1%质量（液体）和0.2%质量（固体）。

（c）储液罐上安装玻璃液面计、铰链盖、连接排水管和空吸泵的液位控制器。

（d）应提供控制系统对水和高分子电解质冲洗循环进行排序，防止未溶解的高分子电解质进入系统。安装安全电路来监控运行状态，并在出现故障的情况下关闭处理单元系统。所有储液罐都配备低液位开关，当液位较低时关闭输送泵。

（e）系统要安装在适合的场地内或建筑物内。

（f）所有设备和管道都应该采用合适的材料。

（g）系统应该包括但不限于以下的设备：水泵（一用一备）；高分子电解质计量泵（一用一备）；最小容量为3m³电解质的溶液罐；最小容量为2m³的活化剂供应罐；至少供给24h使用的水箱；电解质在线静态混合器；高分子电解质加药筛输送机；最小容量为60L的电解质原液罐；活化剂计量泵吸入管线上的校准罐；沉淀池电解质喷射泵（一用一备）以及管线上的校准罐；溶气气浮法（DAF）装置的电解质注入泵（一用一备）以及管线上的校准罐；DAF单元的电解质预混水泵（一用一备）；所需的仪表，包含现场控制箱。

▶▶▶ 3.5　消毒

初级、二级、三级处理都不能达到100%的净化效率，出水中始终存在有机生物体。因此要消杀污水中的病原生物，避免水致疾病的传播和减少公共健康问题。虽然这些微生物中大部分不是病原体，但必须假设病源体可能存在。

因此，当处理后的废水排放到用于供水或其他用途的水体中时，减少细菌数量以最大限度地减少健康威胁是一个非常理想的目标。在此过程中如果所有的致病微生物没有被全部破坏，则应该进行消毒处理。在废水处理中，使用化学药剂、物理药剂、机械方法或者辐射等方式完成消毒。

3.5.1 化学药剂

用于消毒的化学药剂包括醇类、碘、氯及其化合物、溴、臭氧、染料、肥皂和合成洗涤剂、季铵盐化合物、过氧化氢以及各种碱和酸。理想的化学消毒剂特性见表3-7。

表 3-7 理想化学消毒剂的特性

特性	评述
微生物的毒性	高度稀释后有广谱活性
溶解度	溶解于水或细胞组织
稳定性	长期杀菌的损失较低
对高级生命形式无毒	对生物体有毒，对人类和动物无毒
均匀性	溶液成分均匀
与外部物质的相互作用	不被有机物吸收
室温毒性	在室温下有效
渗透性	有穿透表面的能力
无腐蚀、无污染	不损坏金属或污染衣物
除嗅能力	消毒时能除臭
去污能力	提高消毒剂的能力时有清洁作用
可用性	能大量供货且价格合理

3.5.2 机械消毒的方式

各种处理过程的去除效率见表3-8。

表 3-8 不同的处理方法的去除效率

处理方法	去除率/%	处理方法	去除率/%
粗格栅	0~5	化学沉淀	40~80
细格栅	10~20	滴滤池	90~95
沉砂池	10~25	活性污泥法	90~98
自然沉淀	25~75	氯化或者处理过的污水	98~99

3.6 加氯消毒

氯化消毒是迄今为止，全球范围内最常用的废水消毒方法，广泛用于含病原体的废水在排放到受纳的溪流、河流或海洋前的消毒处理。众所周知，氯可有效消杀各种细菌、病毒和原生动物，包括沙门氏菌、志贺氏菌和霍乱弧菌。如今，广泛运用氯化处理污水，以减少微生物污染和降低暴露人群的潜在疾病风险。

图3-5 氯处理池

图3-5是氯处理池，设置成迷宫状促使氯与水完全混合。剩余的氯残留物用SO_2除去。在废水处理过程中，氯化是去除病原体和其他物理化学杂质的关键。

氯在废水处理中的优势包括：消毒；控制气味和防止败血症；有助于清除浮渣和油脂；控制活性污泥膨胀；控制污泥发泡和滤池蝇类；在处理前稳定活性污泥；脱臭；净化氰化物和酚类；除氨。

氯及其化合物的主要用途见表3-9。

表3-9 氯在废水收集和处理过程中的应用

应用	药剂浓度范围/(mg/L)	评述
收集		
控制黏菌生长	1~10	控制真菌和产黏液细菌
腐蚀控制（H_2S）（mg H_2S/L）	2~9	控制H_2S对污水管道带来的破坏
臭气控制（mg H_2S/L）		尤其是泵站和长而宽的污水管道
处理		
除油	2~10	处理前添加
降低BOD（mg BOD/L）	0.5~2	氧化有机物
硫酸亚铁氧化 $6FeSO_4$ $7H_2O+3Cl_2 \rightarrow 2FeCl_3+2Fe_2(SO_4)_3+42H_2O$	根据化学反应计量学	生成硫酸铁、氯化铁
过滤器-冲击控制	1~10	过滤器喷嘴处残留物
过滤器-滤程控制	0.1~0.5	过滤器喷嘴的残留物，在雨季使用
控制污泥膨胀	1~10	临时控制措施
消化池上清液氧化	20~140	—
消化池和英霍夫式沉淀池	2~15	—

3.6.1 氯剂量

用于消毒的氯剂量见表 3-10。

表 3-10　用于消毒的氯剂量

废水来源	药剂浓度范围/（mg/L）
未处理的废水（预先加氯）	6~25
初次沉淀	5~20
化学沉淀	2~6
滴滤装置	3~15
活性污泥设备	2~8
活性污泥法后续的多层过滤器	1~5

3.6.2 设计依据

（a）每个氯化单元配备一个加氯器，每个加氯器有歧管阀，一个喷射器，一个氯流量表和调节阀，一个过滤器，配套的加液管和真空管、阀门、适配器、止回阀等。

（b）加氯系统有单独的壳体，放置加氯系统的房间进口处设置强制通风装置的启动按钮。

（c）配备搬运工具的氯气瓶。

（d）房间中配备供暖设备。

（e）加氢器应在间歇按钮启动的基础上手动操作，所有真空压力表和转子流量计都安装于控制面板的前部。运行过程中，除非人工调节，加氯速率都应保持恒定。

（f）设定的加氯速率误差在 3% 以内。分为连续型和间歇型两种运行状态。

（g）氯化器需配备氯水喷射器组件，利用水压在氯气系统中产生真空。喷射器采用固定式喉口型结构，材质为耐腐蚀塑料。根据给定的水力条件设计喷嘴，使加氯机在设计参数的范围内均能有效运行。为防止关闭水流时水倒吸进入氯化系统，喷射器中还要设置隔膜式止回阀。

（h）氯化器为适合干氯气和湿氯气使用的材质，所有弹簧都是哈氏合金 C。

（i）机箱为落地式、自支撑结构，采用玻璃纤维塑料，宜在室内安装。

（j）如一个可操控单元所要求的提供氯气阀门、柔性连接器、配件等，以及其他物品。基本的仪器仪表包括：气体进口压力表；出口真空压力表；转子流量计（从装置前部很容易看到流量的调节）；弹簧式隔膜驱动泄压阀（用于压力过大或空气过多的情况）；水量减少或真空度降低时使用的氯气截止阀。

（k）氯化器要有加热蒸发的组件。

（l）氯化器机柜内应配备在氯气供应中断或关闭时提醒的指示灯。

（m）应包括以下附件：安装在氯化器进口端的集管阀和双接头；氯气储罐集管阀、柔性连接器、带可调整触点的在线氯气压力开关。

3.7 水质监测

在废水处理过程中，水质监测是很重要的，原因包括如下几个方面：

（a）水质监测相关的问题（监测什么、在哪里监测、为什么监测、什么时间段监测）；

（b）通过监测废水的参数，计算城市或区域废水处理系统的废水处理费用；

（c）通过监测废水的参数，监控是否发生泄漏或处理工艺运行是否异常，并采取紧急措施；

（d）监测废水排放对受纳水体水质的影响；

（e）测量所有工艺过程中废水以及进水液态物料的数量和质量；

（f）收集大量水回用和水污染的信息，设计预处理系统和回用系统。

石油、天然气和化学工业向城市或区域处理系统排放废水时，必须自己监测或允许他人监测所排放的废水。

在制定水质监测方案时，应注意以下问题：

a）哪些参数必须监测，哪些参数应该监测；

b）什么时候要采集样品和监测设备安装在哪里；

c）如何进行监测（采集样品，存储，分析）。

实际设计过程中，不可能总是按顺序准确地回答上述几个问题。通常情况下是收集各种信息制成表格，然后同时回答这几个问题。因为在危险场所没有合适的必备防爆设备，或价格昂贵得令人无法接受，选择监测站可能会产生冲突。这种情况下，"在哪里监测"和"如何监测"就有冲突，必须相互配合才能解决。下面章节中介绍需要监控的参数和便携式设备。

3.8 水污染控制在线监测仪器

最合适的监测方案和监测设备应该能广泛应用于各种水的监测，包括地表水、地下水、冷却水或循环水、锅炉水、锅炉进水、经过不同程度处理后的废水，以及未经处理的市政或工业废水。

目前已经有可以广泛应用的监测方法和设备，但当样本成分非常复杂时，需要对设备进行改造或者可能完全不适用。

除了有机物和放射性物质，本章前几节提到的所有参数都能监测。

该设备可以满足现场简单、方便、准确地进行水质测试。色度测试是使用色度计进行的，色度计使用预先校准的仪表刻度进行直接读数。

把专用滴定管安装在带有精密螺旋柱塞的滴定架上，开展容量测试。这种方式分配滴定溶液，通过多次实验得到准确可靠的结果。

通过使用专用的滴定管和带精密螺旋柱塞的滴定台进行容量测试。如此分配滴定溶液，以便从一个测试到另一个测试获得准确可靠的结果。

3.8.1 光电比色计

如前所述，基本测量是比色法，在水样中添加试剂产生有色溶液随后再进行测试。便携式监测仪器的类型可由相关部门确定。

技术数据的详细信息见 3-11 中。

表 3-11　技术数据

碱度	铁
酚酞和总碱度滴定法	简化邻菲罗啉法，色度范围：0~3ppm
每种指示剂足以进行 100 次测试	试剂足以进行 100 次测试
滴定液满足 100 次测试（125ppm）	
二氧化碳	锰
标准滴定程序；试剂足以进行配备 100 次测试	冷高碘酸盐氧化法 色度范围：1~10ppm，试剂足够完成大约 100 次测试
氯化物	硝酸、氮
硝酸汞滴定	镉还原-重氮化法
比色范围：0~1.5ppm N，试剂满足 100 次测试测试的用量；0~15ppm N	比色范围：0~1.5ppm N，0~150ppm N
试剂足以进行 100 次测试	试剂足以进行 100 次测试
氯	亚硝酸盐、氮
改进的奥替洛定胺法	重氮化法
比色范围：0~1ppm	比色范围：0~0.2ppm N

续表

试剂足以进行 60 次测试	改进的温克勒法测量溶解氧
二苯碳酰二肼法	碱性比色范围：0~1.5ppm
改进的温克勒法	叠氮化碘改性法
碱性比色范围：0~1.5ppm	试剂满足 100 次测试
试剂足以进行 100 次测试 1 滴＝1ppm 测试所需量	滴定法 1 滴＝1ppm 测试所需量；1 滴＝0.2ppm, 试剂足以进行 100 次测试
色度	pH 值
比色范围：0~500 APHA	比色范围：4.0~10
铂-钴色度单位	不需要试剂
不需要试剂	试剂足以进行 100 次测试
铜	磷酸（邻位和间位）
铜醇法	亚锡还原法
色度范围：0~3ppm	比色范围：0~3ppm
试剂足以进行 100 次测试	比色范围：0~2ppm，0~8ppm 试剂足以进行 100 次测试
氟化物	硅
SPADNS 法	杂多蓝法
比色范围：0~2ppm	比色范围：0~3ppm
试剂足以进行 10 次测试	试剂足以进行 100 次测试
硬度、钙	硫酸
EDTA 滴定法	比浊法
试剂足以进行 100 次测试	试剂足以进行 100 次测试
硬度，总和	浊度
EDTA 滴定法	吸收法
试剂足以进行 100 次测试	范围：0~500JTU，不需要试剂
硫化氢	
1~5ppm 标准颜色表法 试剂足以进行 100 次测试	

制造商通常会校准仪器，或者由使用方的主管人员按照制造商推荐的方法校准。

所有的试剂和化学药品必须是新的，或者在变色或有沉淀之前换新试剂。

3.8.2　在线定点测量或连续监测

使用连续监测设备可以周期性或者不定时多次测量多种水质参数，可以在监测现场记录数据，也可以将数据传输到其他地方。

3.8.3　水样连续采集和澄清系统

监测仪器包括一个采样模块、传感器、一个信号处理模块、一个数字记录或传输模块。样品通过潜水泵连续输送至传感器。

仪器中每个传感器都配备相应的信号调理器，将输入信息转化为标准电子信号输出。关于所检测离子和对应的参比电极见表3-12。

表 3-12　电极和离子选择性

监测的离子	推荐的参比电极	监测的离子	推荐的参比电极
氨	不适用	氟硼酸盐	不适用
铵	甘汞电极	碘化物	双液接参比电极
钡	甘汞电极	锂	双液接参比电极
溴化物	双液接参比电极	硝酸盐	双液接参比电极
镉	甘汞电极	氧	不适用
钙	甘汞电极	钾	双液接参比电极
氯	双液接参比电极	银/硫化物	双液接参比电极
铜	甘汞电极	钠	双液接参比电极
氰化物	双液接参比电极	硫	不适用
氟化物	双液接参比电极		

需要连续监测时，电极的典型位置如图3-6所示。更详细的信息可查阅ASTM　11.01。

调节信号调理器上控制装置来校准传感器的信号。

在取样口安装防护滤网，并根据制造商的说明进行检查，防止杂质堵塞系统或者损坏泵。

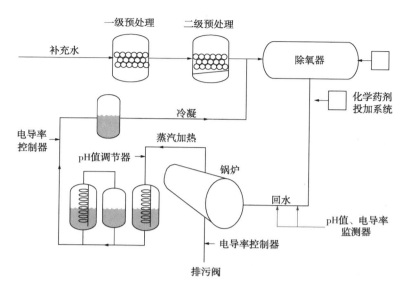

图 3-6　水样连续采集和监测系统

3.8.4　实验室仪器

以下所列的参数都可在实验室内使用仪器或湿式化学法进行监测。

（1）采集不同来源的样本：下文总结了不同来源样品的采样方法，详细信息请参见《水质采样》（BS 6068-6.2）。

（2）大气降水采样：在有限的持续时间内，偶尔会发生大气降水。

（3）降水采样设备：采样设备包括一个聚乙烯/聚丙烯水桶和一个支架。

（4）结构：采样设备如图 3-7 所示，可手动采样或自动操作。

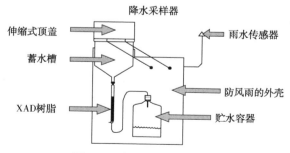

图 3-7　大气降水采样系统

采样系统的设计必须将采样过程中产生的污染降到最低。使用化学惰性材料，以避免污染。

通常地表水样品直接取样放置在样品容器。要用实验室镊子或带有滑动套筒的夹具，而不是用手拿容器放入水中取样。容器通常是不锈钢材质，容量至少为2L。

3.8.5 土壤含水率取样

土壤水是指土壤中所含的所有水分。

（1）土壤水取样系统：通常土壤水取样系统由插入两根真空软管的陶瓷容器组成。通过其中一根软管产生真空后，多孔陶瓷管吸入土壤水。

（2）构造：土壤水采样器如图3-8所示。

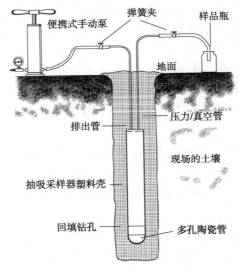

图3-8 吸入式取样器装置

3.8.6 地下水取样

地下水取样使用的设备与地表水取样的设备类似。所用容器材质是玻璃或聚乙烯，也能用于地下水取样。

▶▶▶ 3.9 物理检测

3.9.1 色度

水中存在金属离子、腐殖质和泥炭材料、浮游生物、杂草和工业废弃物，因此水的颜色会发生变化。

以氯铂酸盐离子形式存在的 1mg/L 铂，在水中产生的颜色作为色度单位"度"，色度监测见 ASTM D 1882—00 和 BS 2690：9—1970。

3.9.2 电导率

电导率是表示溶液传导电流的能力，单位为 $\mu moh/cm^2$。电导率大小取决于溶解于水中各离子的总浓度。详见 BS 2690：9—1970。

（1）电导率测定仪：采用电桥法（惠斯顿电桥法）测量电导率，布置桥式电路时要让探测器在平衡点处始终指示零电位或最小电位。

（2）测定溶液的电导率：电导率是电阻的倒数，电阻用惠斯顿电桥电路测定。然而，当使用直流电时还需要解决以下问题：

① 电荷聚集：电极上有电流流过时，因发生氧化还原反应产生极化。通过设置反电动势改变电解质的电阻。

② 通过以下方式可以避免上述问题：

使用交流电：一个方向上的电流产生的沉淀物极化效应被另一个方向上的电流效应抵消。

增大电极面积：增大电极面积会降低极化效应，如在电池的电极上涂覆细铂粉。

使用振荡器：将感应线圈换成频率为 2000～4000 赫兹的振荡器，以达到更好的效果。

（3）方法：将待测的电解质溶液放入派莱克斯耐高温玻璃的电导池中，其中安装铂电极。电极通常由坚固的铂板组成，玻璃管穿放置在管中的汞，并将玻璃管粘合在硬橡胶材质的盖上。固定电极的相对位置。电极涂有细碎的铂，为了保持恒定的温度，它被放置在恒温器中。将铜线浸入玻璃管水银中，进行连接。

（4）电导率的测定

电导池连接到电阻箱一侧为 R，另一侧到感应线圈上的电桥细均匀导线 AB 连接到 V 桥的端部，而初级感应线圈连接电池。耳机（G）连接到滑动键（P）和电导池和电阻箱之间的固定螺钉。

滑动键（P）位于靠近中间的位置。当电路接通后，耳机中会听到嗡嗡声。从电阻箱中取出插头，滑动键沿着电线移动，直到耳机中的声音降到最低，记录为 H 点。通过以下公式计算所测的溶液电导率：

$$溶液电阻 = \frac{BH/AH}{R}$$

$$\frac{1}{溶液电导率} = \frac{BH/AH}{R}$$

AH 和 BH 是通过刻度尺测量的，R 是在电阻箱中测量的，单位为 Ω。

3.9.3 浊度

浊度是一种光学特性，引起光被散射和吸收，而不是直射穿透样品。

水的浊度是由悬浮物引起的，例如黏土、淤泥、有机物和无机物、浮游生物和其他微生物。详见 BS 2690∶9。

3.9.4 金属组分检测

饮用水、生活废水和工业废水中的金属离子，都是需要关注的问题。金属组分可以通过原子吸收光谱法、极谱法、电感耦合等离子体法和比色法等测量。

在原子吸收光谱法中，样品雾化，待测离子转变为原子蒸汽，吸收光源的辐射，吸收的光量与元素的量成正比。

（1）原子吸收仪：图 3-9 是原子吸收光谱仪的原理图。机械调制斩波器，使光束交替通过和反射。入射光强度为 I_0，透过样品的光强为 I_t，被吸收光强为 $I_0 - I_t$。

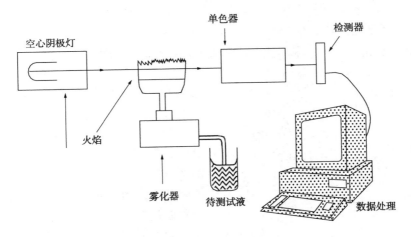

图 3-9　原子吸收光谱仪原理

（2）校正：根据制造商提供的仪器校准手册。对于低浓度的铂、砷和汞（ppb）等有毒污染物，需要在光谱仪上安装专用设备(蒸汽和氢化物发生器)进行监测。

3.9.5 极谱法

使用电化学法分析原水和废水。极谱法的测量原理是基于在扩散条件下测定，滴汞电极（DME）的时间平均电流。

（1）氯化物：氯化物由氯离子组成，是水和废水中一种主要的无机阴离子。通过滴定法、电位法、离子选择性电极法检测氯化物。详见 ASTM D 512。

（2）余氯：用氯对给水和废水消毒，破坏和消灭疾病的同时产生微生物。氯化作用是通过与氨、铁、锰、硫化物和一些有机物质发生反应来改善水质。通过滴定比色法检测氯化效果。详见 ASTM D 1253。

（3）氰化物、氟化物和碘化物：采用滴定法、比色法（UV-VIS 光谱法）和离子选择电极法检测这三种污染物。

（4）氮（氨、硝酸盐和有机物）：采用滴定法、比色法检测氮。

（5）臭氧：采用滴定法测量，详见 ASTM 11.02。

（6）pH 值：溶液的 pH 值是氢离子浓度的负对数。有关 pH 值影响的详细信息可参考 API 发布的《炼油厂废物处理手册 液体废物卷》第 2 章。也可使用电子 pH 值计监测 pH 值。用已知 pH 值的标准缓冲溶液校准 pH 值计。

（7）磷酸盐：采用比色法检测磷酸盐浓度，详见 ASTM 11.02 和 BS 6068 2.28。

（8）二氧化硅：采用量热法或重量法测量二氧化硅浓度，详见 ASTM 11.02。

（9）硫酸盐：采用重量法测量硫酸盐浓度。

（10）硫化物：可以采用比色法和滴定法检测硫化物浓度。

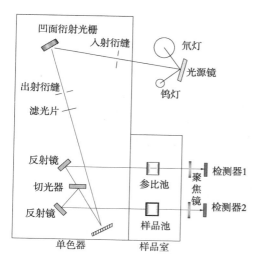

图 3-10　双束分光光度计

3.9.6 有机成分的测定

溶剂萃取红外吸收法：油组分从样品中萃取出来后通过红外吸收法测量浓度。

红外分光光度法：光源分为两束，一束通过样品池，另一束通过参比池。随后参考光束通过衰减器到达斩波器。经过棱镜或光栅色散后，交变光束到达接收器后再转换为电信号。双束分光光度计如图 3-10 所示，必须根据产品手册进行仪器校核。

3.9.7 可燃气体检测报警仪

使用可燃气体检测报警仪测定甲烷的分压。在溶液中的甲烷和溶液上方气相中甲烷分压之间建立平衡。气体氧化产生的热量增加灯丝的电阻，由此产生电路不平衡并使毫安表发生偏转。

3.9.8 总有机碳

水中的总有机碳（TOC）浓度在 1~150mg/L 范围内，通过总碳分析仪检测。以氧气或空气为载气，将适量水样注入高温填充管中，水分蒸发，有机物氧化成 CO_2，用非分散型红外分析仪测量 CO_2 浓度，从而计算水中的 TOC 浓度。

3.9.9 生化需氧量

BOD 是通过标准化的实验程序测定的废水中氧气相对需求量。详见 ASTM 11.02 和 BS 6068 2.3。

3.9.10 化学需氧量

COD 是河流和工业废水控制的重要参数干燥后 CO_2 携带有机物通过铂催化燃烧炉，将其氧化为 CO 和 H_2O，去除水分并进行第二次催化处理后，使用红外分析仪测定 CO 浓度。COD 分析仪如图 3-11 所示。

3.9.11 水和废水中放射性的检测

水和废水的放射性核素包括天然源和人为源。人为放射源包括核裂变、核聚变和粒子加速，主要产生 α、β 和 γ 放射性。

放置检测器的房间要清除灰尘和烟雾以免影响检测器电稳定性。用几厘米厚的混凝

图 3-11　COD 分析仪

土制作墙壁、地板和天花板背景值稳定下来，并且大大降低。一般来说，室内温度不超过 30℃，波动范围在 ±3℃ 内。

具有明显放射活性的样品要分开存放，以免影响仪器的本底计数。

3.9.11.1 α 粒子计数器

α 粒子计数器由正比计数管或闪烁探测器以及符合要求的计数器组成。使用

方法见 ASTM 11.02。

（1）正比探测器

正比探测器是目前常用的商业探测器之一。探测器制造商要避免使用放射性材料，要提供坪特性曲线和本底计数器数据，其中坪特性曲线的参数包括起始电压、坪长和坪斜等。

（2）闪烁探测器

闪烁探测器由闪烁体（最小有效直径为 36.5mm 的硫化锌）、光电倍增管和相应的电子仪器三个主要部分组成，光学耦合剂涂覆在闪烁体与光电倍增管之间，能有效把光传给光电管倍增器，减少光在闪烁体和光阴极窗界面的全反射。

（3）计数器

将机箱中安装机械记录器、供电电源、放大器后就是计数器。

（4）样品盘

样品盘首选圆形平底结构，直径略小于探测器灵敏区内径，也可选用盘沿高度为 3.2mm 的圆形样品盘。材质通常为铂和不锈钢。

（5）常规检测的校准和标准化

配制 α 放射性体积活度标准溶液，并准备进行后续计数检测。

3.9.11.2　β 粒子计数器

水和废水的 β 粒子放射性由 β 粒子计数器检测，该计数器由以下部分组成：

（1）探测器

盖革-米勒（G-M）计数器和威尔逊云室是目前两种广泛使用的探测器。

（2）探测器屏蔽

探测器组件外部是金属块组成的辐射屏蔽器，例如厚度是 51mm 的铅块，内衬厚度 3.2mm 的铝块。

3.9.11.3　γ 射线检测器

采用 γ 射线能谱测量法检测水或废水中的 γ 射线放射性核素。

γ 射线光谱法是由探测器、分析仪、存储器和永久数据存储设备组成的模块化测量设备。探测器包括 P 型或 N 型半导体探测器、锂漂移型探测器等，多道脉冲高度分析器测量波峰值和脉冲数。

▶▶▶ 3.10　实验室自动化检测水和废水设备

自动化检测仪能把检测速率提高到每小时 10~60 个样品，通过修改运行参数，可同时分析同一样品中的多种成分。数据读取系统包括指示器、警报器和记录器的传感元件。

制造商可以提供水和废水中常规成分的检测方法。

3.10.1 负载损耗

使用以下方程式估算装载石油液体的排放量(误差为±30%):

$$LL=0.12{\times}SPM/T \qquad (3-3)$$

式中 LL——挥发性有机化合物装载损失,kg/m³ 装载液体;

S——饱和系数,见表 3-13;

P——装载液体的真实蒸汽压,kPa;

M——蒸汽的摩尔质量,kg/mol;

T——装载液体的温度,K。

饱和系数 S 是与不同装卸方式相关的排放率变化。表 3-13 列出了饱和系数。

表 3-13　计算石油液体装载损失的饱和系数 S

运输工具	操作方式	饱和系数 S
铁路罐车	液下装载:新罐车或清洗后的罐车	0.5
油罐车	液下装载:正常工况(普通)的罐车	0.6
	液下装载:上次卸车采用油气平衡装置	1
	喷溅式装载:新罐车或清洗后的罐车	1.45
	喷溅式装载:正常工况(普通)的罐车	1.45
	喷溅式装载:上次卸车采用油气平衡装置	1
船舶	液下装载:轮船	0.2
	液下装载:驳船	0.5

有控制措施的装载作业的排放率可以通过以下公式计算,包括没有安装控制措施的排放率(使用上述公式确定)和控制措施的效率两个参数:

安装控制措施的排放=没有安装控制措施的排放×(1-处理效率/100)

(3-4)

总体降低的效率需要综合考虑集气系统的收集效率、控制设备的效率以及所有停工时间。收集系统的供应商或制造商会提供相关数据。

3.10.2 水排放

本节分为两部分:①炼油厂处理厂排放的点源废水;②来自污水处理厂,在排放前未收集和处理的雨水和其他来源的径流混合产生的面源废水。

表 3-14 是没有归类到转移类别（包括排放到下水道）的炼油厂废水的默认排放数据。根据石油炼制行业的讨论，炼化废水中的溶解有机碳（DOC）浓度是一个已知参数。因此，表 3-14 中有机化合物的形态因子也是以此参数为基础得到的。

表 3-14 中数据所引用的资料可知 DOC/COD 比率为 0.267。在缺少 DOC 的现场参数信息情况下，该比值可用于根据 COD 的测量值来确定 DOC 值。

表 3-14　炼化厂废水中有机物的默认形态因子

物质	DOC 质量分数	物质	DOC 质量分数
甲苯	9.2×10^{-4}	多环芳烃 PAH	1.6×10^{-3}
苯	9.1×10^{-4}	苯乙烯	1×10^{-4}
二甲苯	1.4×10^{-3}	乙苯	1.2×10^{-4}
苯酚	6.9×10^{-4}	1,1,2-三氯乙烷	3.6×10^{-5}
1,2-二氯乙烷	2.7×10^{-4}	氯仿	2.5×10^{-3}
六氯苯	4.4×10^{-6}		

废水中的痕量元素、其他无机物和 DOC 之间没有相似的参数关系。因此，表 3-15 为痕量元素和无机化合物的默认排放因子。

表 3-15　炼化厂废水中痕量元素和无机物的默认排放因子

物质	排放系数/（kg/m³）	物质	排放系数/（kg/m³）
锌	4.4×10^{-4}	锑	5.8×10^{-7}
磷（3⁺）	4.1×10^{-7}	钴	1.6×10^{-6}
砷（5⁺）	6.7×10^{-6}	汞	1.1×10^{-8}
铬（6⁺）	7.7×10^{-6}	镉	3.3×10^{-7}
硒	3.1×10^{-6}	铅	1.9×10^{-6}
镍	3.6×10^{-6}	氰化物	7.6×10^{-9}
铜	2.9×10^{-6}	氨	1.3×10^{-6}

排放系数可按以下公式计算废水中这些组分的排放量：

$$WWE_i = DOC \times (WP_i / 100) \times flow \tag{3-5}$$

式中　WWE_i——处理厂废水中 i 组分排放量，kg/h；

　　　　DOC——经过处理后排放废水中 DOC 浓度，kg/m³；

　　　　WP_i——组分 i 的质量分数；

　　　　$flow$——排入受纳水体的废水流量，m³/h。

除了要用到处理厂废水流量（排放系数为 kg/m³ 废水），表 3-15 中排放因子使用方法和大气排放因子相同。

4

生物处理

生物处理：细菌和其他微生物通过同化作用去除污染物，长期以来一直是化工工业废水处理的主要方法。直到今天，许多生物处理方法仍然是有效的而且广泛使用。然而，它们并非都同等有效，所以在决定采用生物处理系统时需要全面考虑。在考虑针对具体的应用领域进行废水生物处理时，需要了解废水的来源、废水的组成成分、排放要求、厂内可能影响废水水量和水质的意外事故，以及预处理的影响。

>>> 4.1　原理

废水生物处理的目标是凝聚和去除不可沉降的胶体颗粒并稳定有机物。对于生活污水，生物处理主要目标是减少有机物含量，在许多情况下，还包括减少氮和磷等营养物质。

在许多地方，去除可能有毒的微量有机化合物也是重要的处理目标。对于工业废水，生物处理目标是降低有机物和无机物的浓度。由于工业废水中的许多化合物对微生物有毒，因此需要进行预处理。

根据所处理废水的类型及其生物可降解性和毒性水平，将一系列物理、化学和生物处理组合起来去除水中不同形态的碳、氮和磷以及其他元素，从而实现最好的去除效果。与物理和化学处理方法相比，生物处理是高效且费用低处理方法；在大多数情况下，生物处理是处理各种污染物的首选方法。

所有生物处理反应器是通过质量平衡计算来进行设计的。需要计算进入或离开系统每个相关组分的"电子供体"，它们在系统内的消耗或生产速率，通过测量单位时间和单位体积内通过反应器的质量流量，作为反应器的流速。生物反应器设计在较高的微生物浓度下运行，但是它们的总代谢速率通过限制性基质浓度得以控制。

Monod 动力学作为基质利用的函数，最常用于模拟限制微生物的比增长速率的基质残留浓度和生物量的最大比增长速率之间的关系。如式(4-1)所示：

$$\mu = \mu_{max} \frac{S}{K_s + S} \tag{4-1}$$

式中　μ——比增长速率，d^{-1}；

　　μ_{max}——在生长限制基质饱和浓度下的最大比增长速率，d^{-1}；

　　S——基质浓度，mg/L；

　　K_s——半饱和常数，mg/L，即比增长速率等于最大比增长速率的一半时的限制性基质浓度，$\mu = \mu_{max}/2$。

比增长速率 μ 用每日生物量的变化来表示(与现有的生物量有关),并且是基质浓度的函数。最大细菌比增长速率是在高基质浓度条件下用最大比基质利用率来表示。因此,当细胞在非限制性基质浓度的情况下快速生长时,它们投入最大的能量用于细胞合成。然而,当基质浓度(电子供体)受到限制时,从基质氧化中获得的大部分能量将会用于细胞维持。

在标准 Monod 方程式(4-2)中没有明确地包含内源性衰减造成的损失。内源性衰减包括内部储存产物的氧化获得细胞维持的能量、细胞死亡和裂解以及食物链中较高级生物的捕食而导致的细胞质量损失。在实践中,由于内源性衰减也可能影响比增长速率 μ ,设计人员在 Monod 方程中通常也会考虑内源性衰减,如下所示:

$$\mu = \mu_{max} \frac{S}{K_s + S} - K_d \qquad (4-2)$$

式中　μ——比增长速率,d^{-1};

　　μ_{max}——在生长限制基质饱和浓度下的最大比增长速率,d^{-1};

　　　S——基质浓度,mg/L;

　　K_s——半饱和常数,mg/L,即比增长速率等于最大比增长速率的二分之一时的限制性基质浓度,$\mu = \mu_{max}/2$;

　　K_d——内源性衰减。

生物量产率系数 Y 是生成的生物数量与消耗的基质(电子供体)数量的比值,并且以生成的生物质量(或者摩尔数)与消耗的基质质量(或者摩尔数)的比值来表示。由于去除的基质与观测到的生物量产率之间存在明确的化学计量关系,产率也可以用 Monod 方程和基质利用速率表示如下:

$$\frac{ds}{dt} = -\frac{\mu}{Y}X \qquad (4-3)$$

式中　s——基质浓度,mg/L;

　　t——时间,d;

　　μ——比增长速率,d^{-1};

　　Y——产率系数;

　　X——微生物浓度,mg/L。

总之,生物处理的性能和效率与基质利用和微生物生长的动力学直接相关。因此,为了生物处理系统的有效运行,需要了解其所涉及的微生物类型、它们所发生的具体反应以及营养需求和动力学。

此外,需要了解控制温度、pH 值、溶解氧(DO)等环境条件以及对微生物有影响的其他相关因素。通过考虑所有这些因素，有机物和无机物就可以从水中有效地被去除，从而实现最佳处理效果。

4.1.1 生物活性炭工艺

生物活性炭（BAC）是对传统生物工艺的改进工艺。在这个工艺中，活性炭添加到生物池中。活性炭的作用是吸附和为细菌生长提供介质。生物活性炭工艺的优势已经广泛证明：

- 耐冲击负荷；
- 可去除难降解的化合物；
- 可去除色度和氨氮；
- 可改善沉降性能。

通常，细菌对有机负荷非常敏感。在生物处理中加入粒状活性炭（GAC），通过其吸附性能降低冲击负荷的影响。如果在BAC系统中产生生物膜，附着在活性炭表面的微生物可以通过生物膜工艺降解吸附在活性炭上的吸附物。从而延长活性炭再生时间。此外，一些不可生物降解的化合物可以吸附在活性炭上，随后通过附着的微生物代谢去除。

污泥龄是活性炭添加量的重要考虑因素之一。式（4-4）显示了GAC和混合液GAC悬浮固体量与固体停留时间和水力停留时间的关系：

$$X_p = \frac{X_i \cdot \theta_c}{\theta} \tag{4-4}$$

式中 X_p——平衡GAC混合液悬浮固体（MLSS）含量，mg/L；

       X_i——GAC剂量；

       θ_c——固体停留时间，d；

       θ——水力停留时间，d。

活性炭的添加量因工艺而异，但是污泥龄越长，单位质量碳对有机物去除效果越好，去除效率越高。

4.1.2 生物动力学理论模型

生物处理的有效性取决于微生物的生长情况。下面的基本方程涵盖了细菌生长、基质利用速率、有无抑制生长的产率系数的关系。

细菌的生长可以用两种方式表示：数量和质量。考虑细菌生长动力学对于控制微生物的生长速率非常重要。实验证明，通常可以使用两个著名的Monod方程来描述限制性基质或营养物对细菌生长的影响：

- 比增长速率

$$\frac{\mathrm{d}X}{\mathrm{d}t}=\mu X \tag{4-5}$$

$$\mu=\mu_{\max}\frac{S}{K_{s}+S} \tag{4-6}$$

式中　X——生物量浓度，mg/L；

　　　S——生长限制性基质浓度，mg/L；

　　$\mu_{\max}$——最大比增长速率，d^{-1}；

　　　μ——比增长速率，d^{-1}；

　　　K_{s}——半速率常数，mg/L。

从式(4-6)可以看到，即使细菌可以获得基质，其生长速度也受到限制了。

- 基质利用速率

基质利用速率以每天去除基质的量与产生的生物量之比来计算，如式(4-7)所示。

$$U=\frac{S_{0}-S}{\theta X} \tag{4-7}$$

式中　U——基质利用速率，去除基质的量/MLSS/d；

　　　S_{0}——初始基质浓度，mg/L；

　　　X——生物量浓度，mg/L；

　　　S——最后基质浓度，mg/L；

　　　θ——水力停留时间，d。

- 生长产率系数(Y)

在生物处理中，一部分基质转化为新细胞，细菌生长速率与消耗的基质之间关系用生长产率系数表示。

$$\frac{\mathrm{d}X}{\mathrm{d}t}=-Y\frac{\mathrm{d}S}{\mathrm{d}t} \tag{4-8}$$

式中　Y——生长产率系数，g SS/g 去除的基质/d；

　　　X——生物量浓度，mg/L；

　　　S——基质浓度，mg/L。

- 抑制性生长

在复杂的或者特殊的废水中，存在一些抑制生物处理的化合物，从而改变了生长动力学。一些研究人员已经开发了符合这些情况的生长动力学模型。表4-1汇总了一些存在抑制物质的生长动力学模型。

表 4-1 抑制生长的动力学模型

方程式（编号）		模型名称
$\mu=\mu_{\max}\left(1-\dfrac{I}{K_i}\right)\dfrac{S}{S+K_s}$	(4-9)	Ghose and Tyagi 高斯和泰吉
$\mu=\left(1-\dfrac{I}{K_i}\right)^{0.5}\dfrac{S}{S+K_s}=\mu_{\mathrm{obs}}\dfrac{S}{S+K_s}$	(4-10)	Bazua and Wilke 巴祖亚和威尔克
$\mu=\left(1-\dfrac{I}{K_i}\right)^{n}\dfrac{S}{S+K_s}=\mu_{\mathrm{obs}}\dfrac{S}{S+K_s}$	(4-11)	Han and Levenspiel 汉和莱文斯皮尔

I，抑制剂浓度；K_i，反应停止的临界抑制剂浓度；$\mu_{\max}$，抑制剂浓度为零时的最大比增长速率；μ_{obs}，在一定浓度的抑制剂下表观最大比增长速率。

如果基质在临界点是抑制剂，以乙酸为基质的抑制生长模型如表 4-2 所示。

表 4-2 抑制剂作为基质的生长模型

方程式（编号）		模型名称
$\mu=\mu_{\max}\dfrac{S}{K_s+S}\left(1-\dfrac{S}{S_c}\right)$	(4-12)	
$\mu=\mu_{\max}\dfrac{S}{(K_s+S)(1+S/K_i)}$	(4-13)	
$\mu=\mu_{\max}\dfrac{S}{K_s+S+S^2/K_i}$	(4-14)	

S_c，反应停止的临界基质浓度。

废水净化的主要目的不是细胞增殖和生物量生产，而是从溶液中去除有机化合物。由式（4-5）、式（4-7）和式（4-8）可以得到：

$$-\frac{\mathrm{d}S}{\mathrm{d}t}\frac{1}{X}=\frac{\mu_{\max}}{Y_{\mathrm{obs}}}\frac{S}{K_s+S} \qquad (4-15)$$

$$r_x=r_{x,m}\frac{S}{K_s+S} \qquad (4-16)$$

式中 $r_x=-(\mathrm{d}S/\mathrm{d}tX)$——基质实际去除速率，1/t；

$r_{x,m}=\mu_{\max}/Y_{\mathrm{obs}}$——基质最大去除速率，1/t。

式（4-16）显示了基质去除速率决定于单组分基质的实际浓度及其 K_s 值。为了控制处理系统的运行，并从实际角度产生良好的去除效果，了解具体废水的生物动力学数据是非常重要的。呼吸测量法是获得生物动力学数据最简单的方法。

▶▶▶ 4.2 生物处理工艺

废水处理的主要生物处理工艺见表4-3。所有这些工艺都来源于自然界中发生的过程。

表4-3 废水处理中主要生物处理工艺

类型	通用名称	利用
好氧过程		
悬浮式生长	活性污泥法 常规(推流式) 完全混合 渐减曝气 纯氧 序批式反应器 接触稳定 延时曝气 氧化沟 深水箱(27.5m) 深井	含碳 BOD 去除(硝化)
	悬浮生长硝化	硝化
	曝气氧化塘	含碳 BOD 去除(硝化)
	好氧消化	稳定化,含碳 BOD 去除
	常规空气	
	纯氧	
附着式生长	生物滤池 低负荷生物滤池 高负荷生物滤池	含碳 BOD 去除,硝化
	粗滤器	含碳 BOD 去除
	生物转盘	含碳 BOD 去除(硝化)
	填充床反应器	含碳 BOD 去除(硝化)
悬浮和附着结合生长	活性生物滤池工艺 滴滤池固相接触工艺 生物滤池活性污泥工艺 串联滴滤池活性污泥工艺	含碳 BOD 去除(硝化)

续表

类型	通用名称	利用
缺氧过程		
悬浮式生长	悬浮生长脱氮	反硝化
附着式生长	固定膜脱氮	反硝化
厌氧过程		
悬浮式生长	厌氧消化 标准速率，单阶段 高速率，单阶段， 两阶段	稳定化，含碳 BOD 去除
	厌氧接触工艺	含碳 BOD 去除
	上流式厌氧污泥床	含碳 BOD 去除
附着式生长	厌氧过滤工艺	含碳 BOD 去除， 废物稳定化 （反硝化）
	膨胀床	含碳 BOD 去除， 废水稳定化
好氧、缺氧和厌氧组合工艺		
悬浮式生长	单阶段或多阶段工艺， 各种专有工艺	含碳 BOD 去除，硝化、反硝化、除磷
悬浮和附着生长组合	单阶段或多阶段工艺	含碳 BOD 去除，硝化、反硝化、除磷
池塘工艺	好氧塘	含碳 BOD 去除
	再处理(三级)塘	含碳 BOD 去除 （硝化）
	兼性塘	含碳 BOD 去除
	厌氧塘	含碳 BOD 去除 （废水稳定化）

注：首先介绍了主要用途；括号中标明了其他用途。

通过控制微生物的环境，加速污染物的分解。无论是什么污染物，生物处理过程包括控制相关微生物最佳生长所需的环境。

这些工艺主要应用于：

• 废水中含碳有机物的去除，采用生化需氧量（BOD）、总有机碳（TOC）或化学需氧量（COD）来计算；

- 硝化作用；
- 反硝化作用；
- 除磷；
- 废水稳定化。

生物处理受环境条件的影响。环境条件可以通过调节 pH 值、温度、添加营养物或者微量元素、增加或去除氧气、适当混合等方法来控制。生物处理根据在废水处理起主要作用的微生物对氧气的依赖性进行分类。这些工艺通常分为好氧、厌氧或兼性处理。

4.2.1 好氧和厌氧处理的主要区别

在我们讨论各种好氧生物处理工艺之前，简要讨论好氧和厌氧这两个术语是非常重要的。正如标题所表明的，好氧是指存在空气（氧气）的情况，而厌氧是指没有空气（氧气）的情况。这两个术语与降解给定的废水中有机杂质所涉及的细菌或微生物的类型以及生物反应器的运行条件直接相关。因此，好氧处理工艺在空气存在的情况下进行，微生物（也称为好氧菌）利用分子氧或者游离氧来同化有机杂质，将它们转化为二氧化碳、水和生物质。另一方面，厌氧处理工艺则在没有空气（也就无分子氧/游离氧）的情况下进行，不需要空气（也就不需要分子氧/游离氧）的微生物直接同化有机杂质。厌氧处理中有机物同化的最终产物是甲烷、二氧化碳气体和生物质。表 4-4 总结了这两种处理工艺的主要区别。从表 4-4 的总结中可以得出结论，生物处理工艺既不是厌氧处理，也不是好氧处理，而是两种工艺的组合，为有机杂质浓度相对较高的废水处理提供了最佳配置。

表 4-4　好氧处理和厌氧处理的主要区别

参数	传统的活性污泥系统	循环活性污泥系统	一体化固定膜活性污泥系统	膜生物反应器
处理后出水水质	通过增加过滤处理，达到指定的排放标准	无须增加过滤处理，达到/超过指定的排放标准	需增加过滤处理，满足/超过指定的排放标准	没有增加过滤处理，超过指定的排放标准，有利于回收利用
适应多变的水力和污染物负荷的能力	一般	很好	很好	很好

续表

参数	传统的活性污泥系统	循环活性污泥系统	一体化固定膜活性污泥系统	膜生物反应器
预处理	去除悬浮杂质，如油、油脂和总悬浮固体	去除悬浮杂质，如油、油脂和总悬浮固体	去除悬浮杂质，如油、油脂和总悬浮固体	去除悬浮杂质，如油、油脂和总悬浮固体
应对进水中油冲击的能力	一般	好	一般	差，对膜有害
二次沉淀要求	需要	曝气池作为二沉池	需要	由膜过滤代替二沉池
操作复杂性	简单但不易操作	易操作	易操作	需熟练的操作人员
技术成熟性	一般	很好	很好	可参考的工艺应用的较少
投资成本	低	低	高	很高
运行成本	低	低	高	很高
空间需求	高	低	一般	低

4.2.2 好氧处理

有氧环境是通过使用扩散或机械曝气来实现的。反应器内的物质称为混合液。温度对于评估生物处理工艺整体效率的生物反应速率常数非常重要。在好氧光合作用的池塘中，氧气由天然表面曝气和藻类光合作用提供。实际上只有一部分原废水物质氧化成低能量化合物，如 NO_3、SO_4 和 CO_2；其余部分用于合成为细胞物质。

氨是最重要的无机化合物，因为存在于处理厂出水中的氨可以通过生物硝化过程降低受纳水体中的溶解氧。在硝化过程中，微生物把氨氧化成亚硝酸盐，随后另一群微生物把亚硝酸盐进一步氧化成硝酸盐。硝酸盐是含氮化合物的最终氧化态，代表了稳定化的产物。

在文献和实践中有大量的好氧生物处理工艺和技术，例如活性污泥、滴滤池和好氧稳定塘。活性污泥法（ASP）几乎专门用于大型处理厂。在本节中，将会详细讲解4种生物处理技术。

4.2.2.1 传统活性污泥系统

传统活性污泥系统(ASP)是用于处理市政和工业废水的最常见和最古老的生物处理工艺。通常,经过预处理(去除悬浮杂质)的废水进入基于 ASP 的生物处理系统中进行处理,该系统包括曝气池和二沉池。曝气池是一个完全混合流或平推流(在某些情况下)生化反应器,为了实现可溶性有机杂质(如 BOD_5 或 COD)的生物降解,需要保持生物质有足够的 DO 浓度(通常为 2mg/L)。图 4-1是传统 ASP 系统示意图。曝气池底部设有气泡扩散曝气管道,将所需的氧气输送到生物质中,同时保证反应器内的物质完全混合。

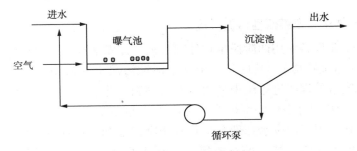

图 4-1 传统活性污泥系统

罗茨鼓风机用于向扩散器管道提供空气。来自曝气池的混合液在重力作用下溢流到二沉池把生物质分离出来,并将净化处理过的水输送到下游过滤系统,以更好地去除悬浮固体。分离的生物质通过回流活性污泥(RAS)泵返回到曝气池。剩余的生物质(在生物降解过程中产生)输送到污泥处理和脱水设备中。

4.2.2.2 循环活性污泥系统

顾名思义,循环活性污泥系统(CASS™)是最流行的序批式活性污泥(SBR)工艺之一,用于处理城市污水和包括来自炼油厂和石化厂在内的各种工业废水。CASS™结合了高水平的复杂工艺,具有成本和空间优势,并提供了一种具有操作简单性、灵活性和传统活性污泥系统不具备的可靠处理方法。其独特的设计为控制传统工艺和其他活性污泥系统中常出现的丝状污泥膨胀问题提供了有效的解决方法。CASS™系统通过设计选择区,污泥回流速率实现了主曝气区中的生物质近似每天进行循环。不需要专门的混合设备或缺氧混合设备就能满足污水排放需要。

反应池的构造和操作方式可以通过简单的"一次性"控制曝气实现氮和磷的去除。选择 CASS™而不是传统恒容活性污泥曝气池和沉淀池工艺的重要原因包括以下几个方面:

- 通过简单的循环调整，实现在持续减少的负荷下运行；
- 通过贫营养进料选择性、控制 S_o/X_o 比例（控制限制基质与微生物的比例）和曝气强度，来防止丝状污泥膨胀并确保维生物处于内源呼吸状态（去除所有可利用的基质）、硝化和反硝化、同时增强生物除磷能力；
- 通过曝气强度的变化，实现同时（并行）硝化和反硝化；
- 可以承受由有机和水力负荷变化引起的冲击负荷；
- 该系统易于安装并且可以根据短期的昼夜和长期的季节性变化进行调整；
- 具有在不添加化学物质的情况下，通过控制氧气需求和供应去除营养物质的固有能力。

4.2.2.3 一体化固定膜活性污泥系统

有几种工业设备使用两阶段生物处理工艺，首先是石头或塑料填料的滴滤器（也称为填充床生物塔），其后是一个基于活性污泥工艺的曝气池和二沉池。在较新的工业废水处理改进系统中采用流态化填料的生物反应器（也称为移动床生物膜反应器，MBBR）来代替生物塔，其后进行活性污泥工艺。在一些工厂（例如炼油厂和石化厂现有的废水处理系统是基于曝气池和沉淀池的单级常规 ASP）进行产能扩张或者面临更严格的排放规定，通过添加流态化生物填料对 ASP 进行升级以满足以上需求。发生在单个曝气池中的流态化填料和 ASP 的混合工艺称为一体化固定膜活性污泥工艺（IFAS）（图 4-2）。

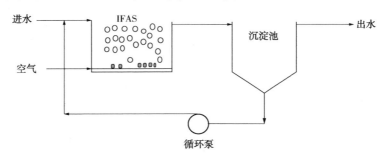

图 4-2 一体化固定膜活性污泥系统

上述构造的共同优点如下：
- 固定膜填料为生物膜提供了额外的表面积，促进生物膜的生长和降解难生物降解的有机物（甚至可能具有一定程度毒性的有机杂质）；
- 两阶段生物处理系统的整体效率优于单个 ASP 系统的去除效率；
- 固定膜工艺的废水硝化比 ASP 更有效；
- 一个固定膜工艺总的占地面积小于单个 ASP 占地面积。
- 由于更少的剩余污泥排放量，与 ASP 相比污泥处理和脱水设备更小。

4.2.2.4 膜生物反应器

膜生物反应器(MBR)是一种最新的生物降解可溶性有机杂质技术。MBR 技术已广泛应用于生活污水处理,但在工业废水处理应用中,其技术受到一定限制或需选择性应用。MBR 工艺与传统的 ASP 非常相似,因为两者都在曝气池中悬浮着混合液固体。这两种工艺的区别在于生物污泥的分离方法。在 MBR 工艺中,生物污泥通过基于微滤或超滤的聚合膜进行分离,这与传统 ASP 中二沉池中通过重力沉降工艺不同。因此,MBR 工艺相对于传统活性污泥系统的优势是显而易见的,如下所示:

膜过滤为悬浮的生物污泥提供了很好的屏障,因此它们无法从处理系统流出。而 ASP 中采用重力沉淀,生物污泥伴随澄清的出水持续从系统中流出,有时还得面对由于污泥膨胀导致沉淀池中生物污泥流失的问题。因此,在 MBR 工艺中用 MLSS/混合液挥发性悬浮固体(MLVSS)计量的生物污泥浓度(约 10000mg/L)可以达到 ASP 中生物污泥(约 2500mg/L)的 3~4 倍。

- 采用膜过滤的 MBR,其曝气池体积可以是活性污泥系统中曝气池体积的 1/3~1/4。

此外,代替 ASP 系统中基于重力沉降的沉淀池,在浸没式 MBR 中膜包放置在一个更紧凑的池子里,在非浸没式外置 MBR 系统中需要安装撬装式膜组件。

- MBR 工艺只需要活性污泥工艺所需空间的 40%~60%,因此减少了混凝土工程和整体占地面积。

- 由于采用膜过滤(微滤/超滤),MBR 工艺处理后的水质远优于传统活性污泥工艺处理后的水质,因此处理后的水可直接回用于冷却塔补给、园艺等。MBR 系统处理后典型的水质为:$BOD_5 <$ 5mg/L,浊度<0.2NTU(图 4-3)。

图 4-3 好氧池

4.2.3 废水厌氧处理

废水厌氧处理是指在没有氧分子的情况下分解有机或者无机物质。厌氧处理主要应用于污水浓缩污泥的消解和一些工业废水的处理。厌氧处理的另一个应用是在厌氧池塘中。处理浓缩污水污泥的厌氧处理设备通常是具有最少细胞回收的完全混合反应器系统,对池内物质进行加热和混合。

4.2.4 好氧-厌氧(兼性)废水处理

兼性细菌的稳定塘称为好氧-厌氧塘。这种池塘上层处于好氧状态、底层处于厌氧。在实践中，通过藻类或使用表面曝气器使上层处于好氧状态。如果使用表面曝气器就不需要藻类。

▶▶▶ 4.3　活性污泥装置

活性污泥装置是一个多单元反应器，它主要利用好氧微生物降解废水中的有机物并产出高质量的出水。为了维持好氧条件和活性生物质处于悬浮状态，需要持续且适时地供应氧气。活性污泥系统(图4-4和图4-5)通常使用格栅和/或者粉碎机、沉沙池、初沉池、二沉池和消化池，其与滴滤系统中的操作方式相同。它们与滴滤系统的不同之处在于它们使用曝气池而不是滴滤池。

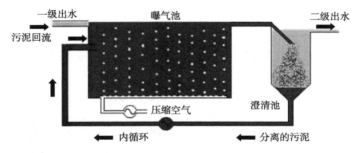

图4-4　活性污泥系统(例1)

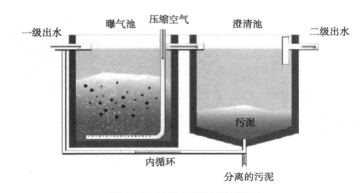

图4-5　活性污泥系统(例2)

可以采用不同构造的ASP以确保废水在曝气池中混合和曝气(使用空气或纯氧)。微生物氧化废水中的有机碳，产生新的细胞、二氧化碳和水。

　　尽管好氧细菌是最普通的生物，但好氧细菌、厌氧细菌和硝化细菌也可能与高等生物一起存在。确切的微生物组成取决于反应器设计、环境和废水特性。在曝气和混合过程中，细菌会形成小簇团或絮状物。当曝气停止时，混合物转移到二沉池中，在二沉池中絮状物沉淀出来，废水继续进行进一步处理或者直接排放。然后将污泥循环回到曝气池，再重复上述过程。

　　压缩空气在流经曝气池时不断扩散到废水中。这既为池中形成的好氧细菌絮体提供了氧气来源，也提供了使废物和细菌接触所需的湍流。好氧细菌会处理无法通过初沉池去除的溶解和细碎的悬浮固体。部分絮体随着废水流出曝气池进入二沉池。到达二沉池后，絮体沉降到池底，部分沉降的絮体通过泵回流到曝气池。液体部分通过沉淀池表面的溢流堰流出，氯化消毒后排放到受纳水体。

　　为了实现 BOD、氮和磷的出水水质目标，研究人员对传统的活性污泥设计进行了不同的调整和修改。通过修改一系列有氧条件、特定营养元素(尤其是磷)、循环设计和碳剂量等，已经成功地使 ASP 实现了较高的处理效率。

4.3.1　应用

　　ASP 及其改进的工艺(延时曝气 ASP 和好氧 ASP)用于分解有机物和稳定水中的可溶性有机废弃物。与滴滤池相比，活性污泥装置可降低 BOD，并且与稳定塘或处理池相比，它具有更短的液体停留时间和更小的场地面积。对于 BOD 变化较大的废水，应考虑均衡处理来稳定负荷。一般来说，废水生物处理的好处是减少需氧量、含油量、受纳水体对水生生物的毒性、改善气味和外观。

4.3.2　活性污泥的影响

　　一个活性污泥厂可以设计为产生总 BOD_5 为 10～20mg/L(包括可溶性和不可溶性)的废水。然而，由于存在抗生物氧化的化合物，废水的 COD 通常要高得多。

　　a)来自活性污泥系统的残留物可以包括以下几项：

　　a.1)可溶性 BOD，由以下几项组成：

　　废水中任何未被该工艺去除的可溶性 BOD。这些残留物的浓度随着在曝气池中停留时间的延长而降低。

　　由微生物产生但不被代谢的有机副产物。这些残留物随着停留时间的延长而增加。

　　内源性呼吸过程中细胞分解产生的有机物(自氧化，即微生物氧化的细菌细胞中的物质)。只要系统中存在活性细胞，这些残留物就会残留 $5 \sim 15mg/L$ 的 BOD_5 残留量。

a.2) 生物固体

尽管曝气后在沉降池中去除了生物固体(细胞)，但沉降步骤并不完美，一些固体随澄清池中的废水流出。这些固体物质通常含有一些油。此外，根据污泥龄，这些固体将产生 $0.3 \sim 0.7mg BOD_5/mg$ 悬浮固体。

a.3) 不可生物降解的残留物

一些可溶性杂质是不可生物降解的。会使 COD 或 TOC 的值上升，但 BOD 不会变。此外，还会产生一些不可生物降解的固体代谢副产物。

a.4) 非生物有机悬浮物

存在于废水中的一些不溶性有机物可能会随沉降废水排出。这种未稳定化有机物可能包括油、塑料、橡胶等。

a.5) 无机、非挥发性悬浮物

大部分无机悬浮物(例如泥沙)将与絮凝物一起沉降，并随着剩余污泥清除。然而，有些无机悬浮物可能不会沉降，因此可能会在沉淀池出水中出现非挥发性悬浮固体。

b) 游离油

设计活性污泥单元是用来去除可溶性有机化合物而不是游离油的。首先需要在预处理步骤中去除 $50mg/L$ 以上的游离油。预处理后残留的少量游离油($5 \sim 20mg/L$)将通过吸附到絮凝物上的方法在活性污泥单元中进一步去除。

c) 氨

通常在不发生硝化作用的情况下，水中少量氨可以通过活性污泥处理去除(相当于去除 BOD_5 的 $1\% \sim 3\%$)。由于去除效率过低，活性污泥处理不能成为从废水中除氨的切实可行的方法。

4.3.3 进水组成

进水的某些物质和其他环境因素会影响活性污泥厂的运行。表4-5给出了活性污泥进水的预处理标准。在表4-5中考虑了冲击载荷和连续载荷，给定的值是为了使活性污泥单元运行良好。为了达到更严格的排放要求，可能需要进行预处理。

当进水超出表4-5所示标准时，应对活性污泥或延长曝气厂的进水进行预处理。

除了进水预处理外，建议使用一个在发生毒性冲击或有机冲击时可以转移含有生物毒性进水的收集池。

表 4-5　活性污泥进料预处理标准

污染物	排放限值	预处理工艺	说明
油	50mg/L	气浮、颗粒填料过滤、化学絮凝	限值浓度随停留时间变化
硫化物	最大值 10mg/L	汽提、铁盐沉淀	—
氨	最大值 500mg/L	汽提、稀释	—
酚类	最大值 500mg/L	汽提	虽然活性污泥单元在指定范围内运行良好，但是大小会受到指示参数的影响 为了降低活性污泥或延时曝气厂的成本，应根据经济诱因来提供预处理来调整参数 如果浓度相对恒定，则用给定的浓度 如果它以非稳定的变化发生，则只能容忍较低的浓度
氯化物	100%海水	稀释、去离子	虽然活性污泥单元在指定范围内运行良好，但是大小会受到参数的影响 为了降低活性污泥或延时曝气厂的成本，应根据经济诱因提供预处理调整参数 如果浓度相对恒定，则用给定的浓度 如果它以非稳定的变化发生，则只能容忍较低的浓度 去离子化和离子交换很少应用于炼油厂或石化厂的废水
悬浮固体	最大值 150mg/L	沉降、颗粒填料过滤、化学絮凝、DAF 单元	—
铜	最大值 1mg/L	沉淀、离子交换	去离子化和离子交换很少应用于炼油厂或石化厂的废水
重金属	最大值 1~10mg/L	沉淀、离子交换	去离子化和离子交换很少应用于炼油厂或石化厂的废水
溶解盐类	最大值 30000mg/L	稀释，隔离	虽然活性污泥单元在指定范围内运行良好，但是大小会受到参数的影响 为了降低活性污泥或延时曝气厂的成本，应根据经济诱因来提供预处理调整参数 如果浓度相对恒定，则用给定的浓度 如果它以非稳定的变化发生，则只能容忍较低的浓度

续表

污染物	排放限值	预处理工艺	说明
氰化物	最大值 5mg/L	汽提、氧化（臭氧、氯碱）	—
硫氰化物有机负荷变化范围（以 4h 计算）	最大值 30mg/L 最长 2~4h	保存，均衡	与废水的性质相关
pH 值	6.5~8.5	中和	
碱度	每去除 0.4kg BOD 需要最多 0.2kg $CaCO_3$ 碱度	中和	
游离矿物质酸度	零游离矿物质酸度	中和	虽然活性污泥单元在指定范围内运行良好，但大小会受到参数的影响 为了降低活性污泥或延时曝气厂的成本，应根据经济诱因提供预处理调整参数
温度	最高 10~40℃ 或 46~60℃	冷却、稀释、加热	避免在 40~46℃ 温度范围内进行操作

4.3.3.1　含油量

如果在活性污泥系统中处理的废水的含油量超过 50mg/L，则应通过废水预处理去除游离油。

4.3.3.2　营养物质

应补充废水中未足量的各种营养素。氨氮最容易以氮的形式被细菌同化。氨来源于废水中的游离氨，也可以通过活性污泥工艺中有机氮化合物如单乙醇胺（MEA）和二乙醇胺（DEA）的生物降解形成氨。炼油厂和石化厂废水通常都缺乏磷，虽然磷酸盐会从锅炉和冷却塔排污以及聚合设备中的废磷酸催化剂进入废水中。

对氮和磷的需求应通过中试实验确定。如果没有完成中试试验，则需要对进水进行分析。根据该分析，承包商应在必要时提供营养添加设备，以使 N∶P∶BOD 代谢比率为 5∶1∶100，此外，还应保证出水中有 0.1mg/L 的磷酸盐（PO_3^-）和 0.5mg/L 的氨氮浓度。

4.3.3.3　有毒和抑制物质

废水中有毒物质的存在会严重影响活性污泥单元的性能并降低其工作效率。

有毒物质既可以杀死微生物，也可以抑制其生长。其影响取决于浓度、接触时间和环境(例如 pH 值)。

炼油厂和石化厂废水中可能存在许多有毒物质，包括锌、铬、铜、氰化物、硫化物、杀菌剂、糠醛和其他一些有机化合物。此外，高碱性或酸性排放物可能是有毒的。除了有毒之外，硫化物还优先消耗氧气，并造成厌氧环境。

表 4-5 给出了某些物质规定的限制浓度。一般来说，重金属会抑制 ASP。溶解的重金属离子(镉、钴、铜、重铬酸盐、三价铁、铅、锰、镍、银、钒和锌)超过一定浓度，会阻碍生物代谢。这些重金属浓度的影响取决于环境，因此不可能对大多数重金属给出准确的浓度限值。微生物只能耐受 1mg/L 或更少的一些重金属(镉、铜、银)。但是，已成功处理废水中达到 10mg/L 的其他金属离子(三价铁、锰、镍、钒)，很少或没有效率损失。

对微生物有毒的有机化合物会抑制它们对其他物质的利用。因此，许多有机化合物浓度的间歇、突然或巨大的变化会破坏生物处理过程。在可行的情况下，应在新工艺产生的废水进入已经运行的活性污泥系统之前，通过实验室研究评估毒性限值。

4.3.3.4 有机化合物

有机化合物的生物降解性不同；一些有机物容易通过通常存在的微生物降解，一些有机物如果微生物对其已经适应，也会被降解，而另一些有机物则几乎是不能降解的。表 4-6 列出了可以适应生物降解的有机化合物和一般抗生物降解的化合物。

表 4-6 某些有机化合物的相对生物降解性

丙烯酸	二乙醇胺	线型烷基苯磺酸盐	芳族化合物
脂肪酸	醚类	甲基丙烯酸	烷基芳基类
脂肪族醇(伯、叔、仲)	氯乙醇	甲基丙烯酸甲酯	叔脂肪醇
脂肪族醛	不溶性	单氯酚	叔苯磺酸盐
脂肪族酯类	异戊二烯	单乙醇胺	四丙烯和其他聚丙烯苯
芳香胺	甲基乙烯基甲酮	氰	磺酸盐
苯甲醛	吗啉	酚类	三氯苯酚
二氯苯酚	聚合物	伯脂族胺	三乙醇胺
乙二醇	选定的碳氢化合物	苯乙烯	
酮类	脂肪族化合物	醋酸乙烯酯	

注：一些化合物只有在经过长时间的适应后才能进行生物降解。

4.3.3.5 有机物冲击

有机物冲击是指进入污水中的有机物含量突然增加。有机物冲击可能由多种物质引起，包括酚类、醇类、洗涤剂、溶剂、MEA、DEA、碳氢化合物等。活性污泥单元进水中每种成分的浓度每小时变化不应超过 50%。在任何情况下，应保持或均衡浓度变化，避免任何有机物冲击。

4.3.3.6 盐含量

盐浓度的快速变化会使微生物失去活力；盐浓度约为 3000mg/L（ppm）的溶解性总固体（TDS）会延缓污泥沉降，各种浓度的溶解固体都会降低氧气在水中的溶解度，增加氧气向水中的转移速率。在任何情况下，应避免因偶尔释放盐水压舱物而产生的盐冲击载荷。

4.3.3.7 悬浮固体

进水的高浓度悬浮固体通过降低活性生物固体的含量来降低效率，造成过多的需氧量，并可能导致污泥不易脱水。

4.3.3.8 pH 值、碱度和酸度

曝气池的 pH 值决定了工艺中哪些微生物占主导地位，并且会影响反应速率。应配备调节活性污泥单元进水 pH 值的设备。曝气池的 pH 值应保持在 6.5~8.5，最适宜 pH 值范围为 7~8。曝气池的 pH 值超出 5~9 可能会破坏其中的微生物。

4.3.3.9 温度

曝气池内的温度影响曝气池内的反应速率和污泥的沉降性。在曝气池中可以保持两个温度范围中的任何一种。

在每个温度范围内生长着不同类型占主体的微生物：嗜中温微生物生长在 10~40℃ 环境，嗜热微生物生长在 46~60℃ 环境。活性污泥厂不应设计在 40~46℃ 温度范围内运行。应在寒冷气候中配备防冻设施。温度变化应保持每小时小于 10℃，以免影响性能。活性污泥处理厂不应设计在低于 15℃ 以下的环境下运行。

4.3.3.10 氧气浓度

DO 浓度的设计值应至少为 2mg/L。这应足以在进入的 BOD 和 COD 负荷正常波动的情况下，使曝气池保持 DO 最低残留 0.5mg/L。如果预计有冲击 BOD 负荷，则应设计浓度超过 2mg/L DO，来避免在冲击负荷期间或之后的 DO 低于 0.3mg/L。

4.3.4 工艺设计

生物氧化单元应利用处理过程中完全混合的循环 ASP。对于单元的设计，进

入的废水规格应基于从规定条件中提取的每日平均值或最大值。但是，为了保证出水的水质，应检查是否达到进水中污染物的最大预期浓度。曝气池出水应输送到活性污泥沉淀池。

来自沉淀池底流的一部分活性污泥应循环到曝气池并与进水的污染物混合，以维持曝气池中 MLSS 的浓度。沉淀池底流的另一部分应流入好氧污泥消化池中。

沉淀池浮渣槽中的可漂浮固体应流入浮渣坑。沉淀池出水应流入调压池并泵入深层过滤器进行最终处理。

除非另有规定，沉淀池的出水应含有最多 10mg/L(ppm) 的溶解 BOD_5 和最多 25mg/L(ppm) 的 TDS。

4.3.5　设计注意事项

4.3.5.1　生物氧化池

应根据曝气池的最佳尺寸和进水设计流量，来配备足够数量的曝气池。每个曝气池应具备足够的停留时间。池应具备 1.5∶1 的坡度和不小于 500mm 的超高。池周围应有护栏，以防人员跌入其中。

进水管线应允许在曝气池的首端和每个曝气池下方进水。回流污泥应从首端进入。曝气池的设计应使空气与微生物絮凝物分离，并在排放过程中尽量减少泡沫、浮渣或浮式污泥。应设置低于水面 500mm 和高于水面 300mm 的溢流堰和挡板。

4.3.5.2　机械曝气器

应为每个曝气池配备低速机械曝气器，向曝气池提供所需的氧气。机械曝气器的规格参数根据总氧气需求确定。

相邻曝气器的影响圈应刚好接触，不能重叠。曝气器应配备易于调整的可变堰平台进行安装，可变堰平台由一个固定底座、滚珠座圈和内齿轮组成的齿轮箱驱动。齿轮箱驱动应配备用于连接驱动轴的安装轮缘。

内齿轮应由一个小齿轮旋转，该小齿轮与第一级减速器相连，并与电动机相连。好氧污泥消化池曝气器应为浮动式。

每个单元都应配有叶轮轴和组件以及完整单元所需的所有地脚螺栓和附件。每个单元都应准备好进行简单的现场组装，只需将底板用螺栓固定到适当的平台或杆上。应为好氧污泥消化池配备一个带有垂直通道的平台。

驱动组件应设计用于连续工作和重冲击载荷。叶轮组件应采用适当的设计，以提供氧气输送和混合，承受设计负载，并容易从驱动组件上拆卸。

每个叶轮在装运前都应进行静态平衡。叶轮轴应采用合适的材料和尺寸，以承受所有运行和静态应力。

4.3.5.3 营养物供给系统

营养物供给系统的设计应满足提供足量的氮和磷来维持每个曝气池中生物的生长。营养物应注入曝气池上游的一个点。

每个营养物供给系统应配备一个化学溶液池、一个搅拌器和两个化学供给泵（其中一个作为备用）。化学溶液池容量应具备至少24h的运行时间。

化学溶液池应配备液位指示器、视镜、破袋器、必要的泵控制装置和搅拌器。泵应有从最大规定值的0%调整到100%的装置。泵的附件应包括联结保护装置和过滤器。

4.3.5.4 好氧污泥消化池

根据至少3%的沉淀池污泥提取率的设计投入量，至少需要16天的停留时间，所以好氧污泥消化池的尺寸需足够大。并且应提供浮动式低速机械表面曝气器。消化池应配备平台（包括梯子）和固定机械杆。供应商应明确规定好氧污泥消化器的需氧量。

4.3.5.5 控制和仪表

生物氧化单元设计应包括必要的仪表，以尽量减少操作人员的观察次数。报警器应安装在所有临界水位以及澄清池超扭矩状态的位置。应在生物氧化单元的适当位置安装DO和总有机物（TOC）分析仪。以下仪器应指定为最低要求：

- 回流污泥量控制器（指示或记录）；
- 剩余污泥量控制器（指示或记录）；
- 曝气池中溶解氧的指示器或记录器；
- 进水和出水的TOC的指示器或记录器；
- 进水pH值的记录器；
- 曝气池中pH值的指示器或记录器；
- 进水和曝气池温度的指示器；
- 最终出水中溶解氧的指示器或记录器。

4.3.5.6 使用过氧化氢补充溶解氧

多年来，过氧化氢一直用于降低炼油厂废水中的BOD和COD。这包括：

- 当生物处理系统出现暂时过载或设备故障时补充溶解氧。图4-6展示了一个带有补充溶解氧的传统曝气池。

对含有中等到高浓度有毒的、抑制性的或耐生物处理化合物的废水进行预消化。

如这些例子所示，过氧化氢可以单独使用，或强化现有物理或生物处理工艺，视情况而定。

好氧生物处理工艺中 BOD/COD 去除效率取决于许多因素，包括(但不限于)进水 BOD/COD 负荷、温度、营养水平和 DO 浓度。

当曝气池中的氧气受限导致 BOD/COD 去除较差时，许多生物处理设备使用过氧化氢来补充 DO 水平。

图 4-6　带有补充溶解氧系统的传统曝气

这些情况可能是由进水 BOD/COD 负荷的意外峰值、BOD/COD 负荷的季节性变化和炎热天气引起的，所以降低了机械曝气设备传氧效率(O_2 溶解度随温度升高而降低)。这些情况可能伴有污泥膨胀。

当过氧化氢用于补充溶解氧时，直接按量添加到生物处理系统的曝气池，以提供溶解氧的直接来源。在活性污泥混合液中，过氧化氢按照以下反应式转化为 DO：

$$过氧化氢酶：2H_2O_2 \longrightarrow O_2 + 2H_2O$$

过氧化氢酶是过氧化氢的天然分解催化剂，存在于所有活性污泥混合液中，由多数好氧生物产生。因为过氧化氢的酶分解非常迅速，过氧化氢提供的氧气可以立即被好氧生物吸收。

上述反应式表明，两份过氧化氢将产生一份 DO。因此，对废水进行氧化所需的过氧化氢量非常少。在实践中，由于与可氧化化合物的副反应，需求量可能更高。

▶▶▶ 4.4　滴滤池

滴滤池(图 4-7、图 4-8)是一种固定床的生物过滤池，大部分在有氧条件下运行。预先沉淀的废水被"滴入"或喷洒在过滤池上。当水通过过滤池的孔，覆盖在过滤填料的生物质降解水中的有机物。

滴滤池具有高的比表面积填料，例如岩石、砾石、碎聚氯乙烯(PVC)瓶或特殊的预成型过滤材料。比表面积介于 $30 \sim 900 m^2/m^3$ 材料是比较理想的。过滤器通常深 $1 \sim 3m$，但装有较轻塑料填料的过滤器可深达 $12m$。预处理对于防止堵塞和确保有效处理至关重要。预处理后的废水在过滤器表面"滴流"。生长在填料表面上的薄生物膜中的生物将废水中的有机负荷氧化为二氧化碳和水，同时产生新的生物质。

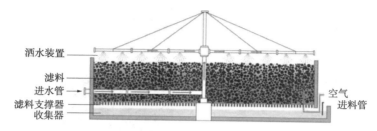

图 4-7　滴滤池示意图

洒水装置
滤料
进水管
滤料支撑器
收集器
空气
进料管

图 4-8　滴滤池例图

进入的废水用旋转洒水器喷洒在过滤器上。通过这种方式，过滤填料经过循环加药和暴露在空气中。然而，一旦生物质中的氧气被耗尽，内层可能会处于缺氧或厌氧状态。

理想的过滤材料具有高比表面积、重量轻、耐用且允许空气流通的特点。无论何时，碎石或砾石就是最便宜的选择。

颗粒应均匀，95%颗粒直径在 7~10cm。过滤器的两端都通风，使氧气穿过过滤器的长度。收集污水和剩余污泥的穿孔板支撑过滤器的底部。

滤床由碎石或矿渣(1~2m 深)组成，污水可以通过这些碎石或矿渣渗出。石头上覆盖着一层动物胶膜(细菌、真菌、藻类和原生动物的胶冻状生长)，空气通过床层对流循环。

大多数生物作用发生在床层上部 0.5m。根据流速和其他因素，当黏液变得太厚而无法保留在石头上时，黏液会定期或连续地从岩石上脱落。需要一个二沉池处理滴滤器出水。一个完整的滴滤系统平均消减80%~90%的 BOD。

Velz 于 1948 年发表了关于过滤器使用基本原理的第一个工艺设计方案。他将 BOD 去除表示为过滤器深度的一阶函数：

$$\ln\left(\frac{L_e}{L_o}\right) = -kd \tag{4-17}$$

式中　L_o——过滤器进水的 BOD；

　　　L_e——过滤器任意深度的 BOD；

　　　d——过滤器深度，m；

　　　k——系数。

4.4.1　润湿速度

包括再循环，废水到滴滤池的流经速度称为润湿速度，可表示为过滤面积的 gpm/ft²（或者 m³/m²/h）。理想润湿速度介于 0.05gpm/ft²（0.12m³/m²/h）到 3gpm/ft²（7.32m³/m²/h），但对于 BOD 去除系统通常介于 0.25~1gpm/ft²（0.61~2.44m³/m²/h），对于硝化滴滤池通常介于 0.75~2gpm/ft²（1.83~4.88m³/m²/h）。

如果平均润湿率太低，水可能无法均匀地渗入滤床深处。它可能会远离某些区域并留下潮湿的未润湿区域，这些区域可以充当过滤蝇和蜗牛等害虫的孵化器（在硝化塔中）。

此外，没有持续被废水润湿和补充营养的生物种群也会失去效用。在高流量期间，过滤塔的那些区域将无法提供有效的废水处理。

半干燥的生物质也会腐烂并产生气味问题。当进水流量太低而无法适当润湿时，循环处理过的废水是一种有效的方法，可以使滴滤器的所有区域和深度保持生物活性。

4.4.2　瞬时润湿速率

根据德国废水处理工业的应用，已经开发了一个术语来定义瞬时应用率。该术语是 SpülKraft 速率，或称为 SK 速率，其单位是分配器臂每次通过的毫米水量：

$$SK = -kd\left(\frac{q+r}{a \times n}\right)\frac{1000}{6} \tag{4-18}$$

式中　SK——冲洗强度，mm/pass；

　　　$q+r$——进水和循环液压负荷，m³/(m²·h)；

　　　a——臂数；

　　　n——分配器转速，r/min。

在正常操作模式下，液压驱动的旋转分配器通常以 0.75~1.5r/min 的速度旋转，并具有两个或四个臂。在岩石过滤器中，SK 速率可能在每次通过 0.3~0.5mm 的范围内，而在更现代的过滤器中，SK 速率可能在每次通过 5~30mm 的范围内。

如果循环容量很小并且操作员有能力减慢分配器的旋转速度，则可以通过使用更高的 SK 速率来补偿低润湿率。更高的 SK 速率将提供更完整的过滤填料深度渗透并保持大部分过滤器湿润。

冲洗之间的短周期干燥时间不会像低湿润率时旁路填料通过的区域中普遍缺水那样对生物质有害。

▶▶▶ 4.5 生物转盘系统

生物转盘（RBC）系统（图4-9~图4-11）通常使用条形筛网和/或粉碎器、沉沙池、初沉池、二沉池和消化池，其操作方式与滴滤池系统相同。RBC是一种简单、有效的二级废水处理方法。该系统由部分浸入废水中的生物质填料（通常是塑料）组成。

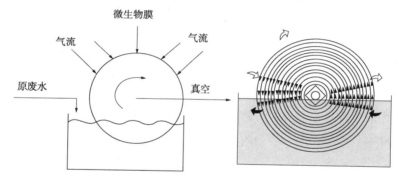

图4-9 生物转盘的示意

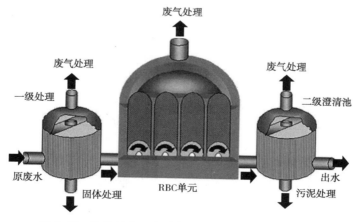

图4-10 生物转盘，先进行预处理，再进行二次沉淀

当生物转盘缓慢旋转时，它会将一层废水膜提升到空气中。废水流经填料并吸收空气中的氧气。细菌、原生动物和其他简单生物等活生物质附着在生物质填料上生长。然后微生物从废水的滴膜中去除 DO 和有机物质。当填料在废水中旋转时，任何多余的生物质都会脱落。这可以防止填料表面堵塞并保持恒定的微生物数量。

图 4-11　生物转盘实物

通过传统的沉淀从清水中去除脱落的物质。生物转盘以 1~2r/min 的速度旋转，能高效去除有机物。

4.6　污水氧化塘

污水氧化塘深度为 0.8~1.2m，可单独使用、并联使用或在预处理后串联使用(图 4-12、图 4-13)。

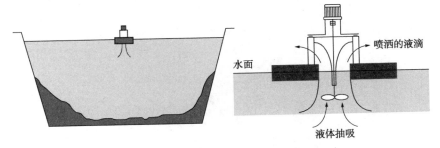

喷洒的液滴

水面

液体抽吸

图 4-12　污水氧化塘结构示意

图 4-13　污水氧化塘

污水氧化塘适合在有可用土地和气候温暖的地方使用。它们吸收冲击载荷的能力以及易于操作和维护使它们成为理想的处理设备。塘内生物以污水中的有机物和矿物质作为养料来生成更稳定的产物。

产物通常会刺激藻类和其他植物的大量生长。大气中的氧气溶液，以及植物暴露在阳光下产生氧气的能力，有助于维持有氧条件。氧化塘会散发出类似于林区淡水池塘的气味。

根据位置的不同，允许的承载量（人口密度）可以根据地点的不同，在每公顷125~2000人变化。由污水氧化塘完全处理污水时，则将氧化塘称为深度为1~1.5m、负荷较小的污水塘。

5

非常规石油和天然气行业的废水处理

本章旨在解决非常规石油和天然气行业勘探和开采过程所产生废水的环境管理问题。

此外，本章还介绍生产和管理地层废水的处理和处置方案，以满足环保指标或者社会责任的要求。

▶▶▶ 5.1 背景

从全球范围来看，石油烃类，尤其是煤层气（CSG）和页岩气等天然气的勘探和开采并不是一个新兴产业。然而，在过去二十年中，由于传统资源逐渐枯竭，非常规天然气的资源潜力才受到重视。

马塞勒斯页岩是一种含有大量天然气的有机质页岩，具有较高的商业价值。因此，很多公司对该页岩层采用针对性的钻井技术（如水力压裂或定向钻井）进行商业开采，挖掘出有巨额利润的天然气。

由于页岩层的渗透性低，大量流体无法进入井筒，因此大多数的页岩不属于天然气商业资源。页岩气是一种非常规天然气来源，其他还包括煤层甲烷（CBM）、致密砂岩和可燃冰。页岩气区通常被称为资源区（相对于勘探区而言）。

页岩层基质渗透率低，在商业开采中通过增加裂缝以提高渗透性。多年来都从含天然裂缝的页岩层开采页岩气；近年来，通过先进的水力压裂技术在井筒周边产生大量人工裂缝，也带动了页岩气开采的迅速发展。

近年来，页岩气市场产量的增长使得环境和水资源的管理面临新的挑战。运营商最关心的问题是如何处理水力压裂过程中产生的大量废水。水力压裂法是向地下页岩层钻孔，然后注入数百万加仑水进行液压碎裂以释放天然气的过程。图5-1是页岩气钻井平台周围钻井作业使用过的压裂水。

图5-1　页岩气钻井平台周围
钻井作业产生的压裂水

针对页岩气废水处理的技术创新发展迅速。钻井结束后，混有各种化学物质和沙子的水被压入井中，页岩层破裂并释放出气体，这个过程就是水力压裂，返回地表的污水称为"回流"。

污水处理是一个相对新兴且不断发展的行业。与其他新兴的技术市场一样，我们发现其他行业的技术也能用于污水处理，例如公用工程水处理和海水淡化等技术。随着市场的成熟，针对页岩气开采的专用水处理技术会得到快速发展。

在煤层气行业，任何盆地的煤炭产水率都存在很大差异。任何井的排水难易程度取决于煤层的渗透性、其他井或煤矿的干扰，以及与含水层或大气降水的联系。该地区过去的采矿活动（即使目前不活跃）也可能耗尽煤层中的水。

煤层水产量和其化学物质成分是首要考虑的两个重要因素。无论经过哪种处理技术，都需要在地面上进行再处理。在排放到水体之前必须控制总溶解固体（TDS）、氧含量和悬浮固体等参数，以符合环境法规的要求。同时若采用深井注入处理法，则必须收集氯化物含量、TDS、颗粒物以及与地层的兼容性等信息。

除了确定处理要求外，通过分析水的化学组成也可以了解地层的渗透性。HCO_3^-在有持续性降雨不断渗入的煤层中浓度更高，Cl^-在稳定的煤层水中浓度更高。因此，HCO_3^-表明煤层具有良好的渗透性，HCO_3^-在煤层缝隙内持续循环流动。另一方面，Cl^-说明煤层缝隙不连续或煤层渗透性差，因此水不循环。

通常，开采产生的水中包括水溶性石油烃类、分散性石油烃类、可溶性地层矿物、化学品、可溶性气体（包括CO_2和H_2S）以及产生的固体等。受地质构造、油藏寿命和产生的烃类类型等因素的影响，水中有机和无机成分浓度差异很大。

5.1.1 溶解和分散的烃类组分

分散性和可溶性组分是烃类的混合物，包括苯，甲苯，乙苯和二甲苯（BTEX），多环芳烃（PAHs）和酚类。BTEX、酚类、脂肪族烃、羧酸和低分子量芳香族化合物属于溶解性烃族，采出水中还有以分散性液态烃存在的难溶性多环芳烃和重烷基酚。采出水中的溶解性和分散性油分都危害环境，在某些油田这类组分的浓度可能非常高。

5.1.2 可溶性矿物质

采出水中可溶性无机化合物或矿物浓度较高，通常分为阳离子、阴离子、天然放射性物质和重金属。阳离子和阴离子是影响采出水化学性质的重要组分。Na^+和Cl^-决定了盐度，范围为 $0 \sim 300000mg/L$。Cl^-、SO_4^{2-}、CO_3^{2-}、HCO_3^-、Na^+、K^+、Ca^{2+}、Ba^{2+}、Mg^{2+}、Fe^{2+}和Sr^{2+}等会影响电导率和结垢可能性。典型的油田采出水中重金属的浓度取决于地层的结构。

^{226}Ra和^{228}Ra是采出水中浓度最高的天然放射性元素，主要来自与$BaSO_4$（水垢）或其他类型水垢共沉淀的镭Ra。采出水中Ba^{2+}的浓度高低说明其中是否有镭同位素。

5.1.3 产生的化学物质

产生的化学组分包括纯化合物、溶解在溶剂或助溶剂中含有活性成分的化合物、腐蚀抑制剂、积垢、细菌生长、改善油水分离的乳化剂。

这些化学物质以微量的形式进入采出水，但有时浓度也很高，各开采平台不一样。活性成分根据其在液态烃、气体或水中的相对溶解度划分相态。因为一些活性成分处理过程被不断消耗，所以很难确定最终的去向。

5.1.4 生产的固体

生产的固体包括黏土、沉淀固体、细菌、碳酸盐、沙子和淤泥、腐蚀和结垢产物、压裂支撑剂、岩屑和其他悬浮固体（API 650—1988）。它们的浓度也是因开采平台而异。

5.1.5 可溶性气体

采出水中可溶性气体主要是 CO_2、O_2 和 H_2S，它们是细菌活动或水中化学反应自然形成的（图 5-2）。

图 5-2 位于 Casino 以西 Woodview 的煤层气公司储存废水的蓄水池

目前，石油和天然气运营商通过以下一种或多种技术处理采出水：

● 避免产生采出水：用聚合物凝胶或井下水分离器会堵塞水裂缝，但这种选择并不总是可行。

● 注入地层：采出水可以注回其产生的地层或注入其他地层中。这种方法需要运输水，且水需要经过处理减少结垢和细菌生长。长远来看，贮存的采出水可能会污染地下水。

● 排放到环境中：只要满足陆上和海上排放法规，采出水可以排放到环境中。

● 在石油和天然气行业重复使用：经过初级处理后的采出水可用于石油工业中钻井和修井作业。

● 有益用途：采出水可用于灌溉、野生动物使用和栖息地、工业用水，甚至饮用水。然而，采出水需要经过多次处理后才能满足这些需求。

▶▶▶ 5.2　煤层水的毒性阈值

通过以下几个参数调节煤层水水质：溶解氧（DO）、生化需氧量（BOD）、铁、锰和总溶解固体（TDS）。

其中前4个参数与煤层水排放到地表水体中之前，是否向水中加入足够的氧气有关。由于煤层水中缺少氧气，必须向采出水中加入溶解氧。

在对地表水充气过程中，Fe和Mn发生氧化转化为沉淀固体。此外，曝气为BOD提供O_2，1g BOD大约需要1.2g O_2。因此，充氧是采出水处理的首要技术，处理后排放的采出水中含氧量为5mg/L的O_2。表5-1总结了水中氧气的重要特征参数。

表 5-1　煤层水中的氧气特征参数

参　　数	数　　值
煤层水中的氧气	0
排出水中所需的氧气	≥5mg/L
氧化铁离子需要的氧气	O_2(1mg/L)/Fe^{2+}(7mg/L)
氧化锰离子需要的氧气	O_2(1mg/L)/Mn^{2+}(3mg/L)
BOD	1.2g O_2
7.6~11.3mg/L 氧气溶于水	50~86℉不含氯

由表5-1可见，通常情况下自然水体中的氧溶解度在7.6~11.3mg/L。随着温度或氯化物含量的增加，氧溶解度进一步降低。因此在炎热的季节，阿拉巴马州地表水中O_2溶解度降低，难以供给或维持采出水中的氧气含量。

尽管地表水处理要求没有限定，但是对地表径流中水的处理、处置和监测有严格的规定。盆地任何生产区的一系列的处理池都是水处理过程的中转点。

首次处理必须使用以下任一方法为水池中的水提供氧气：

- 喷洒：增大水的表面积，从空气中吸收更多的氧气。
- 机械搅拌：不断变换水与空气的接触面。新的接触面能吸收更多的氧气；增大浓度梯度可以更快地吸收氧气。
- 在水面下泵入空气：首次处理目的是将氧气传递到水中，供给微生物生长以降解水中有机物。

上述方法增加了水与空气的接触面积，增强水体对氧气的吸收。搅拌能促进细菌、氧气和有机物接触。Bates等人用式(5-1)计算氧气通过气/液两相接触面中气膜和液膜的传质速率：

$$dC/dt = -k_L a(C_s - C) \qquad (5-1)$$

式中　C——氧气浓度；

　　　C_s——水中氧气的饱和浓度；

　　　a——单位体积液体的界面面积；

　　　t——时间；

　　　k_L——常数。

BOD 是水中微生物降解有机物所消耗的氧量。必须给微生物供应氧气，才能在一定时间内降解水中有机物。

微生物活性随温度呈指数级增长，必须设定标准温度值为 20℃。BOD_5 是在 20℃时 5 天测试周期内的生化需氧量，处理水中 BOD_5 不得超过 30mg/L。

煤层水中微生物生长所需的营养物质，可能来自于煤中有机物或水处理池中腐烂的有机物。

然而，必须通过微生物降解的最大量的有机物主要来自地层排出的压裂液，因此压裂液要求水中氧气有很高的周期性需求。

压裂后，在煤层气开采过程中这些增产液将持续回流数月。其中，用于压裂的羟丙基瓜尔胶和其他水溶性聚合物是主要的有机污染物。

刚开采时压裂井中增产液的回流导致 BOD_5 骤增，通过投加 H_2O_2 产生氧气作为临时解决的方法，需要增加设施并投入大量资金。

在蓄水池中通过氧化 Mn^{2+} 和 Fe^{2+} 形成沉淀，相比 TDS 更容易去除。在较高 pH 值下，Mn^{2+} 和 Fe^{2+} 的氧化速度很快，因此 pH 值需保持在 7.2 以上。出水中的 Mn^{2+} 浓度必须小于 2mg/L，每月最高不超过 2.8mg/L；总铁浓度每月最高值必须小于 3.0mg/L。

TDS 是采出水中最难去除的化学成分，其对植物生命危害最大。NaCl 是 TDS 的主要成分。

勘探和开采作业中未经处理的地层水，对水生生态系统、地下水资源和土壤都有潜在的影响，因此存在很多环境问题。其他司法管辖区域在处理这类废水的某些方法上遇到了问题。

要了解地层水对环境的潜在影响，首先要确定其物理/化学性质。为此，下面简要介绍地层水的性质。

地层水是地质层中天然存在的水。为了开采地层内的甲烷/天然气资源，通常必须将大量的水抽到地表。地层水的数量和质量都可能存在问题。根据地层的不同，每口井每分钟可产水量为 3~100L，相当于每口井每天 4500~140000L。

随着时间的推移，地层中气体量逐渐增加，水量逐渐减少。地层水中含有高浓度的氯化物、砷、铁、钡、锰，甚至可能含有天然放射性物质（NORM）。在某些情况下，氯化物浓度甚至超过海水浓度4倍。

这些地层水直接排放到本身没有盐度的地面水体中，会对水生生物产生致命的毒性；排放到土壤中对土壤结构产生不利影响，进而对植物生长产生负面影响。钠分散于土壤中会降低渗透性和水力传导率，土壤表面板结。

土壤中水的盐度太高会减少植物内的有效水，不利于植物的生长。由于细胞被破坏，牲畜或人类无法利用高浓度 NaCl 的水体。高浓度的 As 和 Ba 对动物和水生生物都有致命的毒性。Fe 和 Mn 含量升高会导致淡水系统中细菌加速生长，降低地下水和地表水的水质。

很多管辖区允许将未经处理的地层水直接排放进入地表水体中，由此造成的污染很普遍。此后，其中一些司法管辖区都修改了相应的法规和政策，禁止未经处理的地层水直接排入任何地表水体，尤其是高盐度地层水的排放导致地表水体的严重污染。同时，高盐矿井地层水的蓄水泻湖渗漏也会使可饮用水层受到严重污染。

▶▶▶ 5.3 页岩气和煤层气采出水的处理与处置

通常采用以下4种技术处理煤层采出水：深井注入、排放到地表河流、土地利用和膜工艺处理。煤层气采出水经过处理后再进入排水系统。当矿井场周边有较大河流时，通常要使用水处理的方法。但是有时水处理设施设置在离排水系统较远的地方，需要通过大功率泵和管道基础设施将采出水输送到处理设施，然后再输送到排放点。

大多数地方的采出水在排放前，如果未经过处理通常无法满足这些要求。以下列出了该行业目前在用的商业化处理技术，没有推荐的先后顺序。运营方在项目经济可行的范围内，选择最佳的采出水处理方案，当然该行业在用的技术不止如下所列技术。而且随着科技的发展，以及对采出水潜在环境影响的认识越来越深刻，新技术和新标准都会得到发展。

5.3.1 蒸发塘

蒸发塘是一种人工池塘，需要相对较大的土地空间，利用太阳能有效地蒸发水分。蒸发塘设计时要根据水质特点，注重防止水的地下渗透或水向下迁移。

蒸发塘在温暖和干燥的气候中蒸发率可能很高，适用性更好。该技术成本低，已经成功用于现场和场外采出水的处理。

防止采出水中的污染物对迁徙性水禽造成危害，通常用网覆盖蒸发塘。但是使用该技术时，所有水都会转移到环境中，因此不能满足回收水的需求。

5.3.2　地表水流的处理

煤层采出水的地面处理流程如图5-3所示。水依次经过曝气池、沉淀池以及可能建有蓄水池，然后通过曝气处理进入地面河流中。

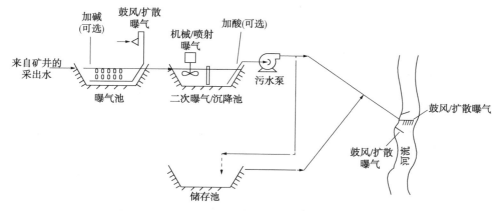

图5-3　煤层采出水的地面处理流程

不含溶解氧的煤层采出水进行曝气有多种有益效果，这些好处中最重要的是将悬浮固体Mn和Fe氧化，由此产生沉淀以进一步分离。

在曝气池和沉淀池中通过氧化的方式去除两种金属组分，从而不再需要进一步考虑(几年后，必须从曝气池底部清除固体沉积物)在蓄水池曝气过程挥发性有机物有损失。此外，曝气会增加DO，使BOD降低50%~90%。然而，曝气过程不会降低采出水中氯化物和TDS浓度。

在紧急情况下，主要是在干燥的夏季，地表河流的流量较低时，图5-3中的曝气池和沉降池也可暂时用于蓄水。

去除氯化物需要更昂贵的技术，特别是离子交换，反渗透或电渗析等技术，同时蒸发也是可选技术。因此，任何类型的地面处理技术最大的难题是满足TDS的标准，尤其是氯化物。可以选择以高费用去除氯化物，或用水把氯化物浓度稀释至可接受的水平。接受排放的采出水后，天然河流中TDS和Cl^-的浓度就是本底TDS和Cl^-与采出水中TDS和Cl^-之和。

用河流稀释的方法处理煤层采出水的时间必须考虑到规定的稀释度，这取决于地表径流季节性的流量变化。制订地表处置计划需要4个参数：采出水和天然河流的水质、矿井开采计划、矿井的预计产量、天然河流的容量。

$$Q_s = Q_e \frac{C_e - C_m}{C_m - C_s} \quad (5-2)$$

式中 C_m——河流容纳污染物的最大浓度；

C_s——河流的背景浓度；

Q_s——河流能容纳的最小自然流量，ft^3/s；

Q_e——来自煤层气井的采出水流量，桶/d；

C_e——采出水中 TDS 浓度。

根据环境法规确定 C_m，由此计算河流的纳污能力。浓度使用一致的单位，Q_e 的单位是 b/d，即桶/天，Q_s 单位是立方英尺每秒（ft^3/s），式（5-2）可变化为：

$$Q_s = 6.5 \times 10^{-5} \times Q_e \frac{C_e - C_m}{C_m - C_s} \quad (5-3)$$

【例】 8 月 A 河流的月平均最低流量为 $12ft^3/s$（184814 桶/天），水中 TDS 背景值为 15mg/L。政府法规将 TDS 提高到 200mg/L，相邻煤矿采出水平均 TDS 浓度为 1800mg/L，8 月 A 河流中可容纳采出水的最大容积是多少？

$$Q_s = Q_e \frac{C_e - C_m}{C_m - C_s}$$

式中 Q_e——煤层井出水流量，桶/d；

$Q_s = 12ft^3/s$；

$C_e = 1800mg/L$；

$C_m = 200mg/L$；

$C_s = 15mg/L$。

因此，在 8 月的低流量期间（假设当月的平均河流流量），煤层采出水以 21369 桶/天的流量进入 A 河流，TDS 不超过最高浓度值。9~11 月是低流量月份，计算所得 8 月允许采出水流量预计在随后的 3 个月内将进一步下降。

5.3.3 离子交换

离子交换是使用固体离子交换剂对水溶液、含其他离子溶液进行纯化、分离和净化处理。现在已有很多矿区采出水处理都使用商业化的离子交换技术，该技术能够处理不同水质的水，适用范围广。

在某些司法管辖区，当处理后出水水质满足使用要求，便可用于灌溉、牲畜或浇水等。同时产生的废盐水根据化学性质的差异必须在批准设施中进一步处理。在适当条件下离子交换处理，从经济上来说是可行的。

5.3.4 膜过滤技术

膜是具有特定孔径的微孔薄膜，可选择性地分离流体中的组分。现有的膜分离工艺分为微滤（MF）、超滤（UF）、反渗透（RO）和纳滤（NF）4种。反渗透分离溶解组分和离子组分，微滤分离悬浮颗粒，超滤分离大分子，纳滤对高价离子具有选择性。微滤和超滤可用于处理工业废水的独立技术单元，反渗透和纳滤常用于海水淡化。膜技术操作分为错流过滤和无流动过滤两类，可以是真空和压力驱动系统。

5.3.4.1 反渗透

反渗透是一种分离过程，当压力超过渗透压时溶剂通过膜，溶质保留在膜的另一侧。反渗透技术常用于脱盐，也能有效去除粒径大于 1Å 的颗粒。反渗透膜设计时流体只能单向流动，因此膜不能被反冲洗而需要进行预处理。

废盐水由管道输送至蓄水池进行进一步蒸发，并在指定的设施内最终处理。在世界范围内，该工艺已有效用于各类型的水和废水处理。反渗透由于利用高压作用使溶剂通过膜，因此该过程是耗能的。图5-4是典型的反渗透处理工艺。

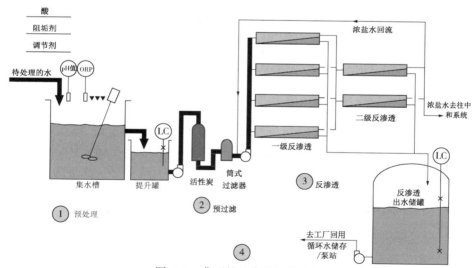

图5-4 典型的反渗透处理工艺

5.3.4.2 微滤和超滤

微滤膜的最大孔径为 $0.1 \sim 3\mu m$，常用于去除悬浮固体和降低浊度，主要采用错流或单向流运行模式。微滤膜孔径通常介于 $0.01 \sim 0.1\mu m$ 之间，可去除色度、气味、病毒和有机胶体物质。与传统的分离方法相比，超滤是去除采出水中液态烃最有效的方法，并且相比微滤，在去除油田采出水中的烃类、悬浮固体和溶解性组分方面效率更高。微滤和超滤都是在低压(1~30psi)下运行，可用作海水淡化的预处理，但并不能除去水中的盐。

5.3.4.3 有机膜和陶瓷膜

有机膜和陶瓷膜用于超滤和微滤水处理技术。有机微滤/超滤膜由聚丙烯腈和聚偏二乙烯制成，陶瓷膜由氮化物、碳化物和金属氧化物黏土制成。陶瓷微滤/超滤膜已用于采出水处理，据报道，经陶瓷膜处理后的出水中不含悬浮固体和不溶解性有机碳。陶瓷微滤/超滤膜在错流过滤和单向流模式下运行，使用寿命超过10年。整个过程除了定期清洁膜片和预混凝，其他过程都不需要使用化学品。

5.3.5 冻融蒸发

当环境空气温度低于0℃时，可使用冻融蒸发工艺。将污水喷洒或滴落到冰垫上形成冰堆。

与原始废水相比，低温结冰的河流中化学成分浓度升高。溶质浓度较高，将其储存起来后在指定的设施中处理。当温度升高到解冻温度，融化的水就可用于灌溉等其他用途。

这种处理方法对土壤污染有影响，故在不考虑人口基数的空旷区域可能是可行的。

5.3.6 吸附

吸附通常是处理过程中的中间步骤而不是独立的技术，因为吸附有机物很容易饱和。吸附技术用于去除采出水中锰、铁、总有机碳 TOC、BTEX 和 80% 以上的重金属。吸附剂种类繁多，如活性炭、有机黏土、活性氧化铝、沸石等。

5.3.7 化学氧化

化学氧化能破坏溶解或分散在水中的有机污染物。废水中投加化学氧化剂，与有机物反应，如胺、酚、氯酚、氰化物、卤代脂肪族化合物和硫醇。化学氧化与其他处理技术联用后可提高净化效率。

化学氧化处理过的水水质很好，但还是会产生废盐水，根据化学性质必须在批准的设施中处理。随着水质的降低，该过程的效率会降低。通常化学氧化法的投资和运营成本很高。

化学氧化是一种成熟可靠的技术，去除采出水中色度、气味、COD、BOD、有机物和一些无机物。

自由电子不能存在于溶液中，因此化学氧化处理采出水效率取决于同时发生的氧化/还原反应。常用的氧化剂包括 O_3、H_2O_2、$KMnO_4$、O_2 和 Cl_2。污染物遇氧化剂混合后使其分解，氧化速率取决于化学试剂量、投加氧化剂类型、原水水质、氧化剂与水的接触时间。

5.3.8　过滤

从原水中去除油，油脂和 TOC 都可以采用过滤技术。过滤需要使用各种类型的介质，例如沙子、砾石、无烟煤和核桃壳等。采出水处理常用核桃壳过滤器。

过滤不受水中盐度的影响，可处理任何类型的采出水。介质过滤对去除油脂非常有效，据有报道称效率超过 90%。如果过滤前向水中投加混凝剂，可进一步提高效率。过滤需要解决的问题是介质再生和固体废物处理。

5.3.9　人工湿地

人工湿地是人工建造的废水处理系统，利用湿地的植被加快自然的化学和生物过程，实现废水的有效处理。人工湿地系统分为表面流湿地和潜流湿地两大类。

人工湿地系统对去除氮和磷等营养物质非常有效。根据所包含的植被不同，只要有足够的停留时间，湿地还可以去除有机或无机污染物。

人工湿地的效率达到 95%，效率的高低取决于废水的特点和所使用植物的种类。

人工湿地是一类新兴的水处理技术，已经用于处理煤矿开采排放的废水，其水质与地层水类似。严禁使用现有的自然湿地或作为补偿计划的一部分而创建的湿地。

5.3.10　电渗析和反向电渗析

电渗析（ED）和反向电渗析（EDR）都是成熟的电化学脱盐技术，水中以溶解的离子通过离子交换膜分离。需要利用多组交替排列的阴阳离子交换膜进行脱盐（图 5-5）。带正电荷的膜只允许阴离子通过，反之亦然。EDR 依靠周期性的极性反转提高去除效率。

5.3.11　专用陆上现场深井灌注

在许多地区，向地层中的孔隙、裂缝和洞穴中灌注废弃物是一种常见的处理方式。这些处置场利用未发现商业价值的天然气或石油的探井，这些探井对钻井公司而言本身就是不良资产，或者是石油或天然气资源已经进行评估。因此，使用此类场地进行废物处理可以收回一些成本。

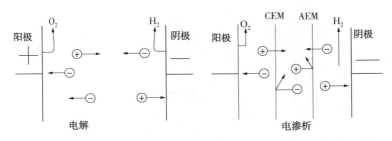

图 5-5 电解和电渗析的对比

CEM—阳离子交换膜；AEM—阴离子交换膜

深井灌注的技术原理是将废物放置于不透水的地层中，该地层与饮用含水层、地表水处于水力分离状态。此外，由于钻井中使用的钻井液安全没有污染，因此推测永久放置一些废弃物不会带来额外的风险也是合理的。

同样，反对这种处置方法的理由也很充分。灌注是一种倾倒形式，因为在深处没有或可能没有进行任何处理，会对该区域形成永久性影响，也失去了潜在用途。如果不完全了解其地质情况也存在额外的风险，因为可能会发生泄漏，安装监测设备既困难又昂贵。

由于许多地方没有足够长久的陆上石油勘探历史，因此还没有受钻井液影响的油井或陆地区域。所以，目前将深井灌注作为处置方案似乎并不合理。

5.3.12 生物曝气滤池

生物曝气滤池（BAF）是一类由渗透性填料组成的生物技术，利用好氧条件促进生化氧化反应，去除污染水中的有机成分。为防止填料坍塌时堵塞孔隙空间，填料尺寸不超过 4in。生物曝气滤池可去除采出水中的油、氨、悬浮固体、氮、COD、BOD、重金属、铁、可溶性有机物、微量有机物和硫化氢，处理氯化物含量低于 6600mg/L 的采出水尤其有效。

这一过程需要上游和下游的沉淀，以允许使用全层的过滤器。生物曝气滤池可以去除 70% 的氮、80% 的油、60% 的 COD、95% 的 BOD 和 85% 的悬浮固体。需要清理沉淀池中积累的污泥，这部分费用占该技术总成本的 40%。

5.3.13 大孔聚合物萃取技术

大孔聚合物萃取（MPPE）是海上石油和天然气平台采出水管理的最佳可用技术和环境实践之一。这是一种液-液萃取技术，其中萃取液固定在大孔聚合物颗粒中，颗粒的直径为 0~1000μm，孔径为 0.1~10μm，孔隙率为 60%~70%。聚合物最初用于从水中吸收油，在 1991 年用于采出水处理。表 5-2 列出了采出水膜处理技术对比。

表 5-2 采出水膜处理技术的比较(Igunnu 和 Chen, 2012)

方法	反渗透	纳滤	有机膜微滤/超滤膜	陶瓷膜微滤/超滤膜
缺点	(1) 受进水中有机和无机成分的影响很大 (2) 进料温度不能超过45℃	(1) 受进水中有机和无机成分的影响很大 (2) 进料温度不能超过45℃ (3) 需要多次反冲洗	(1) 膜需要定期清洗 (2) 反冲洗和清洗过程中产生的废弃物需要处理/循环使用或进一步处理	(1) 给水中铁浓度高时,会发生不可逆的膜污染 (2) 膜需要定期清洗 (3) 反冲洗和清洗过程中产生的废弃物需要处理/循环使用或进一步处理
优点	(1) 高 pH 值耐受性 (2) 系统可以自动运行,减少对熟练工人的需求 (3) 通过能源回收系统可以降低能耗 (4) 预处理提高采出水处理效率 (5) 产生的浓缩水排入大海,不需要处理 (6) 反渗透海水淡化产水率 30%~60%,成水反渗透系统产水率 60%~85%	(1) 高 pH 值耐受性 (2) 系统可以自动运行,减少对熟练工人的需求 (3) 通过能源回收系统可以降低能耗 (4) 不需要处理固体废物 (5) 水回收率 75%~90%	(1) 出水中不含悬浮物 (2) 出水回收率 85%~100%	(1) 出水不含悬浮物 (2) 可在错流或单向流模式下运行 (3) 出水回收率 90%~100% (4) 陶瓷膜的使用寿命比有机膜长
使用周期	3~7 年	3~7 年	≥7 年	≥10 年
预/后处理	多级预处理防止膜污染,出水需要再矿化处理或调节 pH 值以恢复钠吸附比	多级预处理防止膜污染,出水需要再矿化处理或调节 pH 值以恢复钠吸附比	预处理选用滤筒过滤或混凝,根据出水选择后处理	预处理选用滤筒过滤或混凝,根据出水选择后处理
总体投资	反渗透海水淡化投资成本 35~170 $/bpd,运行成本 0.03 $/bbl,咸水反渗透系统投资成本 125~295 $/bpd,运行成本 0.08 $/bbl	投资成本 35~170 $/bpd,运行成本 0.03 $/bbl	投资成本取决于进水水质和有机膜系统的尺寸,运行成本为 0.02~0.05 $/bpd,维护成本 0.02~0.05 $/bpd	

续表

方法	反渗透	纳滤	有机膜微滤/超滤膜	陶瓷膜微滤/超滤膜
化学品使用	使用 NaOH 和阻垢剂防止结垢，清洗系统使用 H_2O_2、Na_2SO_4、H_3PO_4 或 Na_4EDTA 等	使用 NaOH 和阻垢剂防止结垢，清洗系统使用 H_2O_2、Na_2SO_4、H_3PO_4、HCl 或 Na_4EDTA 等	预混凝所用混凝剂组分为 $FeCl_3$、$(AlCl_3)_n$ 和 $Al_2(SO_4)_3$，清洗系统使用酸、碱和表面活性剂	预混凝所用混凝剂组分为 $FeCl_3$、$(AlCl_3)_n$ 和 $Al_2(SO_4)_3$，清洗系统使用酸、碱和表面活性剂
能耗	(1)反渗透使用电能 (2)如果有能量回收系统，反渗透水淡化系统运行能耗是 0.46~0.67kW·h/bbl (3)咸水反渗透系统能耗为 0.02~0.13kW·h/bbl，主要为泵供电	(1)消耗电能，低于反渗透耗能 (2)纳滤系统能耗 0.08kW·h/bbl，主要为高压泵供电	不消耗电能	不消耗电能
可行性	(1)很成熟的海水淡化技术，已经用于处理采出水 (2)采用多级预处理可提高对采出水的处理效率 (3)预处理效果不佳和系统集成性不高，导致几个工程失败	(1)用于软化水和去除废水中金属 (2)特别适合处理 TDS 浓度 500~25000mg/L 的废水 (3)处理采出水效果差，不适合单独使用	适用于处理高 TDS 和高含盐、处理采出水也有潜力，更广泛用于市政污水处理	(1)已用于处理采出水，并广泛用于处理其他工业废水 (2)可处理各种类型的采出水，但处理高浓度采出水和盐的效率还有待考证

5.3.14 热处理技术

在能源成本相对便宜的地区可采用热水处理技术。在膜技术开发之前，热分离是海水淡化的首选技术。多级闪蒸蒸馏（MSF），蒸汽压缩蒸馏（VCD）和多效蒸馏（MED）是主要的热脱盐技术。例如 MED-VCD 组合热法海水淡化设备，在使用中具有更高的效率。虽然通常在设计时优先选用膜技术，但热处理工程的最新发展使该技术在处理高污染废水方面更具吸引力和竞争力。

5.3.14.1 多级闪蒸

多级闪蒸蒸馏是一种成熟高效的苦咸水和海水淡化技术，其原理是通过降低压力而不是升高温度来蒸发水分。原料水预热到一定温度后引入压力较低的闪蒸室立即气化成蒸汽。多级闪蒸水的回收率为 0~20%，回收的水中 TDS 浓度为 2~10mg/L，通常需要后处理。多级闪蒸运行时的一个主要问题是传热器表面结垢，此工艺需要用到阻垢剂和酸。该工艺总体成本随处理量、场地位置和施工材料而异，能耗在 3.35~4.70kWh/bbl 之间。

在全球范围内，由于膜技术的竞争力，多级闪蒸的市场份额明显下降，但它是一种具有成本效益的处理方法，寿命预期超过 20 年，可用于采出水处理。

5.3.14.2 多效蒸馏

多效蒸馏是通过充足的热量将盐水转化为蒸汽，蒸汽冷凝并作为纯水回收。采用多种措施可提高处理效率并降低能耗。该系统的一个主要优点是使用多个闪蒸器系统的组合提高能源效率。多效蒸馏系统的产品水回收率在 20%~67% 之间，具体根据所采用的蒸发器类型而异。尽管多效蒸馏系统的水回收率很高，但其同样存在结垢问题，该工艺并未得到广泛用。最近开发的降膜蒸发器可以提高传热速率并降低结垢速率。

5.3.14.3 蒸汽压缩蒸馏

蒸汽压缩蒸馏是一种处理海水和反渗透浓缩物的成熟海水脱盐技术。蒸发室中产生的蒸汽经过热压缩或机械压缩后提高了蒸汽的温度和压力。冷凝热作为热源返回到蒸发室。蒸汽压缩蒸馏是一种可靠高效的脱盐工艺，在低于 70℃ 的温度下运行，减少了结垢问题。表 5-3 总结了各种采出水的热处理技术。

▶▶▶ 5.4 应对安全需求的新技术

预计随着水处理需求的增加，为了满足行业的需求，会不断开发更多创新性和突破性技术。许多公司致力于通过研发新型水处理工艺彻底解决水力压裂的采出水问题：

表 5-3 采出水热处理技术的比较

方法	多级闪蒸馏 (MSF)	多效蒸馏 (MED)	蒸汽压缩蒸馏技术	多效蒸馏-蒸汽压缩混合	冻融蒸发
缺点	(1) 产品水回收率在 10%～20%之间 (2) 对水量变化应对性差 (3) 结垢和腐蚀可能是个问题	(1) 产品水回收率在 20%～35%之间 (2) 对水量变化应对性差 (3) 结垢和腐蚀可能是个问题 (4) 需要较多熟练操作人员	(1) 产品水回收率大约 40% (2) 对水量变化应对性差 (3) 结垢和腐蚀可能是个问题 (4) 操作系统需要高水平技能	(1) 不适用处理井点采出水 (2) 作为混合设计系统，需要非常熟练的操作人员	(1) 不能处理含高浓度甲醇的采出水 (2) 中等 TDS 浓度的采出水，约为 1000mg/L (3) 只能在冬季和低于冰点的地方运行 (4) 需要大片土地 (5) 产生二次废水
优点	(1) 与膜技术相比，对预处理和进料等限制低 (2) 寿命非常长 (3) 可承受恶劣条件 (4) 适用水质变化范围大 (5) 人工成本比膜技术低 (6) 适于处理高 TDS 采出水 (7) 出水质量高，TDS 浓度在 2～10mg/L 之间	(1) 与膜技术相比，对预处理和进料等限制低 (2) 寿命非常长 (3) 能耗比 MSF 低 (4) 适用水质变化范围大 (5) 相比 MSF 或膜技术，人工成本低 (6) 适合高 TDS 采出水处理 (7) 出水质量高 (8) 浓水不需要特殊处理，预处理要求低 (9) 使用叠立管设计，产品水回收率达到 67%	(1) 适用所有类型的水，以及 TDS 浓度达到 40000mg/L 的废水 (2) 与 MSF 和 MED 相比，体积更小 (3) 具有很强的耐受恶劣条件的能力 (4) 浓水不需要特殊处理 (5) 与膜处理相比，预处理要求低	(1) 出水质量高 (2) 对高 TDS 采出水处理效率优先，且实现零液体排放 (3) 系统能够承受恶劣条件	(1) 优良的零液体排放 (2) 仅需低成能的劳动力，监控人员和控制人员 (3) 高度可靠，可轻松适应不同的水质和水量
使用年限	通常为 20 年，但大多数工厂的运行时间超过 30 年	通常为 20 年	通常为 20 年，但可能会运行更长时间	通常为 20 年，但运用高防腐材料，可能会更长	预期使用寿命为 20 年
预/后处理	(1) 预处理去除大悬浮固体 (2) 筛网和粗过滤 (3) 进水中 TDS 浓度低，需进行稳定化处理	(1) 与 MSF 类似，预处理去除大悬浮固体 (2) 筛网和粗过滤 (3) 进水中 TDS 浓度低，需进行稳定化处理	(1) 与 MSF 类似，预处理技术较低，需要分别进行预处理和后处理，避免结垢	(1) 与膜分离相比，要严格分离预处理技术，进水中 TDS 浓度低，需采用石灰接触滤床进行后处理	根据进水水质和排放标准，选择最低配置的预处理和后处理技术

续表

方法	多级闪蒸馏（MSF）	多效蒸馏（MED）	蒸汽压缩蒸馏技术	多效蒸馏-蒸汽压缩混合	冻融蒸发
总体投资	投资成本 250~360 $/bpd，运行成本为 0.12 $/bpd，总成本为 0.19 $/bpd	投资成本 250~330 $/bpd，总成本为 0.11 $/bpd，运行成本为 0.16 $/bpd 低于 MSF	海水脱盐投资成本为 140~250 $/bpd，具体取决于各种因素，运行成本为 0.075 $/bpd，总成本为 0.08 $/bpd	投资成本每天 250 $/bpd，运行成本取决于能耗	取决于项目的位置
化学品使用	(1) 使用 EDTA、酸和其他防垢化学品防止结垢 (2) 控制 pH 值防腐蚀	(1) 使用阻垢剂防结垢 (2) 清洗和过程控制中，使用酸、EDTA 和其他防垢剂	(1) 使用阻垢剂和酸防结垢 (2) 清洗和过程控制中，使用 EDTA 和其他防垢剂 (3) 控制 pH 值防腐蚀	(1) 使用阻垢剂防结垢 (2) 清洗和过程控制中，使用酸、EDTA 和其他防垢剂 (3) 控制 pH 值防腐蚀	不使用
能耗	(1) 电耗 0.45~0.9kW·h/bbl (2) 能耗 3.35kW·h/bbl (3) 总能耗 3.35~4.70kW·h/bbl	(1) 消耗电能和热能 (2) 电耗约 0.48kW·h/bbl，能耗 1.3~1.9kW·h/bbl	(1) 消耗电能和热能 (2) 海水脱盐能耗约 1.3kW·h/bbl (3) 机械蒸汽压缩电耗 1.1kW·h/bbl，实现蒸汽零排放能耗 4.2~10.5kW·h/bbl	(1) 消耗电能和热能 (2) 海水脱盐能耗约 0.32kW·h/bbl (3) 实现零排放能耗 4.2~10.5kW·h/bbl	使用电能，没有现成可用的数据
可行性	(1) 成熟稳定的海水脱盐技术，可处理采出水 (2) 适用 TDS 浓度范围 0~40000mg/L 的水体	(1) 成熟稳定的海水脱盐技术，可处理采出水 (2) 适用于所有有机水，TDS 浓度范围 0~40000mg/L 的采出水厂	(1) 成熟稳定的海水脱盐技术 (2) 适用于所有类型，TDS 高浓度废水（40000mg/L） (3) 多种增强型蒸汽压缩蒸馏技术已用于处理采出水	(1) 成熟的海水脱盐技术，可处理采出水 (2) 适用于处理 TDS 高浓度废水 (3) 未来可继续提高出水水质，例如 GE 公司使用盐水浓缩器和分析仪，出水回收率达到 75%	(1) 成熟稳定的海水脱盐技术，可处理采出水 (2) 不需要基础设施 (3) 需要适宜的土壤条件，大片土地，以及气温低于冰点的天数多

- 很多公司开发了一种高能电絮凝技术，可处理重金属、生物体和碳氢化合物，但仅限于盐含量适中的地区。很多公司正在研究氧化技术。使用 UV 催化来达到氧化目的，而且同时移除重金属组分。虽然仍处于早期的起步阶段，但有很强的潜力。

- 很多研究人员正在使用丙烷压裂气井。壳牌、赫斯基和其他公司正在测试这项技术。

- 一些环保公司已经在现场使用经过验证的移动废水处理系统，并取得了巨大成功。

随着公司开始考虑通过采用水处理新技术来彻底改变该行业，基于移动平台的处理系统似乎是最有经济效益的。钻井公司使用移动式废水处理系统可以脱离电网运行，是一种很好的省时省钱的方案。对于一个工作场所不断变动的行业，设备的可移动性尤为重要。

另一个解决方案正处于行业革命的边缘。一些公司已经联手推动地理信息系统(GIS)商业化，该系统有助于预测和预防钻井作业对造生态成危害。该系统将有助于制定土地使用基准，以帮助优化布局井、道路、集输管线和其他必要基础设施。更重要的是，随着公众舆论的日益高涨，公司正在寻找通过建立更快、更好、更经济的技术来改进钻井过程的方法。

在排放之前，有许多类型的其他处理方法可以作为可行的煤层气水处理方法进行销售，包括以下方法：

(1) CBM-WTS 作为煤层气水处理技术，主要处理化学组分复杂的来水和 Na^+ 的化学去除，处理量 50~1000gal/min，产生盐精矿二次废物必须储存和处置。

(2) 浸没燃烧是煤层气行业的一种水处理技术，通过加热液体处理废水。该系统用于采矿业、纸浆和造纸业、乙醇和乙二醇还原以及许多其他工业。

(3) 催化流体溶液也是煤层气行业的水处理技术。

(4) 连续逆流离子交换(CCIX)技术可去除煤层气采出水中 Na^+ 和其他阳离子。该 CCIX 系统基于 Higgins Loop 技术。含高浓度 Na^+ 的采出水进入 Higgins Loop 吸附区，与强酸阳离子树脂充分接触，Na^+ 被阳离子吸附床上的 H^+ 取代，可提取 95% 的阳离子。吸附同时，在 Higgins Loop 后段再生区域，用盐酸再生负载钠的树脂，并产生少量浓缩废盐水。再生树脂再次进入吸附区之前用水冲洗，去除其孔道内的酸。当吸附区中树脂满载 Na^+ 时，流入 Higgins Loop 的水暂时中断，液体反方向"脉动"进入树脂床层，完成后液体重新开始正向流动。

(5) 有一些运营商建设了化学处理厂。添加钙和镁能改变含 Na^+ 废水的化学性质，但并不能去除或减少 Na^+，只是改变 Na^+ 与其他盐的比例，从而降低钠吸附率(SAR)。最终结果是产生更多的盐水，而钠盐仍然溶解在水中。这种方法不太可能适用于处理煤层气采出水，因为添加的钙将与煤层气采出水中的碳酸盐结合，形成碳酸钙（石灰）沉淀出来。为了充分发挥该工艺的功效，必须添加酸将煤层气采出水中碳酸盐分解脱气，或者添加硫使土壤酸化从而提供额外的钙。

▶▶▶ 5.5 油砂矿开采污水处理

从油砂油田开采石油需要大量的水。具体而言，以高水油比将沥青从砂中分离出来——据估计，生产一桶合成原油需要 2~4.5 桶淡水。

用水原位回收沥青就是把水转化为蒸汽加热地下的沥青，然后用泵通过井筒送到地面。废水通常是碱性，略带咸味，由于其有机酸浓度高，因此对水生生物群有毒害。零排放政策使油砂生产商循环利用大部分的水。另一种措施是开采含有非饮用盐水的地下含水层，用于沥青回收。

5.5.1 废水回收利用和水处理的方案

尽管油砂生产商积极回收废水，在回收过程中循环利用，但重复的提取已经导致水质恶化，可能因为结垢、污染、腐蚀性增加和干扰萃取化学物质组分等环节扰乱了沥青提取过程。

此外，由于实行零排放政策，油砂生产商必须处理和妥善处置数百万立方米的有毒工艺用水和尾矿，这些水和尾矿目前存放在大型尾矿库中。由于复垦取决于尾矿池中工艺水的自然解毒，其可行性尚不确定。

为了解决一般废水管理问题，特别是确保沥青加工用再生水的供应，石油生产商可以使用各种水处理技术，包括吸附、膜分离——微滤和超滤、纳滤和反渗透、生物处理、高级氧化和人工湿地等。

使用吸附剂去除油田采出水中的各种污染物，特别是有机碳化合物、油和油脂以及重金属。吸附剂可选用活性炭、天然有机物、沸石、黏土和合成聚合物等。

过滤和超滤是压力驱动的膜工艺，分别截留 $0.1\mu m$ 和 $0.01\mu m$ 的颗粒。使用膜处理采出水的实验室和中试研究表明，油分去除率超过 90%，出水中渗透物浓度低于 20ppm。长远来看，可能会出现膜污染和膜耐久性等问题。纳滤可以去除二价离子、溶解有机物、杀虫剂和其他大分子，因此显示出具有部分脱盐、软化和去除采出水中可溶性有机物的潜力。

另一方面，反渗透原理是用足够的压力使污染物通过半透膜达到排放要求。研究表明，通常反渗透技术对硬度的去除率超过 98%（残留浓度 <2ppm $CaCO_3$），一价离子的去除率超过 90%。其他项目也利用反渗透技术将油田采出水转化为淡

水，用于农业和饮用水。

中试研究表明，生物法处理采出水能去除 98%~99%的总石油烃，但在达到一定的处理效率(>95%)之前，微生物必须驯化适应高盐度环境。

高级氧化包括光催化氧化和超声化学氧化。实验室内研究表明，光催化氧化可分解油田产出水中的有机和无机污染物。降解速率取决于催化剂对污染物的有效吸附性能，而后者可能会受到给水 pH 值的影响。

超声化学氧化原理是当超声处理液体(采出水)时，形成气泡并破裂，微气泡破碎产生高温高压的空腔(空化)，从而打碎或破坏颗粒或分子。研究表明，与 H_2O_2 等氧化剂一起使用时，空化效应能降解酚类、有机酸和多环芳烃等。

人工湿地自早期用于处理市政和暴雨水以来，在石油行业中也越来越受欢迎。湿地中污染物的去除过程包括沉淀、吸附、反硝化、光氧化、植物吸收和挥发等。湿地已被证明能有效去除采出水中的污染物，根据各种中试和放大实验结果，对不同污染物的处理效率会发生波动，即 BOD_5 为 55%~85%、COD 为 53%~86%、油脂为 54%~94%、酚类为 10%~94%。

表 5-4 总结了不同的处理工艺在处理油砂采出水方面的应用前景。

表 5-4　水处理过程的问题和潜力

方法	与采出水处理相关的问题	重大技术进步	油砂工艺用水中的目标污染物
吸附	不能完全去除污染物；油污染；清洁和再生成本；低吸附容量	黏土吸附剂的有机改性；具有优良吸附性能和再生性能的天然和合成聚合物	酒石酸、沥青、芳香烃、微量金属
微滤和超滤	油和固体的污染；膜耐久性；渗余物处置	表面化学改性，减轻污垢和渗透通量下降；减少污垢采用的化学添加剂、曝气和超声波	沥青、悬浮固体
纳滤和反渗透	油、溶解性有机物藻类生长的污染；更换膜的成本；盐水处理	膜改性减少有机物的污染；超低压膜；降低能耗	萘酸、硬度、TDS、芳香烃
生物处理	来水毒性；不能完全去除污染物；污泥处置	改进膜生物反应器，促进难降解化合物的氧化，保护生物膜免受进水毒性影响	酒石酸、铵、沥青、芳香烃
高级氧化	不能完全去除污染物；能耗高；自由基清除剂；氧化副产物	太阳能光催化系统；改进光电催化过程降低自由基清除剂的作用	樟脑油酸、铵、芳香烃

续表

方法	与采出水处理相关的问题	重大技术进步	油砂工艺用水中的目标污染物
人工湿地	流量；来水毒性；去除盐度；有毒物质在湿地生物群体内积累；冷水操作	寒冷气候下作业的地下设计；实施大规模湿地处理含油污水；提高对降解途径的理解	萘酸、铵、沥青、芳烃

本节表明，许多技术在除油、软化、解毒和脱盐等方面，已显示出处理小规模油田采出水的潜力，但其有效性尚未在实验室或中试得到验证。

为了能将这些技术与现有/常规技术进行比较，建议进一步对预处理要求、对目标污染物去除性能、能耗和成本等因素进行初步的研究。

鉴于大规模油砂开采的采出水有独特的物理和化学性质，目前急需进一步了解这些技术的性能。

5.5.2 油砂矿开采含油废水处理

在油和沙分离过程中需要消耗大量的水，因此油砂开采影响水资源。大部分含油废水都是在油砂开采过程中产生的。

油砂中有众多天然存在的重金属，如钒、镍、铅、钴、汞、铬、镉、砷、硒、铜、锰、铁和锌等，可通过萃取过程浓缩。经过详细评估，5.3 节中介绍的技术可用于油砂开采废水处理。

目前有两种回收沥青的方法。第一种是油砂矿的露天开采，随后通过碱性热水提取工艺将沥青与其他成分分离。第二种方法是原位热处理技术从深层油砂中提取沥青。

现场油砂生产方法也称为蒸汽辅助重力排水（steam-assisted gravity drainage，SAGD），工艺废水处理后可重复利用。图 5-6 是日本加拿大油砂有限公司运营的 SAGD 工艺中水处理系统。星号表示水样收集点。

图 5-7 显示了加拿大阿尔伯塔省采用 SAGD 工艺的图 5-6 所示设施的处理和回用过程。样品分析结果说明了使用 SAGD 方法回收的工艺用水中有机污染物的化学丰度和动态变化。这些污染物主要来自油砂沉积物，用作补给水的地下水中含有微量饱和脂肪酸，这些污染物在水循环系统中浓缩富集。

随着水处理过程的进行，极性有机物如有机酸、酚类、酮类等被选择性浓缩，非极性或低沸点组分如 PAHs 和 BTEX 被去除。这些结果表明，去除极性成分对提高工艺水循环效率非常重要，后续的研究工作会分析影响工艺水循环的其他因素。

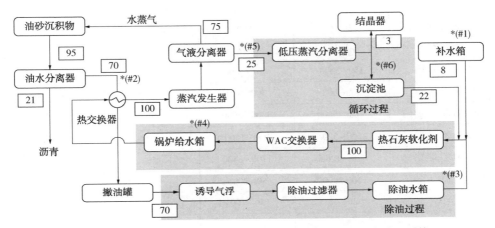

图 5-6　日本加拿大油砂有限公司运营的 SAGD 工艺中的水处理系统

水取样点：#1：地下水；#2：采出水；#3：脱油水；#4：软化水；#5：锅炉排污水；#6：循环水

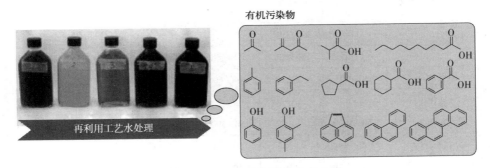

图 5-7　从图 5-6 中取样点取的水样

为了识别和处理这些污染物从油砂矿床转移到环境中的潜在风险，需要进一步开发分辨率更高的分析方法，并作为保护水生生物群和人类社会的环境准则广泛使用，以及通过使用减少淡水消耗量的替代方法来支持新兴油砂的开发。

通常来说，含油废水的处理是整个行业通用的标准工艺。含油水首先被送至 API 重力式分离器，然后是溶气气浮或诱导气浮所产生微小的空气（或气泡）附着在细小油颗粒上，上浮到罐顶部后被撇去。经过浮选处理后，含油废水可与其他废水混合后再进行生物处理。表 5-5 列出了每类设备所对应的含油废水水质范围和处理能力。

表 5-5　每类设备的含油水质特征和处理能力

参数	未经处理的范围	API 分离器		
		入口范围	减少/%	出口范围
温度/℃	30~60	30~60	—	30~60
pH 值	7~8	7~8	—	7~8
TDS/(mg/L)	150~5000	150~5000	—	150~5000
TSS/(mg/L)	300~800	300~800	67~75	100~200
油和油脂/(mg/L)	3000~5000	3000~5000	90	200~500
BOD/(mg/L)	300~500	900~1400	50	450~700
COD/(mg/L)	300~1200	1700~3400	50	850~1700
Cl^-	50~2000	50~2000	0	50~2000
NH_3	20~50	50~100	0	50~100
P	—		0	—
氰化物	1~3	1~3	0	1~3
酚	5~20	5~20	0	5~20
H_2S	5~10	5~10	0	5~10

参数	IGF/DGF			常规活性污泥		
	入口范围	减少/%	出口范围	入口范围	减少/%	出口范围
温度/℃	30~60	—	30~60	30~40	—	30~40
pH 值	7~8	—	7~8	7~8	—	7~8
TDS/(mg/L)	150~5000	—	150~5000	150~5000		150~5000
TSS/(mg/L)	100~200	75~80	20~50	20~50	75~80	5~10
油和油脂/(mg/L)	200~500	90	10~30	10~30	90~95	2~5
BOD/(mg/L)	450~700	30	300~500	300~500	90	20~30
COD/(mg/L)	850~1700	30	600~1200	600~1200	73~80	80~100
Cl^-	50~2000	0	50~2000	50~2000	0	50~2000
NH_3	50~100	0	50~100	50~100	85~94	<3
P	—	0	—		0	<0.5
氰化物	1~3	0	1~3	1~3	95~98	<0.05
酚	5~20	0	5~20	5~20	80~95	<0.5
H_2S	5~10	0	5~10	5~10	>99	<0.05

续表

参数	活性污泥法+UF+RO		
	入口范围	减少/%	出口范围
温度/℃	30~40	—	30~40
pH 值	7~8	—	7~8
TDS/(mg/L)	150~5000	95	15~300
TSS/(mg/L)	5~10	>95	<1
油和油脂/(mg/L)	2~5	>97	<1
BOD/(mg/L)	20~30	90	<15
COD/(mg/L)	80~100	73~84	<80
Cl^-	50~2000	90	5~200
NH_3	50~100	85~94	<3
P	<0.5	80	<0.1
氰化物	1~3	95~98	<0.05
酚	5~20	80~95	<0.5
H_2S	5~10	>99	<0.05

6

废水处理系统

工业废水是由建筑物和工业工厂产生的废液和水载废弃物，还有些来自于地下水、地表水或雨水。废水可分为以下四类：

- 第一类

无毒、不会产生直接污染的废水，但容易干扰受纳水体的物理性质。可以通过物理法对其进行改善。

- 第二类

无毒但有污染的废水，因为这类废水含有需氧量高的有机物。可以通过生物法对其进行处理，以去除不利的特性。

- 第三类

含有有毒物质的废水，因此这类废水通常是有毒的。可以通过化学法来处理。

- 第四类

因有机物含量高、生化需氧量高而造成污染的废水，并且具有毒性。这类废水需要通过化学、物理和生物组合的处理方法。

一般而言，任何排水/废水处理系统的目的都是从受污染的废水分离未受污染的水，并分离不同类型的废水，以减少在废水从公司物业排放之前可能需要处理单元的尺寸、复杂性和成本。

所有排放至公众或者天然水源，或在工业内作循环利用的工业废水，可能含有多种溶液或悬浮物，均须按最终目的地的要求加以控制。然而，在任何情况下，消除废弃物的潜在危险，都应是危险废弃物管理的最终目标。

6.1 雨水排水系统

该系统由管线和明沟组成，收集清洁/含油雨水，以及来自无污染地区的消防和冲洗水。雨水应通过雨水管网输送至位于污水处理区的含油雨水池进行处理。它应该主要是收集以下无污染区域的洁净水：

- 有堤防和无堤防的罐区；
- 未铺砌区域；
- 工艺和公用设施的无污染铺装区域（不包括混凝土铺设区）；
- 道路、院子和屋顶。

收集到的雨水在含油雨水池除油后应存放在清洁的雨水池内。清洁水最终处置的方法：

- 进入 API 分离器中的废水处理装置进一步去除油；
- 蒸发池；
- 如果符合当地污水排放条件可排入海洋/河流。

▶▶▶ 6.2 油水下水道系统

这个下水道应该能收集:
- 过程溢出和排水;
- 所有碳氢化合物设备的排水;
- 泵和压缩机的冷却水;
- 凝析油;
- 有可能被石油污染的冷却水排水;
- 来自所有碳氢化合物污染的铺设区域的水, 包括:

  生产装置

  公共事业设备

  非挥发性产品卡车装卸站

  车间

  运输和移动厂房车库

  泵站
- 管道沟渠排水;
- 采样点排水沟排水;
- 液位计、塞子和类似设备的排水;

由于在坑内流动, 以下液体的排水管被排除在卡车处理之外:
- 沥青等重黏性液体;
- 任何含有有害物质的, 浓度超过环境/生物处理限制所规定的液体。

该系统应包括下水道、漏斗、地下管道、清理槽、集水池、人孔、密封人孔和通风管。含油污水管的最终主管应通过专用的地下重力流网进入废水处理区的API分离器。

应避免开沟渠。歧管的泄漏可以收集在位于歧管下方的一个合适的收集池中。

水池应排入位于管汇/管道区域外的水池中。污水池可以间歇地排空(例如用真空车), 也可以连接到持续受油污染的排水系统上。

▶▶▶ 6.3 非含油的污水系统

该系统应收集含高总溶解固体的特殊无油水, 例如:
- 锅炉排污;

- 海水淡化装置排污；
- 盐水排水；
- 从工厂所有中和池排出的中和废水；
- 通过沉降池去除硫颗粒后，硫黄凝固和破碎区产生的暴雨、火灾和洗涤径流水；
- 软化水系统排水；
- 没有石油污染的冷却水（循环）排污和排水系统。

该系统由排水管、漏斗、地下管道、清理池、拦截池、人孔、密封的人孔和通风管组成。如有需要，非含油污水排放系统可被导向下列处置设施：

（a）废水处理厂出水，如果打算将处理后的废水回用：作为冷却塔补给（在这种情况下，回收处理过的水应冷却处理）应满足塔补给的最低要求。

如有需要，非含油水系统处置前应提供总硬度去除设施［见（b）］。

（b）废水处理厂的进水（在 API 分离器的出口）。如果为满足最终处理要求，非含油水需要进一步物理处理或者生物处理，在这种情况下，应满足以下条件：

i）非含油水在处理 API 分离器出水（如需要）之前，应进行处理以去除总硬度。

ii）所有危及生物处理活动的物质应从非含油水中去除。

（c）蒸发塘。

（d）公共用水（如果非含油水符合环保规定）。

但是，应考虑以下方面调查非含油污水系统，并进行适当处理：

- 环境法规；
- 炼油厂/工厂原水的可用性；
- 经济问题；
- 所提供设备的可操作性。

⋙⋙ 6.4 化学污水系统

在这本书中，所有含有酸、碱、化学品和有其他特殊有机物质（如糠醛等）的污水系统都被指定为化学污水。工厂内化学污水系统的数量和路线应根据各单元的地理位置以及收集和处理系统的可行性进行研究。

化学污水系统应包括但不限于：

- 化学添加剂加药泵的污染排放物（不含四乙基铅）；
- 实验室排水管（不含油排水管）；
- 被酸或者其他化学品污染的排水和雨水；

- 碱性排水系统（碱性溶解装置排水系统除外，装置内部应设置闭路网络）；
- 所有被酸或者化学物质污染的水。

6.4.1 化学污水的处置

一般来说，应避免在中和/处理之前排放任何化学污水进入环境。应根据处置化学品的种类设置用于隔离的化学排污管网。中和池出水应连接到非含油的下水道。

中和池的最小体积应等于所处置的溪流中最高批次体积。实验室大楼的化学废水应流入实验室附近的专用中和池。

6.4.2 中和系统

每个中和池应配备足够的酸性和碱性喷射系统、搅拌器、泵、喷射器（如果需要）、蒸汽盘管（如果需要过冬）等设施。

每个池都要配备必要的仪表，如酸碱流量指示器、pH 值指示器、控制室的 pH 值高低报警、温度控制器等。中和池的操作类型（手动或自动）将由公司决定。所有的酸碱处理设施，如管道、储罐、泵等，都应该保持适当的温度。

6.4.3 化学废水的种类

化学废水应包括所有酸、碱、化学品、添加剂和含有危险流体的水。在采取必要处理程序去除危险物质之前，应避免向含油污水和非含油污水系统排入含有任何有害物质的废水。

处理方法和程度将根据主管部门的批准指示确定。最终处理后的水质应符合有关当局规定的环境污染要求。

▶▶▶ 6.5 生活污水系统

下水道应按要求收集所有建筑物卫生设施中未受污染的卫生废水。

最终应流入生活污水处理单元。生活污水处理厂排出的污水，如符合出水水质标准，可排入废水处理厂（在生物处理口）进行循环利用。

▶▶▶ 6.6 专用污水系统

必要时应提供专用的污水系统。一般而言，所有含有有毒、有害物质或者需要回收的液体都应与本书中提到的所有其他污水系统分开进行分离和处理。这些系统应包括但不限于以下液体：

- 碱性溶解装置内的碱性排水；
- 胺排水；
- 溶剂排水；
- 被甲苯或甲基叔丁基醚（MTBE）污染的汽车汽油排水；
- 含苯浓度超过了环境法所允许浓度的烃类排水；
- 所有被诸如此类有毒成分污染的排水氰化物、苯酚、铅等；
- 氯化铝排水；
- 氢氟酸排水；
- 废催化剂。

▶▶▶ 6.7 污水来源及处置

大多数污水源流可以大致描述为以下一种或多种类型：

a）高或者低的溶解固体含量；

b）含油的或非含油的；

c）高或者低的酚类或者硫化物含量；

d）化学或非化学物质；

e）高或者低的悬浮固体含量。

利用这些广泛的特点，应调查污水来源以进行适当的处置。

- 未铺砌区域

未铺砌区域、非加工区域和非罐区排出的污水将是清洁的雨水。"清洁"一词被定义为不含油。

- 未筑堤的储罐区

未筑堤的储罐区流出的污水将是含油的雨水。

- 筑堤储罐区

从烃类储罐区流出的正常污水将是含油的雨水。如果储罐破裂，清理后的剩余油很可能会被冲下并流向含油雨水的下水道。堤防出口处的排水口应装有阀门，以便在控制条件下截留和释放任何积聚的含油水或油。

- 罐底区

定期从烃类罐排出来的水将是"含油污水"，这些排水口应该有阀门。

如果储罐储存的是原油、硫化物或者苯酚，或者是未经处理的中间产物、游离的或乳化的油，那么这些水可能含有盐和其他溶解固体。

这些水通常被排放到含油污水管道，如果污水中含有大量的有害物质，如酚或者铅，那么这些水应该与普通的污水系统隔离开。

污水和任何其他富含 H_2S 的储罐的排水管道应输送到酸性水汽提塔装置进行处理。

- 混凝土铺砌工艺和公用设施排水系统

除非本手册另有规定，否则从混凝土铺设工艺和公用事业区域流出的污水，一旦被各种来源的油滴和排水管污染，应连接到含油污水下水道系统。

- 工艺和公用设施铺装区

工艺和公用设施铺装区周围街道附近的所有清洁区域，或者其他不受任何溢油影响的清洁铺装区域的排水管，应排入雨水排污系统。

- 泵和压缩机冷却

泵基座、阀盖和压缩机套通常用一定量水作冷却。此外，也用水或者油用于泵和压缩机的密封。这些系统的滴水和排水应该构成另一个含油污水系统的来源。如果公用设施区域包括泵或压缩机，那么这些可能受到油污染的区域的排水管应该连接到含油污水排放系统。

- 锅炉排污和水处理冲洗

这种水不含油，但溶解性固体含量高。因此，应排放到非含油污水系统。

- 冷却水排水

如果在直流冷却水/循环冷却水中的水冷式热交换器的管道发生泄漏，则该水很容易被工艺流体污染。由于工艺流体（轻质油或重油）和冷却水（直流或循环）的特性，应考虑以下四类（轻质油指戊烷和轻质油）：

a) 直流冷却水（轻油）：这将是清洁的水，应视为非含油污水。

b) 直流冷却水（重油）：如果认为交换器可能泄漏非挥发性油，应视为含油污水。

c) 循环冷却水吹落（轻油）：这将是高固体干净水，应视为非含油污水。

d) 循环冷却水排污管（重油）：如果认为交换器可能泄漏非挥发性油，这将是高固体含油污水。如果最终废水处理后的水质不会因高含固体量而受到影响，这些水则可以被输送到含油污水管道。

- 工艺罐排水

从含有 H_2S 或 H_2S 和 NH_3 的工艺气包中排抽出的水称为"酸性水"，如果水主要是冷凝蒸汽，则称为"酸凝析水"。如果需要的话，这种排水管应连接酸性水汽提装置。对于非含油、重力和低流量的情况，目的地可以是受控条件下的非含油污水系统或者含油污水系统，而不是把此类污水排放到生物处理单元。

- 实验室废水

a）含油废水

来自实验室含油水槽的未受化学物质污染的废水应排入含油污水处理系统。

b）化学污染废水

所有化学污染废水在化工楼附近的专用中和池中和后，应直接排入非含油污水系统。

- 火炬密封罐排污

应将火炬堆底部富含硫化氢的主火炬和酸性火炬密封罐的连续排水，泵至酸性水汽提塔装置进行处理。火炬密封罐的补给水应为冷凝水。

- 储罐浮顶排水

由于橡胶密封件有可能泄漏烃类物质，浮顶储罐的浮顶排水应排入含油污水系统。

6.8 炼油厂和石化厂的特殊废水

用于洗涤戊烷和轻质油的碱性物质基本上含有硫化钠。该部分污水应在化学中和池中和后送至不含硫化钠油的下水道。

6.8.1 碱洗(重油)

除废碱渣，用于清洗汽油、煤油和馏分油的碱性物质还可能含有环烷酸和酚类。这些排水管应与不含油的化学污水系统分开，并应在进入含油的污水管道之前进行中和处理。

6.8.2 脱盐废水

脱盐废水排放应通过压力管道输送至废水处理区内专用的脱盐油水分离器。它还应具有在受控条件下输送到主 API 分离器进水的可能性。如果污染物不超过规定的限值，脱盐水油水分离器的出水可以直接进入主 API 分离器的出水池。

6.8.3 污水或酸性水

在石油炼制中，各种加工操作产生废水：它们主要是含有硫化物的冷凝物，通常是硫化氢、氨、硫醇、酚类，可能还有少量的水溶性有机酸、氨基和氰化物。这种废水通常被称为"污水"或"酸性水"。污水的主要来源是来自催化重整装置、裂化装置、加氢裂化装置、焦化装置和原油蒸馏装置中的蓄能器、回流罐和分液罐的冷凝物。污水一般既不是高碱性，也不是高酸性。

与废碱渣相比，它们的污染物含量相对较低。然而，污水的高需氧量和恶臭或有毒性质使得在进行生物处理或排放到废水系统之前，需要对其进行处理以减少这些令人反感的特性。

在需要去除单一或者多重污染物的情况下，污水应在酸性水汽提塔中汽提分离。酸性水汽提装置中的出水应该通过地下压力管道输送到以污水处理厂为终点的主含油污水系统。

如果符合当地法规，汽提水和脱盐水也应相连作为补给进入蒸发池或者公共水。汽提水的水质通常是由公司决定的，也应该加以适当控制，以使该水在不利的条件下处理不会妨碍任何操作或者造成环境污染。汽提作业产生的废气应送至硫回收装置或者焚烧。

6.8.4 废碱液的解决方案

6.8.4.1 来源和特性

通常碱溶液用来中和及提取：

a）天然存在于原油及其馏分中的酸性物质；

b）各种化学处理工艺可能产生的酸性反应产物；

c）热裂化和催化裂化过程中形成的酸性物质，如硫化氢、酚类物质和有机酸。因此，废碱溶液可能含有硫化物、巯基、硫酸盐、磺酸盐、酚酸盐、环烷酸盐和其他类似的有机物和无机物。

6.8.4.2 处理方法

应提供充足的处理系统以有效地处理废碱。该系统应包括储罐和管道，以隔离、积累和转移废碱溶液到处置地点。应该在每一个厂考虑下面的处理方法：

- 直接处理方法
- 化学处理方法
- 化学物理处理方法
- 生物处理方法

这些方法的合理性必须由单个炼油厂决定，并适当考虑适用的法律和法规。

6.8.4.2.1 直接处置方法

- 稀释

如果在任何情况下硫酸盐的最大浓度（如 SO_4^{2-}）不超过环境法规规定的排放值，可考虑将废碱溶液可控地处置到巨大水体中，特别是咸水，或排入有足够稀释能力的河流中。必须慎重将污水排入淡水湖和小溪，特别是当这些水用作饮用水源或用于娱乐用途时。

- 处置塘

应避免使用处置塘来处理废碱液，除非另有规定其可以用于处理少量的碱性废弃物。采用处置塘处理废碱液时，应考虑以下因素防止后续空气或水污染：

a）地点

附近的气味滋扰会影响选址。此外，场地的地质构造必须保证不会发生渗漏，以免对饮用水造成污染。

b）容量

为了防止地表水受到污染，处置塘必须有足够的容量来容纳最大量的降雨，以及接收和储存最大量的废弃化学物质。大小是否适当，不仅取决于要处理的废弃物体积，也取决于预计的蒸发、渗漏和年降雨量。

c）设备

应提供加压管道，将废碱溶液从工艺装置或者中央收集系统输送到处置塘。应避免将任何被油污染的废碱液排入池塘。如果废液携带油进入处置塘，出于安全以及防止污染和油的损失的考虑，必须配备必要的除油设备。

6.8.4.2.2　化学方法

可考虑以下方法对废碱进行化学处理：

- 再生
- 空气氧化
- 中和

用于从烃类液体中提取硫醇的苛性钠，可通过以下方法进行再生：

a）蒸汽汽提将硫醇从溶液中汽提出来，然后焚烧或回收硫醇。

b）硫醇氧化为二硫化物，可作为油相分离。硫醇的氧化应通过电解或曝气来完成。后者应在压力下进行，或使用氧化催化剂，或两者并用。

- 空气氧化

含有硫化物或亚硫酸盐的废苛性碱在稀释或进一步用生物处理之前，可以用空气氧化法进行预处理，以降低其高需氧量。

- 中和

含有硫化氢、酚类或环烷酸酯（酸性油）的废碱可通过酸中和或烟气中和进行预处理，然后对这些成分进行分离和回收，或焚烧。

6.8.4.2.3　化学物理方法

中和后的汽提和萃取可用于处理废碱液。中和后，汽提除去残留的硫化氢、硫醇，可能还有一些酚类化合物。在用烟气中和废碱时，中和的同时，汽提溶液中挥发性成分。

6.8.4.2.4 生物方法

预处理后进行生物处理，特别是在将精炼厂或者工厂废水排入微咸或盐水的地区。由于废碱液的生化需氧量（BOD）很高，除非经过上文所述的化学或物理方法的高度稀释或预处理，否则废碱溶液不适合进行生物处理。

6.8.4.2.5 碱溶液管线的保持温度

地面碱液管线的温度应保持在其冰点以上至少 22℃。

6.8.5 甲基叔丁基醚或含铅污水

- 来源

甲基叔丁基醚（MTBE）或含铅污水的来源主要是以下成品汽油生产设施的区域：

成品汽油储罐排水、成品汽油输送泵区排水、成品汽油装载区排水、TEL 或 MTBE 储存及注射设施的排水。

- 处置

所有受甲基叔丁基醚或铅污染的污水，应排入靠近溢漏区附近的甲基叔丁基醚或铅污染的处置塘，然后由卡车转运至工厂区界外进行焚烧或安全处置。处置塘应该是一个有盖的混凝土坑，配有阻火器和取样、检查和泵出连接件。

6.8.6 苯污染的水流

- 来源

所有含苯量超过允许范围的碳氢化合物的排放，如直馏石脑油、铂重整油等，都是这些废液的来源。所有其他含苯成分允许量的碳氢化合物流的排放可以通过工厂的普通污水处理系统进行处理。但是，应特别注意尽可能地减少有关污染源中的苯含量。

- 处置

为处理所有苯污染的排水，应提供一个隔离的排水系统，其末端是一个专用的有盖池塘。回收的废液可排入炼油厂污水槽。

6.8.7 废硫酸产品

6.8.7.1 来源和特性

通常，硫酸被广泛用作处理剂和催化剂。硫酸污泥主要来源于润滑油、加热油、柴油、汽油和石脑油的处理过程。

废酸催化剂的主要来源是烷基化反应和酒精及类似产品的生产。废酸和污泥中的碳氢化合物含量从几个百分点到 60% 不等。可滴定硫酸的酸度从 20% 到 90% 不等。

6.8.7.2　处置方法

炼油厂或工厂废水中不允许处置污泥或废酸催化剂，应避免处理。以下处置方法仅作为原则上允许的参考适用方法。

6.8.7.3　热分解

热分解是从废酸和污泥中回收硫酸最重要的方法。热分解包括在还原剂存在下加热或燃烧污泥。废酸或污泥中的有机或含碳的物质作为还原剂。

6.8.7.4　硫酸铵的生产

肥料级硫酸铵是以废硫酸产品为原料生产的。在这些过程中，通过水解操作回收的酸与氨反应，以水溶液结晶得到的硫酸铵。

6.8.7.5　燃烧

有些污泥硫含量较低，含有足够的可燃物质，可以单独或与燃料油混合作为燃料使用。由于空气污染问题，应避免使用这种处理方法。

6.8.7.6　出售或回用

由于剩余的酸的质量可以被利用，废碱液、废硫酸催化剂和污泥可以出售或在其他操作中重复使用。

6.8.7.7　近海倾倒入海洋

除非环境保护法规另有允许，否则不允许采用这种方法。

6.8.7.8　填埋或倾倒在荒地

这种方法只能在极少数情况下使用，并须得到地方当局和环境法规的许可。在这种情况下，污泥必须是固体或半固体，必须采取特殊的预防措施，以防止地下泄漏和污染地表水。

6.8.8　氮基组分

在高含氮原油或馏分油的热加工中可能会产生吡啶、喹啉等氮基物质。它们可能以酸处理作业的废弃物或裂化作业的废水的形式进入炼油厂或者工厂的废水。由于高分子量的氮基 pH 值在 4 以上时不易溶于水，因此应采用中和以及利用"弹性装置"来减少这些化合物的总量。在这种情况下，富含氮基组分的水流应进行分离，经中和后进入不含油的下水道系统。

6.8.9 氰化物

一般情况下，炼油厂和石化废水中不存在显著浓度的氰化物。催化裂化装置的蓄能器在处理高含氮油时，凝结水可能存在少量的氮。当氰化物的浓度会影响生物处理运行的情况下，应对有关的水流进行隔离和处理，使氰化物转化为毒性较小的硫氰酸盐（铵和钠）形式。

6.8.10 氯化铝

● 来源

通常来源于以氯化铝为催化剂的异构化或处理过程产生的污泥。

● 处置和处理

污泥应迅速中和并以淤泥的形式处置。或者，如果不含油，则将其稳定地排放到不含油的下水道；如果含油，则排放到含油的下水道系统。水解污泥的水溶液可用作絮凝剂。

6.8.11 聚电解质

虽然液态或粉状的聚电解质不是一种有害物质，但在某些情况下，当它接触到眼睛、皮肤或黏膜时，其缓冲的酸性作用具有刺激性。

应采取正常的预防措施，以防止液体聚电解质的喷洒或飞溅，特别当材料是热的。特别关注的领域包括浓缩液体聚电解质接收区软管连接，输送泵，以及相关的阀门和管道。所有表面暴露于聚电解质的结构、设备、阀门和管道，在处理之前都应该用工厂用水冲洗。所有被聚电解质污染的污水应通过化学下水道进行处理。

6.8.12 氯化铁

在常温下吸入氯化铁是无毒的。在高温（超过70℃）下，其释放的盐酸会对皮肤、上呼吸道和肺组织产生刺激。所有被污染的废水应通过化学下水道系统处理。

6.8.13 磷酸

废磷酸催化剂废料应通过将其散布在充满石灰石、石灰、牡蛎壳或废碱废料的坑中来中和。因为这些催化剂是溶解性的，吸收的水会从催化剂中浸出酸，所以应该很好地隔离荒地。

6.8.14 氢氟酸

氢氟酸焦油和气态氟化氢是以氢氟酸为催化剂的烷基化过程产生的废物。焦油和气体应通过燃烧或者洗涤处理。

6.8.15 其他废催化剂

含有高价值金属如镍、钴、钼、铂等的废催化剂，应由催化剂制造商或回收工厂对其进行再加工回收。应避免将这种废催化剂丢弃到环境中。

6.8.16 化学清洗废物

清洗设备产生的化学废料如果直接排放到下水道系统中，可能会产生乳状液。因此，在排放到污水管道系统之前，应该对用过的清洗液进行单独处理，以去除铁和固体。一般来说，这样的水流应该中和处理，并通过不含油的下水道系统引导到蒸发池。

6.8.17 硫黄固化和破碎设施及装载系统排水

本地区的管道系统应收集排水（包括雨水），通过重力输送至不含油的排污系统。硫黄固化和破碎设施的排水和装载系统区域应无含硫颗粒。

6.8.18 含有固体、乳化剂等的水

妨碍重力分离的水流，如含有固体、乳化剂和/或稀释后容易絮凝的污染物的水流，不应与持续受油污染的水混合。

6.8.19 重黏性油排水

应避免排放任何可能凝结而导致污水系统堵塞的重黏性油（例如沥青）。这样的水流应该被引到水源附近的专用池里。

6.8.20 有毒金属污染的污水

所有被有毒金属如砷、铬、汞、镉、铅、硒等污染的污水，在炼油厂和石化厂的废水中发现有毒金属浓度超过标准时，应将其隔离。处理和处置的方法应符合环境法规。

6.8.21 溶剂工艺排水

萃取蒸馏、液体萃取、物理吸收、化学吸收等溶剂过程中，如果可行，应将

泵密封和法兰泄漏等造成不可避免和无意的溶剂损失进行隔离和回用。

溶剂处理厂的设计应仔细考虑可能出现的废水问题。应尽一切努力限制或者排除进入工厂污水系统的溶剂量。还应该非常清楚的是，预期从溶剂过程中产生的液体可能含有非常广泛的有机和无机化学污染物。

通常，溶剂处理过程中所涉及的溶剂有苯酚、苯酚的混合物、二醇类、胺类、糠醛、环丁砜、二氧化硫、硫酸、醋酸铵铜、乙腈、酮类、尿素等。

6.8.22 处理工艺排水

这是一大类用于升级各种中间和最终产品的排水。在大多数情况下，处理过程涉及溶剂的使用。所有的处理过程都是废水的潜在来源，这些废水应该采用与精炼厂或者工厂类似的排水管进行隔离和处理。

▶▶▶ 6.9 石化工厂的特殊废水

应仔细检查提议或用于生产石化产品的工艺，以减少水溶性有机物进入供水系统的可能性。

一般来说，为了尽量减少石化过程产生的废水，应考虑以下方法：

a）废水回收和再利用；

b）用油或除水以外的化学物质淬火，不产生水性废弃物；

c）使用不产生水性废弃物的替代工艺；

d）使用空气冷却器或冷却塔代替直流冷却水；

e）制造过程中的废弃物在进入废水之前消除它们；

f）在废水排出工厂之前对废水处理，以降低废水中化学物质的含量。

在石化装置处理单元的设计中，应特别注意以下设计事项：

a）提供操作人员应广泛使用的仪器、警报和检查，以防止化学品的损失；

b）应安装适当的设施，以防止化学品和废弃物不受控制地排放到下水道或接收水体中；

c）应提供能够容纳几天生产废水的大储存区，以便在排放到最终目的地之前对水检查。

6.9.1 处置/处理方法汇总

应根据下列因素去选择用于减少或者去除石油化学作业中可能生成的各种化

合物的处置或者处理方法：

    a）工厂生产和污染物的类型；

    b）废水排放的最终目的地；

    c）通常用于废水处理的工艺；

    d）经济因素；

    e）环境污染法规。

6.9.1.1　处理方法

以下几种方法可用于石油化工厂和炼油厂的废水回收评估。

6.9.1.2　物理处理方法

• 重力分离

重力分离是物理处理分离油水的常用方法。它有局限性，可能需要借助其他方法。

• 汽提

蒸汽或烟气汽提是石化废弃物广泛采用的处理方法，通过汽提可以去除酚类、硫醇类、硫化氢等化合物。汽提产生的废气应焚烧以防止空气污染。

• 吸附和萃取

许多化合物可以通过吸附或萃取从水中去除，例如通过使用异丙醚或其他合适的溶剂萃取去除酚类物质。

6.9.1.3　其他物理方法

其他可评价的物理方法包括沉降、过滤、浮选、蒸发。

6.9.1.4　最终处置

• 稀释控制

本方法仅适用于数量相对较少且无毒的物质，且只能在某些特殊条件下使用。通常需要受纳水体中大量的稀释水。这种方法和其他方法一样，必须有适当的控制，以确保水生生物和接收水的质量不受损害。在某些情况下，通过扩散器或喷射器将污水释放到水流中可以使其充分扩散，从而改善稀释控制。

• 焚烧

这种方法只适用于其他方法无法成功处理的废弃物。在这种情况下，应采用特殊设计的焚化炉来处理可能产生的各种废弃物，并仔细考虑可能造成的空气污染问题。在焚烧炉的设计和运行中，需要着重考虑的变量有时间、温度、过剩空气量的百分比、湍流和燃烧室单位体积的放热量。在考虑焚化处置时，必须考虑废弃物的成分是否可能导致排放刺激性或恶臭气体、氯和氟、可见烟或颗粒状物质。

　　焚烧来自污水处理厂的脱水污泥可以减少干污泥的体积,产生无菌的无害残留物,不含有毒的有机化学物质和病原体。当面临土地短缺的废弃物处理时,如果不能选择厌氧消化或堆肥,可以选择焚烧作为安全替代的解决方案。此外,它还有助于回收燃烧过程中使用的一些能量,特别是在产生大量污泥的大型处理厂。污水污泥的处置和生活垃圾的焚烧既可以在新规划的工厂进行整合,也可以在旧工厂进行改造(图6-1)。

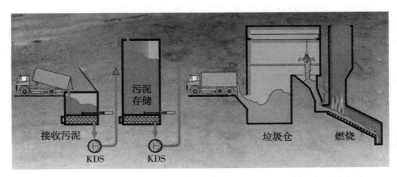

图6-1　将污泥焚烧整合到城市固体垃圾焚烧厂的可选设计方案

　　随着新技术的实施,污水污泥可生产多种营养肥料。Ash Dec 的热化学过程去除有毒重金属,使其对环境无害。这使得营养循环闭合。

　　● 回收

　　应仔细考虑回收处置,特别是如果废物不太稀释。应该使用隔离的污水系统,以最小的稀释来弥补损失,允许在制造过程中重复使用物质。

　　当废料没有稀释的时候,应该慎重考虑回收的方式处理。应使用隔离的下水道系统,以最小的稀释度来回收损失,允许生产过程中物质重复使用。

　　● 深井注入

　　只有在某些条件下,并得到地方当局的允许,石化工厂的废水才能注入不含饮用水的地下地层。为了防止停止注入时沉淀,必须对注入地层的物质进行非常仔细的预处理或控制,或两者同时进行。处理井不污染到淡水资源也是很重要的。

　　● 其他处置方法

　　除非公司和环境法规允许,否则不得使用任何其他处置方法,如海上处置、在荒地表面处置、倾倒或掩埋、喷灌。

▶▶▶ 6.10 液态天然气、液化天然气和液化石油气区域的废水

对于来自液态天然气（NGL）、液化天然气（LNG）和液化石油气（LPG）生产、处理和储存区域的废水，应考虑两种具体情况：

a）液化天然气泄漏；

b）发生火灾。

应尽快将意外泄漏的液化气从设备抽走到安全距离，并让其在收集坑中蒸发。对于监督的区域，应假定最大泄漏量为 $25m^3$。假定大约 $15m^3$ 将蒸发（在干燥的天气条件下），剩余的平衡量最少为 $10m^3$，应将其收集至收集坑或者液体气体收集器。泄漏的液化气和水应尽量分开，液化气绝不能进入任何地下溢流排水系统，以免发生冰堵。假设一次只会发生一次泄漏或一次火灾。

▶▶▶ 6.11 气体处理设施的废水

由于遇到严重污染的风险较低（清洗管道时除外），气体处理厂的排水系统可采用雨水排污系统。管线清洗时，应将被污染的废水排入中和池。从中和池排出的污水应经过检测，确定是否通过不含油的污水排放系统，以进行进一步处理。不允许清洗管道的水直接排放到排水系统。

▶▶▶ 6.12 码头、仓库、产品处理区的废水

码头、仓库、产品处理区的废水应符合当地法规的要求。考虑到成本，码头、仓库和产品加工区域的排水系统可以与相关区域附近的炼油厂或石化工厂的排水系统安装集成在一起。应特别注意该地区的地理位置和海拔高度。

▶▶▶ 6.13 废物排放的普遍考虑和条件

针对炼油厂或者工厂废物排放的指导方针、标准或准则，以及法规、程序、措施和排放许可证，应特别注意以下因素：

为保护人类健康、生物资源和生态系统所必需的用于特定目的的废水质量酌

情制定区域指南、标准或准则；

各类重要来源的废水排放或者处理程度的区域法规；

基于当地污染问题和水质容忍度考虑，对特定来源的废水排放或者处理程度应当制定更严格的地方性法规；

应要求污染者从主管地方当局获得排放许可证（如需要）。这种许可证应允许审查和修改排放条件，以反映条例的定期更新。

6.13.1 废水的特性和组成

应考虑以下要求：

a）废物来源的类型和大小，如工业过程；

b）废物种类（来源、平均组成）；

c）废物形式（固体、液体、污泥、浆料）；

d）总排放量（排水量，如每年排放量）；

e）排放模式（连续、间歇、季节性变化等）；

f）主要成分的浓度；

g）性质：

• 物理性质，如溶解度和密度

• 化学和生化性质，如需氧量、营养物

• 生物学性质，如病毒、细菌、酵母、寄生虫的存在

h）毒性；

i）物理的、化学的和生物的持久性；

j）在生物物质或沉积物中的积累和生物转化；

k）产生污染或其他降低资源市场性的变化的可能性，例如：鱼、贝类等；

l）对物理、化学和生化变化的敏感性，以及在水环境中与其他溶解的有机和无机物质的相互作用。

6.13.2 排放场所和接收环境的特点

应考虑以下要求：

a）排放地点的水文、气象、地质、生物和地形特征；

b）排放地点及类型（排水口、渠道、出口等），与其他区域（如农业、产卵、苗圃和渔场等）的关系；

c）每一特定时期的处置速率，如每天、每星期和每月的数量；

d）在排放到海洋环境时达到的初始稀释；

e）任何包装和密封方法；

f）分散特性，如海流、潮汐和风对水平输送和垂直混合的影响（在向海洋或湖泊排放的情况下）；

g）水质特征（排放到海洋或者河流的情况），如温度、pH 值、盐度、分层、污染溶解氧的氧指数（DO）、化学需氧量（COD）、BOD（以有机和矿物形式存在的氮，包括氨和悬浮物）、其他营养物和生产力；

h）在排放场所发生的其他排放及其影响，例如：重金属背景水平和有机碳含量。

6.13.3　废弃物处理技术的可用性

在选择减少废物和排放工业废水以及生活污水的方法时，应考虑到应用性和可行性：

a）替代处理工艺；

b）回收利用或消除方法；

c）陆上处置方案；

d）适当的低废物处理技术。

应适当考虑以下因素：

a）对生活质量有关设施的可能影响，例如存在漂浮或搁浅的物质、浑浊、恶臭气味、变色和起泡；

b）通过污染影响可食用海洋生物、洗浴水、美学等对人类健康造成影响；

c）对海洋生态系统的影响，特别是对生物资源、濒危物种和关键栖息地的影响；

d）其他可能对水产生的影响（如排放到海洋/河流），例如工业用途的水质受损、水下构筑物的腐蚀、漂浮物对船舶作业的干扰；因废弃物或固体物沉积在海底而对捕鱼或航行的干扰，保护对科学或自然生态有特别重要意义的地区。

▶▶▶ 6.14　废水特性

对于不同的工艺，废水的水量和特性有很大的不同。一般来说，炼油厂的主要废水来源是储罐排水、原油脱盐和蒸馏、热解和催化裂化过程，其次是溶剂精制、脱蜡、干燥和脱硫。

6.14.1　水流

按总用水量计算，原油蒸馏装置和真空蒸馏装置是最大的用水单位，其主要原因是气压式冷凝器、脱盐器和真空喷射器的用水量较大。催化裂化、干燥和脱硫是第二大用水户。用水的程度受所采用的工艺技术水平的显著影响。

6.14.2 温度

与蒸馏和裂化一样，原油脱盐，特别是静电过程，会产生大量的热废物负荷。增加冷却塔的使用在减少排水量方面起到了重要作用，不一定是通过降低污水温度来实现的。污水热负荷会对受纳水体产生显著的不利影响，因为温度升高导致氧溶解度降低和氧利用率增加，这两者都降低了水流处理废水负荷的能力。

6.14.3 pH 值

pH 值为废水中氢离子浓度。然而，经常观察到的极端值并不能真正反映废物的缓冲能力或其对受纳水体的最终影响。大多数炼油废水是碱性的，裂解（热解和催化）和粗脱盐工艺为主要的问题来源；一些溶剂精制过程也会产生大量的碱度。电厂锅炉处理产生碱性废水和污泥。加氢处理也会产生一定的碱性废物。

烷基化和聚合利用酸过程，有严重的酸化问题。一般来说，炼油厂的污水有pH 值的变化，从污水排放标准的角度来看，这不是主要的问题。当 pH 值范围超出正常范围时，在将碱性废水（有时是酸性废水）排入下水道系统之前进行中和处理，通常就足以控制 pH 值的变化。一般来说，大量的冷却和冲洗水会稀释掉排放的强酸或苛性碱，因此，随着冷却水体积的减少，pH 值可能成为更严峻的问题。

pH 值控制在废水处理操作中也很重要。非常低或非常高的 pH 值会导致下水道中已经存在的油发生更严重的乳化。进入生物处理工艺废水 pH 值是有效处理的重要考虑因素。

6.14.4 需氧量

污水的 BOD 和 COD 的测定将对水流的氧气资源产生影响。COD 和 BOD 是在本评价中使用的标准分析方法。

来自炼油厂或石化厂的废水产生主要的，有时是严重的氧需求量。主要来源是可溶性碳氢化合物和硫化物。在整个综合设施中几乎连续发生的小泄漏和无意损失可能成为主要污染源。

原油和成品油储存和成品油整理作业是 COD 和 BOD 的主要贡献者，主要是因为使用了许多储罐和船只，以及在这些作业中多次处理原油或成品油。

这些作业的废水排放是间歇性的。裂化和溶剂精炼过程是连续的主要 BOD 贡献者。

6.14.5 酚类物质含量

催化裂化、原油分馏和产品处理是酚类化合物的主要来源。催化裂化由多环芳烃如蒽和菲的分解产生酚类化合物。有些溶剂精炼工艺使用苯酚作为溶剂，虽然通过回收工艺可以回收，但损失是不可避免的。酚类物质，尤其是经过氯化处理的酚类物质，会导致饮用水出现味道和气味问题。

6.14.6 硫化物含量

硫化物废物流通常来自原油脱盐、原油蒸馏和裂解过程。硫化物包括硫醇。硫化物干扰后续的炼油厂运行，通过苛性碱或二乙醇胺洗涤去除，或以酸性凝结水的形式出现。用于从原料或产品中去除硫化物的加氢处理过程自然会产生丰富的硫化物废水，但大多数硫化物以 H_2S 的形式通过回收或燃烧去除。

6.14.7 含油量

含油量是炼油厂或者工厂废水的主要污染物特征。作为游离油，它会产生浮油和晕色，如果允许排放到受纳水体中，它会覆盖在船只和海岸线上。被油包覆的固体特别麻烦，因为它们通常是中性的相对密度，而且不容易被传统的重力分离技术去除。在受纳河流中，油或被油包裹的固体也可能对水生生物产生严重的有害影响。

油在水中的溶解度有限，因此预计对出水 BOD 或 COD 贡献不大。然而，原油及其精炼产品含有大量的可溶性碳氢化合物，这些碳氢化合物最终会通过产品洗涤等方式进入废水。这些产品洗涤废水增加了污水 BOD 和 COD。

6.14.8 轻烃在水中的溶解度

烃类组分在水中的溶解度对环境科学具有重要意义。采出水和炼油废水中的可溶性有机物是石油工业的处理难题。生产设施和炼油厂必须满足溶解有机物的法规排放要求。随着环境法规的日益严格和深水作业产量的增加，预计这将变得更加困难。然而，采出水的海上分析和修复成本高昂，深水原油中相对较高的极性物质也意味着有机组分在水相中的溶解度更高。此外，水溶性成分的性质尚不清楚，它们在采出水中的浓度也不清楚。因此，定量表征数据是了解水溶性有机化合物在采出水中溶解的第一步。

其预测通常是基于纯组分的溶解度和混合物中组分的摩尔分数。近年来，人们对轻烷烃(甲烷和乙烷)在纯水中的溶解度进行了广泛的研究。然而，由于其极低的溶解度，有必要使用准确的方法来预测这些组分的水溶性。在本节中，为了更好地预测轻烷烃的水溶性，提出了一种简单易用的关系式（由 Bahadori 等人在 2009 年开发）。

式(6-1)给出了预测轻烷烃水溶解度的新关系式，其中用 4 个系数来关联单个组分的摩尔分数和简化分压：

$$x_i = 0.001(a + bP_{ri} + cP_{ri}^2 + dP_{ri}^3) \tag{6-1}$$

$$a = A_1 + B_1 T_{ri} + C_1 T_{ri}^2 + D_1 T_{ri}^3 \tag{6-2}$$

$$b = A_2 + B_2 T_{ri} + C_2 T_{ri}^2 + D_2 T_{ri}^3 \tag{6-3}$$

$$a = A_3 + B_3 T_{ri} + C_3 T_{ri}^2 + D_3 T_{ri}^3 \tag{6-4}$$

$$d = A_4 + B_4 T_{ri} + C_4 T_{ri}^2 + D_4 T_{ri}^3 \tag{6-5}$$

上面的方程中，x_i 为溶质组分(i)在水相中的摩尔分数，P_r 和 T_r 分别为各组分的简化分压和温度，单位 kPa 和 K。表 6-1 也给出了优化后的常数。

表 6-1　新提出的预测轻烷烃水溶性的相关系数[式(6-2)~式(6-5)]

系数	甲烷	乙烷
A_1	261.159102	1.52452624
B_1	−257.987470	−0.790117139
C_1	0	0
D_1	37.2471507	−0.973352139
A_2	−294.266511	−198.534348
B_2	290.940225	311.386014
C_2	0	0
D_2	−41.6884515	−109.130286
A_3	120.094172	731.199867
B_3	−116.988102	−1132.12025
C_3	0	0
D_3	16.3778867	395.621746
A_4	−18.3989831	−905.085194
B_4	17.7638515e	1394.71993
C_4	0	0
D_4	−2.44816293	−486.883551

图 6-2 和图 6-3 显示了应用新方法在不同温度和压力下，甲烷和乙烷组分在水中的溶解度趋势。从图中可以看出，在高压下，甲烷和乙烷组分的溶解度几乎

与温度无关，而在低压下，溶解度随着温度的升高而降低。

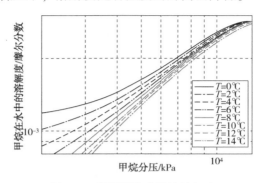

图 6-2　预测甲烷水溶液溶解度

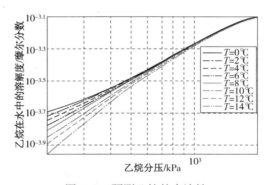

图 6-3　预测乙烷的水溶性

6.14.9　预测水–烃体系的互溶性

在能源工业中，描述烃类和水的互溶性是非常重要的。烃类混合物中存在的水会影响产品质量，并会腐蚀和形成气体水合物从而损坏运行设备。追踪含水介质中烃类的浓度对于防止石油泄漏等技术目的和预测这些有机污染物在环境中的归趋等生态问题也很重要。本节介绍了一种简单实用的相关式，可以很好地预测水–烃体系以及 C_3 和 C_{10} 之间的重烃在 0~120℃温度范围内的相互溶解度。

式（6-8）提出了预测水–烃相互溶解度的新关联式，其中使用四个系数将溶解度作为 τ 的函数关联起来：

$$\tau = \frac{T}{T_{ci}} \tag{6-6}$$

$$\xi = \frac{T_{\mathrm{NBP}i}}{T_{ci}} \tag{6-7}$$

$$x_i = \alpha(a + b\tau + c\tau^2 + d\tau^3) \tag{6-8}$$

$$a = A_1 + B_1\xi + C_1\xi^2 + D_1\xi^3 \tag{6-9}$$

$$b = A_2 + B_2\xi + C_2\xi^2 + D_2\xi^3 \tag{6-10}$$

$$a = A_3 + B_3\xi + C_3\xi^2 + D_3\xi^3 \tag{6-11}$$

$$d = A_4 + B_4\xi + C_4\xi^2 + D_4\xi^3 \tag{6-12}$$

在上述方程中，x_i 是溶质组分（i）在水相中的摩尔分数和在 100kg 碳氢化合物中溶解的水（kg）的摩尔分数。τ 和 ξ 由式（6-6）和式（6-7）计算得到。估算的常数如表 6-2 和表 6-3 所示。计算烃类在水中的溶解度，$\alpha = 0.000001$；计算水在烃类中的溶解度，$\alpha = 1$。$T_{\text{NBP}i}$ 和 T_{ci} 分别为组分 i 的正常沸点和临界温度。

图 6-4 和图 6-5 显示了不同温度下 C_3—C_{10} 组分在水中的溶解度变化趋势。在报告的数据和新相关性的所得结果之间观察到良好的一致性。这些图表还表明，轻烃（如丙烷）比重烃（如癸烷）更易溶于水，以及碳氢化合物在水中的溶解度随着温度的升高而变高。

表 6-2　预测烃类在水中溶解度的评估系数 [式（6-9）~式（6-12）]

系数	丙烷-己烷	己烷-癸烷
A_1	$1.53061855208904 \times 10^8$	$-7.80318540290318 \times 10^4$
B_1	$-6.95425772815835 \times 10^8$	$3.69737747273782 \times 10^5$
C_1	$1.05311164420129 \times 10^9$	$-5.77961661971329 \times 10^5$
D_1	$-5.31541395374747 \times 10^8$	$2.98529541379832 \times 10^5$
A_2	$-4.5084296748633 \times 10^8$	$1.3181984347846 \times 10^6$
B_2	$2.04763764916127 \times 10^9$	$-5.78706658568791 \times 10^6$
C_2	$-3.09976139197572 \times 10^9$	$8.46135894896114 \times 10^6$
D_2	$1.56404762898601 \times 10^9$	$-4.12008439650811 \times 10^6$
A_3	$4.47102182743484 \times 10^8$	$-3.85661272900561 \times 10^6$
B_3	$-2.03041426889201 \times 10^9$	$1.66978003215558 \times 10^7$
C_3	$3.073392747304 \times 10^9$	$-2.40930454837587 \times 10^7$
D_3	$-1.5506231578167 \times 10^9$	$1.15845093404961 \times 10^7$
A_4	$-1.51100996876207 \times 10^8$	$3.14620688985382 \times 10^6$
B_4	$6.86533638859106 \times 10^8$	$-1.35459756919058 \times 10^7$
C_4	$-1.03972563665959 \times 10^9$	$1.94391066047826 \times 10^7$
D_4	$5.24852883270059 \times 10^8$	$-9.29742057877851 \times 10^6$

表 6-3　预测碳氢化合物水溶性的评估系数 [式(6-9)~式(6-12)]

系数	丙烷-己烷	己烷-癸烷
A_1	$-0.37543995841323 \times 10^6$	$0.36882777088116 \times 10^6$
B_1	$1.73693356843739 \times 10^6$	$-1.588017272292665 \times 10^6$
C_1	$-2.67896847966559 \times 10^6$	$2.27781165264479 \times 10^6$
D_1	$1.37731071844325 \times 10^6$	$-1.0885375042589 \times 10^6$
A_2	$0.15898975008232 \times 10^6$	$-0.19720127013985 \times 10^6$
B_2	$-0.73780254787291 \times 10^6$	$0.84883989830623 \times 10^6$
C_2	$1.14123199781881 \times 10^6$	$-1.21729901998746 \times 10^6$
D_2	$-0.58830721436155 \times 10^6$	$0.58164606742025 \times 10^6$
A_3	$-0.23187113029754 \times 10^6$	$0.34992894151685 \times 10^6$
B_3	$1.078496564000005 \times 10^6$	$-1.50601457844133 \times 10^6$
C_3	$-1.6717164862978 \times 10^6$	$2.15954437645887 \times 10^6$
D_3	$0.86339618872612 \times 10^6$	$-1.03185031311938 \times 10^6$
A_4	$1.15457781637261 \times 10^5$	$-0.20623421783169 \times 10^6$
B_4	$-5.37774830265444 \times 10^5$	$0.88757317045455 \times 10^6$
C_4	$8.34557228439786 \times 10^5$	$-1.27281419845502 \times 10^6$
D_4	$-4.31441338774772 \times 10^5$	$0.60825470939167 \times 10^6$

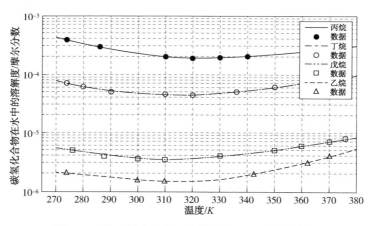

图 6-4　基于新建立的相关性预测 C_3-C_6 的水溶性

　　图 6-6 和图 6-7 说明了水在不同烃组分中，在很宽温度范围内的溶解度趋势。这些图表说明了报告的数据与新相关式的所得结果之间具有良好的一致性。这些图表还表明，与重烃组分相比，水在轻烃中更容易溶解。

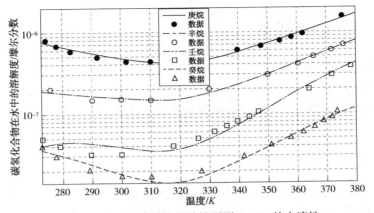

图 6-5 基于新建立的相关性预测 C_6-C_{10} 的水溶性

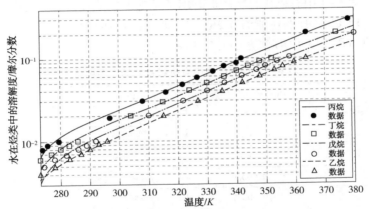

图 6-6 基于新建立的相关性预测水在 C_3-C_6 中的溶解度

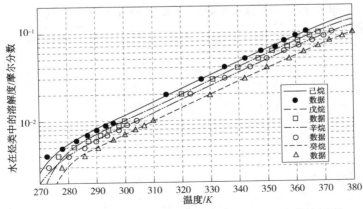

图 6-7 基于新建立的相关关系预测水在 C_6-C_{10} 中的溶解度

⟫⟫⟫ 6.15   废水排放

本节分为两部分：

1. 炼油处理厂排放的点源废水；

2. 在炼油厂现场排放前，没有收集和处理的雨水和其他杂项径流产生的扩散废水。

6.15.1   点源排放

表6-4和表6-5提供没有分类和转移（转移包括排放到下水道）的炼油厂废水排放的默认排量数据。炼油废水的溶解有机碳（DOC）含量通常是一个已知的参数。因此，表6-4中有机化合物的形态因子是基于这个参数的。表6-4所派生的文件表明，DOC/COD的比值为0.267。在缺乏有关DOC的特定地点信息的情况下，该比率可用于从COD测量中确定DOC。

表6-4   炼油废水中有机物默认的形态因子

物质	DOC的质量分数	物质	DOC的质量分数
甲苯	0.00092	多环芳烃（PAHs）	0.0016
苯	0.00091	苯乙烯	0.0001
二甲苯	0.0014	乙苯	0.00012
苯酚	0.00069	1,1,2-三氯乙烷	0.000036
1,2-氯乙烷	0.00027	三氯甲烷	0.0025
六氯苯	0.0000044		

表6-5   炼油厂污水中微量元素和无机元素的默认排放因子

物质	排放系数（kg/m^3 of flow）	物质	排放系数（kg/m^3 of flow）
锌（Zn）	4.4×10^{-4}	锑（Sb）	5.8×10^{-7}
磷（P^{3+}）	4.1×10^{-7}	钴（Co）	1.6×10^{-6}
砷（As）	6.7×10^{-6}	汞（Hg）	1.1×10^{-8}
铬（Cr^{6+}）	7.7×10^{-6}	镉（Cd）	3.3×10^{-7}
硒（Se）	3.1×10^{-6}	铅（Pb）	1.9×10^{-6}
镍（Ni）	3.6×10^{-6}	氰化物	7.6×10^{-9}
铜（Cu）	2.9×10^{-6}	氨	1.3×10^{-6}

在废水排放中没有发现与 DOC 相似的微量元素和其他无机物参数。因此，表 6-5 将微量元素和无机化合物排放量表示为默认排放因子。

表 6-4 和表 6-5 是根据工业咨询的经验和对有关炼油厂废水中物质含量的现有文献的审查而编制的。在没有更好的数据可用的情况下，推导默认值是合理的。所提及的方法通常涉及使用炼油厂废水的 DOC，在特定的基础上提出有机废水的数据。

表 6-4 和表 6-5 中给出的默认物种数量是使用安大略省环境部（1992）文件中提供的测试数据确定的。该文件提供了平均污水浓度水平，以及检测出物质浓度低于检测限值的样品的百分数。

所提出的平均数只是根据含量超过检测限的样品得到的，因此需要考虑那些含量无法检出的样品。因此，采用一种保守的方法（假定没有检出的样品浓度实际上为化合物检测限的一半），得到了新的"平均"污水浓度。然后将这些平均的污水浓度除以同一文件中提出的 DOC 平均值，推导形态分数。

这些形态因子在下列方式中应用于该污水参数：

$$WWE_i = DOC \times \frac{WP_i}{100} \times flow \tag{6-13}$$

式中 WWE_i ——从处理厂排放的废水成分 i，kg/h；

DOC ——工厂排放的经处理废水的溶解有机碳含量，kg/m^3；

WP_i ——组分 i 质量分数，如表 6-4 所示；

$flow$ ——排放到受纳水体的废水流量，m^3/h。

表 6-5 中的排放因素与空气排放因素的应用方式相同，不同之处在于它们是基于处理厂污水的流量（排放因子为每立方米废水排入多少千克）。

6.15.2 污水允许浓度

根据典型的环境法规，表 6-6 列出污水中污染物的最大允许浓度，作为一个指引。但是，在执行每个项目期间，应根据有关环境法规正式发布的最新信息，更新污水中污染物的最大浓度。

表 6-6 中的数字仅适用于本书未涉及的情况。石油化工类废水排放在土壤表面时，烃类会吸附在土壤中的有机矿物质上，因此油和化学成分对土壤的污染成为一个重要问题。化学物质和石油通过管道爆裂等各种方式排放到土壤环境中。当溢油发生时，通常需要对土壤进行清理。本章着重讨论了在不饱和或饱和带，处置石油和化工产品的长期策略。

表 6-6　典型污水中污染物最大允许浓度

污染物	排放到地表径流/(mg/L)	排放到地下水/(mg/L)	灌溉和农业/(mg/L)
Al	5	5	5
Ba	2	1	1
Be	0.1	1	0.1
B	2	1	1
Cd	1	0.01	0.01
Ca	75	—	—
Cr^{6+}	1	1	1
Cr^{3+}	1	1	1
Co	1	1	0.05
Cu	1	1	0.2
Fe	3	0.5	5
Li	2.5	2.5	2.5
Mg	100	100	100
Mn	1	0.5	0.2
Hg	0	0	0
Mo	0.01	0.01	0.01
Ni	1	0.2	0.2
Pb	1	1	1
Se	1	0.01	0.02
Ag	1	0.05	0.01
Zn	2	2	2
Sn	2	2	—
V	0.1	0.1	0.1
AS	0.1	0.1	0.1
Cl^-	排入淡水中的工业废水氯含量不应超过250mg/L(ppm)		
F	2.5	2	2
P	1	1	—
CN	0.2	0.02	0.02
C_5H_5OH	1	0	1
CH_2O	1	1	1
NH^+	2.5	0.5	—

续表

污染物	排放到地表径流/(mg/L)	排放到地下水/(mg/L)	灌溉和农业/(mg/L)
$NO_2-NO_2^-$	10	—	—
$NO_3-NO_3^-$	50	1	—
SO_4^{2-}	300	300	500
SO_3^{2-}	1	1	
TSS	30	30	100
SS	0	0	0
TDS	工业废水中的总溶解固体在地下水或者河流，和距离排放废水 200m 以内的任何其他来源中，不应增长至超过 10%		
油和油脂	10	10	10
BOD	20	20	100
COD	50	50	200
DO	>2	>2	>2
ABS(洗涤剂)	1.5	0.5	0.5
浊度	50	50	50
色度	因工业废水、污水排放而产生的水源颜色不应超过 16 个标准单位	75 个色度单位	75 个色度单位
温度	在 200m 范围内，工业污水温度不应使水源水温改变超过±3℃	—	在 200m 范围内，工业污水温度不应使水源水温改变超过±3℃
pH 值	6.5~8.5	5~9	5~9
放射性	0	0	0
大肠菌群	400/100mL	400/100mL	400/100mL
MPN	1000/100mL	1000/100mL	1000/100mL

清理从管道、采油单位、原油脱盐厂、泵站、罐区、化工厂、上游钻井作业中释放的烃基液体和精炼产品，以及下游石油、石化厂和下游油品的地上或者地下储罐的其他污染物，气体和化学加工工业通常使用几种纠正措施和策略。短期紧急措施可能涉及立即采取行动去控制严重紧急的健康和安全问题，如潜在的爆炸和中毒。

在紧急危险消除之后，提出长期的纠正措施包括清理进入地表和地下环境的污染物。地下石油产品可能被困在非饱和带土壤颗粒之间，在饱和带漂浮在地下水位上或溶解在地下水中。

这里我们讨论土壤污染控制：

a）告知有关当局如何评价不饱和带的现场条件和发生石油产品泄漏的地点，如何获得确定不饱和带石油产品所在位置所需的信息，以及如何在给定地点将石油产品从不饱和带移除；

b）评估专门为清理饱和带而设计的技术；

c）提供评价管道泄漏及其潜在后果的结构性方法，该方法旨在帮助管道运营商评估安装管道泄漏检测设施的必要性，并概述可用的管道泄漏检测技术。

▶▶▶ 6.16 不饱和带

不饱和带是指在无承压含水层地下水位以上的多孔层的一部分，其含水率小于饱和带，毛细压力小于大气压，不饱和带不包括毛细边缘。饱和带是指包括毛细区，所有土壤颗粒之间的空间都被水占据的区域。

在选择合适的土壤处理技术时，对不饱和带条件有深刻的了解是必要的。场址评估将揭示在有关场址收集的基本水文、地质和化学数据测量。应考虑以下几点。

a）泄漏了什么？在哪里？（石油泄漏以来的时间）

b）大部分石油产品可能在不饱和带的什么地方？

c）有多少石油产品可能存在于不同的地点和相态？

d）污染物成分的流动性如何，它们可能向何处流动，扩散速度如何？

▶▶▶ 6.17 场地评估

收集的数据应用于确定污染物在地下的行为。当处理不饱和带时，这些数据主要用来确定污染物的迁移率和它可能在哪个/些相。石油产品流动性在非饱和带与什么相关：

a）污染物各相在地下移动的潜力；

b）石油产品从一相转变为另一相的潜力。

为了选择一种有效的石油污染土壤的净化技术，需要收集有关石油污染土壤的泄漏产品和地下环境的一些基本信息：

1）哪些污染物被泄漏？要求了解所有产品的类型、物理和化学性质，以及其主要化学成分。

2）石油产品目前在哪里？石油产品在非饱和带内的分布，如土壤气体中的蒸汽、作为残余液体或溶解在孔隙水中。

3）每相有多少石油产品？在泄漏后（几周到几个月），大部分产品将以残留液体的形式存在，大量的组分将挥发并溶解在现有的孔隙水或渗透雨水中。

4) 这些石油产品将流向何处? 移动性不仅影响泄漏的程度，而且还影响任何处理方案的有效性，这些处理方案有效性依赖于能否使难以移除的污染物流动起来(例如真空抽提)。

这四个问题为决策提供了一个框架，更多的信息通常可以改进选择过程。

▶▶▶ 6.18 收集泄漏信息

表 6-7 中列出的问题为寻找产物在地下的流动性和相分布提供了一个起点。对于地上泄漏，表 6-7 中问题的答案通常很容易得到。

表 6-7 假定基本泄漏的发布信息是已知的

所需信息	信息的重要性
泄漏了哪些污染物?	每种污染物的物理和化学性质不同，导致不同的相分配、流动性和降解特性。纠正措施的选择与这些特征有关。
泄漏了多少?	泄漏的量直接影响到可能发现污染物的相态。
泄漏的性质是什么(快速泄漏/缓慢泄漏)?	泄漏的污染物的相分配和流动性均受泄漏性质的影响。因此，对于快速泄漏和长时间泄漏，选择适当的纠正措施可能有所不同。
泄漏后多长时间了?	污染物会随着时间的推移而"变化"，也就是说，它们的成分会因降解、挥发和雨水渗透等自然冲刷等过程而改变。这种成分的变化直接影响到大部分污染物的物理和化学性质。
泄漏是如何检测到的?	这可能有助于深入了解上述问题以及地下污染的真实程度和分布。

石油产品包括多种燃料类型，每种燃料都有不同的物理和化学性质。此外，每种燃料类型都是许多化合物的混合物，这些化合物的性质可能与混合物的性质大不相同。必须了解不同污染物的流动性，以确定溢出的燃料("这种污染物会迅速扩散并到达地下水面吗?")、它的分解("这种污染物会蒸发并造成爆炸危险吗?")和它的降解潜力("这种污染物在不饱和带是否容易被生物降解?")。这些因素是技术选择过程的重要组成部分。

- 泄漏了多少石油产品?

泄漏产品的体积可以帮助用户评估污染物是否已达到饱和带，并估计不饱和带污染的程度。

- 泄漏后的时间

泄漏后的时间很重要，因为泄漏物质的成分和性质随着时间的变化而变化；挥发性化合物蒸发，可溶性成分在渗透的雨水中溶解，有些成分生物降解。这些随着时间的推移而发生的生化变化被称为"风化"。

● 收集场址特定信息

特定地点的信息主要涉及该地点的水文和地质特征。即使在很短的距离内，地质特征也会有很大的变化，因此，通过大量的现场数据对土壤参数进行准确的估计是至关重要的。表6-8列出了进行选址评估所需的具体数据。默认值是通过表格、图表和许多参数的其他数据获得的。这些默认值使用户能够在短时间内对关键参数进行初步评估。

表6-8　收集特定场地的参数

参数/单位	重要的决定因素	参数/单位	重要的决定因素
土壤孔隙度/%	流动性，相态	当地地下水深度/m	相态
颗粒密度/(g/cm³)	流动性，相态	土壤温度/℃	流动性，相态
体积密度/(g/cm³)	流动性，相态	土壤pH值	细菌活动
渗透系数/(cm/s)	流动性，相态	降雨量、径流和入渗率/(cm/d)	流动性，相组成
空气导电率	流动性，相态	土壤表面积/(m²/g)	流动性，相组成
渗透性/cm²	流动性，相态	有机组分含量/%	流动性，相组成
土壤含水量/%	流动性，相态	岩石裂缝	流动性

应尽可能获得特定地点的数据。如果需要进行快速的初步评估，通常需要在不使用现场数据或只有不完整数据的情况下评估备选方案。在这些情况下，粗略估计是有用的。表6-9和表6-10提供了表6-8中列出的几个参数的典型值（适用于几种不同类型的岩土）。这些表可用于在没有测量值的情况下选为默认值。图6-8显示了不同土壤类型的持水特性。

表6-9　评估液体污染物流动性的因素

因素	单位	增加流动性（→）		
泄漏相关的				
泄漏以来的时间	月	长（>12）	中（1~12）	短（<1）
场地相关的				
渗透系数	cm/s	低（<10^{-5}）	中（10^{-5}~10^{-3}）	高（>10^{-3}）
土壤孔隙度	土壤体积/%	低（<10）	中（10~30）	高（>30）
土壤表面积	m²/g	低（<0.1）	中（0.1~1）	高（>1）
土壤温度	℃	低（<10）	中（10~20）	高（>20）
岩石裂缝	—	缺	—	有
水分含量	体积/%	低（<10）	中（10~30）	高（>30）

因素	单位	增加流动性(→)		
污染相关的				
液体黏度	厘泊	低(<2)	中(2~20)	高(>20)
液体密度	g/cm³	低(<1)	中(1~2)	高(>2)

表 6-10 评价污染物蒸气流动性的因素

因素	单位	增加流动性(→)		
场地相关的				
充气孔隙度(总孔隙度减去被水填充的部分等于充气孔隙度)	体积/%	低(<10)	中(10~30)	高(>30)
总孔隙度	体积/%	低(<10)	中(10~30)	高(>30)
水分含量	体积/%	低(<10)	中(10~30)	高(>30)
深吹面	m	深(>10)	中(2~10)	高(<2)
污染物相关的				
蒸气密度	g/cm³	低(<50)	中(50~500)	高(>500)

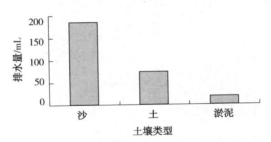

图 6-8 基于不同土壤结构的持水特性

7

下水道污水处理

下水道污水处理是一个关键的问题，因为相关的需求和处理能力不足，环境和人类健康面临着下水道污水泄漏和溢出的重大风险。此外，老化的基础设施在超负荷之下并不能保持完整。

除了在下水道污水中发现的化学毒素和废水外，下水道污水中还存在大量危及生命的危险微生物。

这些病原体包括致命的寄生虫、细菌和病毒，它们会进入海洋、海滩和内陆供游玩的水体。

向环境中释放剧毒的化学物质和生物物质并引起如霍乱等影响健康的流行病。

- 病原体

这些微生物对健康造成的一些致命的影响包括腹泻、胃痉挛、发烧、皮肤真菌、蠕虫和肝炎，可能会出现急性（短期）或慢性（长期）症状。

- 营养物质含量高

未经处理的原污水还含有高水平的营养物质（来自杀虫剂和化学药品），会导致藻类大量繁殖，其中一些对人类有毒，还可以通过食用贝类或休闲游泳，在食物链中传播。症状包括腹痛、呕吐、腹泻和肝功能衰竭。

- 生态风险

除了对人类健康的影响外，泄漏到环境中的未经处理的污水还会摧毁其他生命形态，破坏其食物来源及栖息地。

- 恶臭气体

下水道污水不仅散发恶臭，而且还很危险，因为通过其系统不仅会产生有机分解后的气体，还会产生生活污水和工业污水中的化学物质。

下水道污水可能含有一系列气体，包括氨、甲烷、二氧化碳和硫化氢（臭鸡蛋气味），以及非法排放的燃料和其他有害化学物质，这些都会导致臭味、爆炸风险和健康风险。图7-1展示了典型的污水环境。

图7-1 典型的污水环境

图 7-1 典型的污水环境(续)

本章涵盖了针对石油工业和住宅区的小型公共卫生污水处理厂设计的最低要求。介绍了下水道污水的特点、化学性质及其处理方法,对下水道污水处理厂最终废水的处置提供了指导。

▶▶▶ 7.1 下水道污水排放

为保护水生环境和维持湖泊、水库、溪流、河流、河口和大海的水质,在设计污水处理厂时,应尽量减少污水的排放强度,以确保避免在下水道污水排放的情况下产生滋扰。

7.1.1 受纳水体

受纳水体标准的制定属于环境法规的管辖范围。

因此,应遵守当地环境主管部门现行标准、规范中包含的生活废水和工业废水中污染物的最高浓度,并规定任何排放都不应产生违反标准的条件。

7.1.2 生活污水处理厂的最终排水

除了为生化需氧量(BOD)和悬浮固体(SS)设定最大允许浓度(这是最重要的因素)外,显然,把排放废水到受纳水体之前应从废水中去除油、油脂和悬浮固体。

对于五日生化需氧量(BOD_5)和 SS,如果最终排出的污水,即污水处理厂的最终产品,如果其 SS 含量不超过 30ppm,并且在 5 天内吸收的溶解氧不超过 20ppm,则被认为是合格的。

最终这种强度和浊度的污水排放到河流中时,假设河流的最小流量将进一步通过至少 8 倍废水体积的河水稀释排放污水。

如果将上述所提到的排放标准的最终污水排放到河道时没有达到这种稀释程度,则可建议更高程度的净化。另一方面,在稀释程度大的地方,如在潮汐河口，可能允许更宽松的规定。

然而，在内陆排放的某些情况下，如上文所述，30ppm 悬浮固体和 20ppm BOD$_5$ 的标准可能是可以接受的，而无须进一步稀释至少 8 倍，前提是在排污口下游 50km 的安全距离内没有取水口。

7.2　污水处理方法：通用的要求

污水处理的主要目的是将污水保留在与空气接触，并受到好氧生物作用的环境中足够长的时间，将有机成分充分氧化，从而使污水安全地排入天然水体中，而不必担心造成滋扰。

污水中的污染物通过物理、化学和生物方法去除。所涉及的操作分为物理单元操作、化学单元操作和生物单元操作。除稀释处理外，传统的处理方法分为三类：通过化粪池处理、生物滤池处理以及活性污泥处理。

7.3　系统选择：通用要求

在任何特定情况下采用的污水处理厂的类型取决于：

a）污水处理厂将涉及最低的运行成本和每年偿还建设费用；

b）有关地点因苍蝇或污水处理厂臭味而产生的轻微滋扰在多大程度上受影响；

c）可用土地面积和土地对每种处理方法的适宜性；

d）要求处理的程度；

e）从工厂界区内的进水管道到排污口的可用落差。

这些共同构成了一个常识性经济问题，在任何特定情况下都应该只有一个正确答案。

然而，事实上关于污水处理厂类型的决定往往取决于工程师个人的偏好以及当时可能比较流行的处理方式。

7.4　污水处理厂的设计：通用指南

污水处理厂的设计是根据待处理污水量和污水强度，即有机污染程度来设计的。

如果污水的浓度比较稳定，则很有可能需要根据要服务的人口数量进行精确设计，但根据人均用水量、地下水渗透程度以及工业废水水量和性质，污水处理差别很大。

对于来自普通城镇的无(少)其他杂质的生活污水，通常来自抽水马桶。污水处理厂的曝气设备(土地、渗滤池或曝气池)的大小，有时可以通过服务的人口数量来决定。然而，在大多数情况下，曝气设备的尺寸是根据分析确定的污水强度和平均干燥天气流量确定的。

在本工程标准中，一般指导仅针对普遍设计。特殊要求应根据当地情况确定。因此，如有需要，可根据对下水道污水处理厂的实践经验，提供工程技术性建议，对上述指导可以加以补充。

图 7-2 展示了一些具有代表性的污水处理设备。

图 7-2　污水处理设备

▶▶▶ 7.5　小型污水处理厂的设计

这里给出的设计指南和标准适合针对从居民区和工业区排放的污水处理工程，从单户到约 1000 人口当量，并通过污水池储存污水，污水会定期被移走进行处置或处理。

对于小型污水处理厂的设计，应获取并考虑以下主要的基础数据：

a) 当地市政当局提出的超出允许排放标准的所有要求都应向当地环境保护部门进行收集。

b) 需要提供服务的最少和最多人数(居民和非居民)。

c) 平均 24h 用水量和所有影响污水成分和峰值流量的特殊条件；在多数情况下，数据可从当地水务部门获得。

d) 渗入水的存在。

e) 场地详情：

离最近的可居住建筑的距离；

盛行风；

水位；

关于地面性质的信息，包括地下水位的高低和变化；

车辆和工厂的通道。

f) 排污口的详情(例如潮汐或内陆水域、河流、溪流、沟渠或渗水处)，还包括邻近位置已知最高洪水水位和可能排放污水的溪流或其他河道的最小流量。

g）工厂能正常运行和得到维护的条件。

h）将来需要扩展工程或通过一项综合计划淘汰原有工程的可能性。

i）电力和自来水的可用性。

j）最终处置污泥和筛分的设备。

▶▶▶ 7.6　预处理

垃圾和漂浮物将不可避免地成为到达工厂的污水中的一部分。

为了减少工厂的堵塞和污染，特别是对于较大的设备，可以采用下列其中一种方法：

a）在入口通道的竖杆之间放置一个净间距为 30~75mm 的小金属筛网。在筛网发生堵塞时，应做好溢流或者旁通的准备。还应规定定期安全处理筛渣。

b）在管道的入口通道处提供一个浸渍器，以便在垃圾进入工厂之前将其在入口处切碎。

c）如果污水在处理前的任何阶段都必须泵送，则使用带有切削刃或有单独浸渍器的泵。

d）将沉沙池中废水流速降低到一定程度，使密度较大的沙子和其他砂砾沉淀下来，但有机固体保持悬浮状态（图7-3）。沉降的物质采用掩埋或填埋处理。

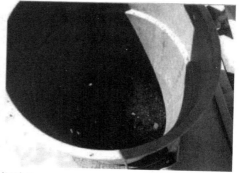

图 7-3　沉沙池

▶▶▶ 7.7　初沉池和二沉池

初沉池（或水池）通常是大型容器，其中固体通过重力沉降（图7-4），可沉淀的固体被泵抽走（作为污泥），而油浮到顶部并被撇去。

初沉池的工作原理是将流速降低到约 0.005m/s，使悬浮物质(有机可沉降固体)沉降下来。

通常停留时间为 1.5~2.5h。停留时间过长通常会导致溶解氧的耗尽和随后的厌氧条件。悬浮颗粒的去除范围为 50%~65%，预计 BOD_5 可减少 30%~40%。

初沉池用于生物处理之前沉降固体颗粒，减少后续阶段的 BOD 负荷。初沉池通常应该不用于人口少于约 100 人的污水处理。

图 7-4　初沉池

沉淀池的效率取决于水流速度，而水流速度由池尺寸决定。特别是在小型污水处理厂中，流量的显著变化会降低沉降效率。

沉淀池可以是平流式或竖流式。后者建造成本通常比前者高，但它具有独特的优势。

应配备定期清除污泥的设备，这对所有沉淀池的性能至关重要。在正常运行沉淀池时，应至少每周排泥一次。

除非另有规定，应为沉淀池配备浮渣滞留板和清除设备，因为小型污水处理厂比大型污水处理厂更容易收到相对较高比例的油、脂肪和油脂。

a) 竖流式沉淀池

竖流式沉淀池的布置应为通过沉淀池标称上流速度小于待去除物质的沉降速度。

建议在最大流速为 0.9m/h。在最大流速未知的情况下，池的表面积可通过式(7-1)计算得出：

$$A = 0.1P^{0.85} \tag{7-1}$$

式中　A——料斗顶部池体的最小面积，m^2；

P——设计人口。

该公式考虑到由于人口减少而增加的流量可变性。该公式是基于每人每天 180L 的干燥天气流量进行计算，但应根据其他干燥天气流量按比例进行调整。

料斗的尺寸和容量可以根据其体积和表面积来确定。

b）平流式沉淀池

平流式沉淀池容积应根据服务人数和干燥天气流量计算。在干燥天气流量下，停留时间不应超过 12h，建议采用式（7-2）：

$$C = 180P^{0.85} \tag{7-2}$$

式中　C——池的总容积，L；

　　　P——设计人口。

这个公式考虑到随着人口减少而增加流速的可变性。这个公式是基于每人每天 180L 的干燥天气流量进行计算，但应根据其他干燥天气流量值按比例进行调整。

▶▶▶ 7.8　污泥消化池

图 7-5　污泥消化池

在沉淀池中沉淀的污泥通过泵送到温度保持在 30 ~ 35℃ 的污泥消化池（图 7-5）。这是厌氧菌（生活在不含氧气环境中的细菌）的最适宜温度。

通常消化时间为 20 ~ 30 天，但在冬季可能时间会更长。

污泥消化池必须不断添加原污泥，并且仅仅排出消化良好的污泥，在消化池中留下一些熟污泥使加入的原污泥适应新环境。

▶▶▶ 7.9　污泥干化床

消化后的污泥被放置在干化沙床上（图 7-6），污泥中的水分可能会蒸发或排入土壤中。干燥后的污泥为多孔状腐殖质滤饼，可用作肥料基质。

将从初沉池产生的废液输送到二级处理系统，通过使用滴滤池进行有氧分解实现了稳定化。

随着大部分悬浮物从污水中去除，流体部分流过二沉池表面的溢流堰（图 7-7）。

图 7-6 污泥干化床

图 7-7 二沉池

根据地点的不同,大多数法律要求在接触 30min 后保留游离有效氯(FAC)残留量(通常为 0.2mg/L)。

这个接触时间是通过使用氯接触池获得的,设计的氯接触池提供 30min 的停留时间。

处理过的污水通常从氯接触池排放到受纳水体中。

二沉池与生物滤池一起使用时称为腐殖质池,当要求 30∶20 或更好的出水水质时,二沉池是二级污水处理中生物处理之后重要组成部分。腐殖质池作为独立单元或作为成套设备的组成部分安装在生物处理之后。

二沉池的设计原理与初沉池相似。为了设计、建造和运行方便,可能需要将二沉池与初沉池设计成同等大小。二沉池容积计算如下:

a) 竖流式沉淀池

表面积应不小于:

$$A = \frac{3}{40} P^{0.85} \tag{7-3}$$

式中 A——料斗顶部储泥池的最小面积，m²；

  P——设计人口。

这个公式是基于每人每天180L的干燥天气流量进行计算，并且考虑到较少人口的流量增加流速的可变性。其可以根据其他干燥天气流量值按比例调整。

b）平流式二沉池

平流式沉淀池容积的计算应根据服务人数和旱季流量来计算。建议使用式（7-4）：

$$C = 135P^{0.85} \tag{7-4}$$

式中 C——池的总容量，L；

  P——设计人口。

该公式是基于每人每天180L的干燥天气流量进行计算，并考虑到较少人口增加流量的可变性。可根据其他的干燥天气流量值按比例调整。

使用该公式将在所有干燥天气流量和人口超过100人情况下使总停留时间小于9h。

7.10 生物滤池

生物滤池（图7-8）的构造与沙滤设备几乎相同，因此SS通过物理过滤去除。此外，空气通过过滤池底部，在滤池表面形成好氧微生物膜（生物膜）。

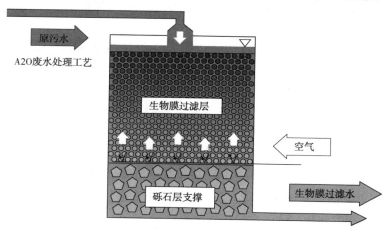

图7-8 典型的生物滤池

这使得残留在原污水中的可生物降解的溶解有机物被吸附、溶解和去除。通过这种方式，就可以获得更洁净的处理水。

在传统的生物滤池中，化粪池或初沉池出水与合适的填料接触，其表面覆盖着生物膜。

生物膜通过微生物的作用，同化和氧化大部分污染物。生物滤池需要充足的通风和通向出水口的有效排水系统。

7.10.1 分布

废水应均匀地分布在生物滤池的表面上，通过生物滤池渗透到地面上。

生物滤池在平面图上通常是矩形或圆形的，并可采用各种分布方法。最适合在小型装置中使用的是一系列固定通道或旋转臂分配器。

7.10.2 滤池体积

最重要的是，所提供滤料的体积足以允许在小型滤池中出现湍流，服务的人数越少，这种情况出现的越明显。所需矿物滤料的体积可按式(7-5)计算：

$$V = 1.5P^{0.83} \tag{7-5}$$

式中　V——滤料体积，m^3；

　　　P——设计人口。

在表 7-1 中，给出了具有代表性人口数及其所需的滤料体积；中间值可以在线性基础上进行插值。还给出了每个用户的滤料体积，可以看出考虑到湍流情况出现。

表 7-1　滤 料 容 积

设计人口/P	滤料体积 V/m^3	V/P
4	4.7	1.18
6	6.66	1.11
8	8.4	1.05
10	10.1	1.01
15	14.2	0.95
20	18	0.90
25	21.7	0.87
30	25.2	0.84
40	32	0.8
50	38.6	0.77

设计人口/P	滤料体积 V/m^3	V/P
100	69	0.69
200	122	0.61
300	171	0.57
400	217	0.54
500	261	0.52
600	303	0.51
700	345	0.49
800	385	0.48
900	425	0.47
1000	464	0.46

7.10.3 矿物滤料

矿物滤料应符合 BS 1438 的要求，选择时应考虑以下因素：

a）滤料应足够坚固，以抵抗其自身重量或行走时的压碎；

b）它应该进行清洗和无尘处理；

c）它不应该含有任何有毒物质或其他可能溶解到污水中不想要的物质；

d）它应能够抵抗由于污水流动或霜冻造成的损坏；

e）单个滤料一般形状应大致为立方体，而不是非常细长或扁平；

f）滤料表面最好是粗糙和有凹痕的；

g）需考虑场地的可用性、适用性。

有几种矿物材料是符合滤料要求的，最常见的矿物材料是硬烧熟料、高炉矿渣、硬碎石和硬碎砾石。

矿物滤料过滤效率取决于分级；对于深度约为150mm的矿物滤料，合适的分级为底部100~150mm，其余部分公称最大尺寸为50mm，根据 BS 1438，分级限制见表7-2。

表7-2 50mm 滤料的分级限值

试验筛/mm	通过质量比例/%	试验筛/mm	通过质量比例/%
63	100	37.5	0~30
50	85~100	28	0~5

▶▶▶ 7.11　活性污泥单元

按活性污泥原理运行的装置是指那些用活性污泥对未经处理的污水进行曝气的装置。

这些设备的一个重要特点是在处理过程的某个阶段提供长时间的曝气,使污泥氧化,从而降低剩余污泥的产生速度和排出剩余污泥的频率。

在所有活性污泥处理系统中,都需要定期排出一定量剩余污泥。有关活性污泥处理系统的地点、一般要求、装置类型和活性污泥的沉降,请参阅 BS 6297 第 13 条。

▶▶▶ 7.12　三级处理工艺(深度处理)

传统的生物处理可以在固体分离后产出 30:20(SS:BOD)标准或更好的出水,但为了可靠地产生更高质量的出水,在最终处置之前必须进行三级或"深度"处理阶段。

深度处理过程主要通过絮凝、沉降或过滤残留悬浮颗粒,进一步减少氨和有机氮、磷、难降解有机物和溶解固体。

去除与固体相关的 BOD,一些方法还提供了进一步的生物净化。

深度处理仅适用于处理高质量的二级处理出水,并且通常只有在充分进行生物处理的工厂中才能有效地进行。

如果选择适宜的深度处理工艺,来处理质量良好的二级处理出水,最终出水通常可以达到至少 10:10 的标准。

有几种处理方法可以采用:慢沙滤池、快沙滤池、微滤和滞留塘。在小型污水处理厂中,以下方法较为常见:

a) 草地处理;

b) 上流式澄清池(通常不用于活性污泥处理)。

▶▶▶ 7.13　最终出水处置

经处理后,最终出水的处理应采用以下方法之一:

a) 处置到内陆或潮汐水;

b) 处置到地下地层;

c) 在陆地上处置;

d) 污泥干燥处置。

▶▶▶ 7.14 污水深度处理

在废水中发现的许多物质不受或很少受到传统处理操作和工艺的影响。

这些物质的范围从相对简单的无机离子，如钙、钾、硫酸盐、硝酸盐和磷酸盐，到越来越多的高度复杂的有机合成化合物。

随着人们越来越清楚地了解这些物质对环境的影响，预计就废水处理厂出水中大部分这类物质的允许排放浓度而言，处理要求将变得更加严格。

反过来说，这将需要深度处理废水设备，而这些设备目前并未广泛使用。

7.14.1 废水中化学成分的影响

废水中典型的组成如表7-3所示。大多数废水样品还含有多种微量化合物和元素，虽然这些都不是常规测量的物质。如果工业废水排放到生活污水下水道，其成分的分布将与表7-3中所示的有很大差异。

表7-3 未经处理的生活废水典型组成

组分	浓度（mg/L，除可沉降固体外）		
	高	中	低
固体（总计）	1200	720	350
已溶解（总计）	850	500	250
固定的	525	300	145
易挥发	325	200	105
悬浮（总计）	350	220	100
固定的	75	55	20
易挥发	275	165	85
可沉降固体/（mL/L）	20	10	10
生化需氧量，5天20℃（BOD_5，20℃）	400	220	105
总有机碳	290	160	80
化学需氧量	1000	500	250
总氮（以N计）	85	40	20
有机氮	35	15	8
游离氨	50	25	17
亚硝酸盐	0	0	0
硝酸盐	0	0	0

续表

组分	浓度（mg/L，除可沉降固体外）		
	高	中	低
总磷（以 P 计）	15	8	4
有机磷	5	3	1
无机磷	10	5	3
氯化物	100	50	30
碱度（以 CaCO$_3$ 计）	200	100	50
油脂	150	100	50

表 7-4 列出了一些在废水中发现的物质，以及排放到环境中其可能造成问题的浓度。这个清单强调了一个事实，即必须考虑各种各样的物质，并且它们会随着每种处理应用而变化。

表 7-4 废水中可能存在的典型化学组分及其影响

组分	影响	临界浓度（mg/L）
无机氨	增加氯需求；对鱼有毒；在转化为硝酸盐过程中耗尽氧气资源；有磷存在时，会导致不良水生生物的生长 增加废水的硬度和总溶解固体	任意数量，变量（取决于 pH 值和温度）
氯化钙和氯化镁	有咸味；干扰农业和工业进程 对人类和水生生物有毒 刺激藻类和水生生物生长	250（CaCl$_2$） 75～200（MgCl$_2$）
汞	婴儿高铁血红蛋白血症	0.00005
硝酸盐	刺激藻类和水生生物生长 干扰混凝过程 干扰石灰-苏打软化	0.3（对于静态湖泊） 10（对于静态湖泊）
磷酸盐	润肠通便	0.2～0.4
硫酸盐	对鱼类和其他水生生物有毒	600～1000
有机滴滴涕	可能与癌症的发展有关；也可能导致水的味道和气味问题	0.001
六氯化合物		0.02
石油化工产品	产生气泡并可能干扰凝聚过程	0.005～0.01
酚类化合物		0.0005～0.001
表面活性剂		1.0～3.0

7.14.2 深度处理废水操作和工艺

应用于废水进一步处理的单元操作和工艺可分为物理处理、化学处理和生物处理。表7-5简要描述了这些处理过程。

表 7-5　深度处理废水操作和工艺

类型	处理的废水类型	主要作用	最终处理废弃物
物理单元操作			
氨汽提	二级处理后的出水	去除氨氮	无
过滤，多种介质	二级处理后的出水	去除悬浮固体	液体和污泥
硅藻土滤床	二级处理后的出水	去除悬浮固体	污泥
微型过滤器	生物处理的出水	去除悬浮固体	污泥
蒸馏	二级处理+过滤后的出水	去除溶解性固体	液体
电渗析	二级处理+过滤+碳吸附	去除溶解性固体	液体
浮选	一级处理废水、二级处理的出水	去除悬浮固体	污泥
泡沫分离	二级处理后的出水	去除难降解有机物、表面活性剂和金属	液体
冷冻	二级处理+过滤后的出水	去除溶解性固体	液体
气相分离	二级处理后的出水	去除氨氮	无
土地利用	一级处理出水、二级处理出水	硝化、反硝化、脱氨、脱氮、除磷	无
反渗透吸附	二级处理后+过滤+生物处理出水	去除溶解性固体	液体、液体和污泥
化学单元工艺			
折点氯化	二级处理（过滤）后的出水	去除氨氮	液体
碳吸附	一级处理的出水，二级处理后的出水（过滤，可选）	去除溶解的有机物、重金属和氯	液体
化学沉淀	生物处理出水	磷沉淀、去除重金属、去除胶体颗粒	污泥
活性污泥中的化学沉淀	一级处理出水	除磷	污泥
离子交换	二级处理+过滤后的出水	去除氨和硝酸盐氮	液体
电化学处理	未经处理的废水	去除溶解性固体	液体和污泥
氧化	二级处理后的出水	去除难降解有机物	无

续表

类型	处理的废水类型	主要作用	最终处理废弃物
生物处理工艺			
细菌同化	去除难降解有机物	去除氨氮	污泥
反硝化	农业回用水	硝酸盐还原	无
藻类加收	生物处理的出水	去除氨氮	藻类
硝化	一级处理出水、生物处理出水	氨氧化	污泥
硝化-反硝化	一级处理出水、生物处理出水	去除总氮	污泥

▶▶▶ 7.15 处理水的处置和回用

卫生工程师可以设计一个污水处理厂来尽可能多地去除要求去除的污染物。处理后废水最终处置方式包括：受纳水体稀释、排放到陆地或者在一些沙漠地区，将废水蒸发到大气中，也可以渗入地下。

到目前为止，在湖泊、河流、河口或海洋等较大的水体中进行稀释(经过二级处理)处置是最常见的方法。不应超过受纳水体的自净能力(有时称为同化能力)的比例。

通常不可能完全或无限期地再利用废水。通过直接或间接方式回用处理过的废水，可作为其他处理方法的补充。

可回用的污水量受淡水的供应和成本、运输和处理费用、水质标准以及废水的回收潜力影响。

废水的直接和间接回用如表7-6所示。

表7-6　废水的直接和间接回用

用途	直接	间接
市政	公园或高尔夫球场浇水；草坪浇水有独立的配水系统；市政供水的潜在水源	地下回灌减少含水层水透支
工业	冷却塔水；锅炉给水；工艺用水	为工业需要提供地下水补给
农业	某些农业(如土地、庄稼、果园、牧场和森林)的灌溉；土壤淋洗	为防止农业水资源透支提供地下水补给
娱乐场地	修建人工湖供划船、游泳等；游泳池	发展鱼类和水禽养殖区
其他	地下水补给控制盐水入侵；控制地下水盐平衡；润湿剂、固体废弃物压实	地下水补给控制地面沉降问题；土壤压实；油井增压

7.15.1　市政回用

将处理过的废水在天然水中稀释后最大限度地直接回用为饮用水，这与许多既用于供水又用于废弃物处理的河流的现状只有程度上的不同。

高级的废水和水处理方法，如水软化和脱盐，能够几乎完全去除杂质，经过这种方法处理的水，再经过氯化处理后，可以安全饮用。

这些方法成本非常高，在由于供水不足而必须采用这些方法的地方，只有采用双重供应系统才能在经济上可行。

在这种情况下，经过充分处理和消毒的废水可以重新用于冲厕所、院子浇水和其他直接用途。

7.15.2　工业回用

工业可能是世界上最大的用水户，而且工业用水的最大需求是工艺冷却水。然而，不建议在石化厂内重复利用废水处理厂的最终出水，来替代部分工业用水需求。

7.15.3　农业回用

可用再生废水灌溉的作物类型取决于废水的质量、使用的废水量以及有关将处理过和未经处理的废水用于农作物的卫生条例。

出于健康考虑，禁止使用未经处理的废水。满足二级处理要求的最终出水可用于灌溉某些农作物，例如棉花。

7.15.4　娱乐场地回用

高尔夫球场和公园浇水、为划船和娱乐建立的池塘以及维护鱼或野生动物的池塘都是娱乐场地水回用的例子。

现在的技术可以产出适合这些目的地的废水。

西方国家多年来一直使用处理过的废水给公园浇水。

7.15.5　地下水补给

地下水回灌是水回用与废水处置相结合的常用方法之一。

在美国许多地区，经处理水被用来地下水补给。

另一种可能的废水用途是对含油地层进行回灌。为了提高含油地层的产量，石油公司对驱油技术进行了大量的研究。

8

固体废物的处理与处置

本章涵盖了石油、天然气和化学工业中的固体废物处理与处置中工艺设计和工程的最低要求。

8.1 基本注意事项

8.1.1 分类

固体废物包括悬浮在液体中的废物，按照处置难度递增的顺序分为以下几类：①惰性干固体，如淤泥、用过的裂化催化剂；②可燃干固体，如废纸、废木材；③含有水和固体的污泥，例如水软化污泥、污水污泥；④含有油的污泥，例如废黏土；⑤含有油、水和固体的污泥，如储罐底泥、油水分离器底部的污泥。

8.1.2 方法

为正确评估和选择固体废物处置方法，需要确定以下资料：①来源列表；②污泥产率和数量；③物理特性，如泵送能力、浓缩系数等；④分析水、油、固体含量、挥发物和灰分；⑤分析水分 pH 值、硫化物、酸度或碱度、铅和其他可能对水污染有重大潜在影响的成分；⑥分析固体成分中可燃和不可燃的含量以及干固体的粒度分布；⑦污泥热值(以干基计算)。

8.1.3 来源

8.1.3.1 原油供应中的固体

所有的原油都含有一些和水杂沉积物(BS&W)，是包含水、铁锈、硫化铁、黏土、沙子等的混合物。部分水杂沉积物进入常减压装置，在脱盐器中沉淀，与脱盐设备中的废水一起进入含油污水管系统。剩余部分沉淀在储罐中，最终导致储罐清洗问题。

8.1.3.2 地表水中的固体

整个工厂/炼油厂的工艺水和所有其他特殊排放水都应该和地表径流隔离。地面排水应收集在专用且独立的清洁雨水下水道系统中。应采取多种措施隔离地表排水，避免污染或与含油污水下水管混合。

8.1.3.3 给水系统中的固体

淤泥可能进入供水系统。根据向工厂/炼油厂供应水的来源及其特性和杂质组分，水在使用前应调研沉淀情况。要特别注意减少冷却塔水池、热交换器和其他设备中固体的沉积，并防止这些固体进入含油污水管。

8.1.3.4 生活固体废物

生活固体废物应与所有其他类型的排水系统分隔开来。

8.1.3.5 污水系统中的固体和污泥

根据工厂类型和工厂运行方法确定废水处理厂中的固体来源。常规污水处理厂中固体和污泥的主要来源及类型如表 8-1 所示。固体也可能通过下水道中的污水流相互作用形成。

表 8-1 常规污水处理厂的固体和污泥的来源

操作单元	固体或者污泥类型	说 明
筛选	粗颗粒	粗颗粒通过机械和手动清洁的条形筛去除(在小型工厂中,筛分物经常被粉碎,以便在随后的处理单元中去除)
沉沙	沙砾和浮渣	在清除沙砾设施中,浮渣清除设施常常被忽略
预曝气	沙砾和浮渣	在一些工厂中,预曝气池中不设置浮渣清除设施。如果预曝气池之前没有清除沙砾设施,沙砾可能会在预曝气池中沉积
预沉淀	初沉污泥和浮渣	污泥和浮渣的量取决于收集系统的性质,以及是否向系统排入工业废物
生物处理	悬浮颗粒	悬浮固体是由 BOD 的生物转化产生的(可能需要某种技术来浓缩生物处理产生的废污泥)
二沉淀	二沉池污泥和浮渣	美国环境保护署(EPA)要求清除二次沉淀池的浮渣
污泥处理设施	污泥、堆肥和灰	最终产品的性质取决于所处理污泥的特性和所使用的工艺,剩余物处置的法规日益严格

废水中含有由工艺设备的腐蚀金属所产生的离子,如铁、铝、铜、镁等,这些金属离子可以用于处理冷却水中的化学物质、进水中的盐分以及处理过程中投加的化学物质。当排放碱性废物并将废水的 pH 值提高到中性以上时,可能会形成不溶性金属氢氧化物絮体。含有大量苯酚、硫化物、乳化剂和碱性物质的废水应进行隔离处理。一般而言,将任何物质排放到含油污水系统或其他排水系统中,都应进行调查,以确定最终的废物处理和处置目标。

8.1.3.6 催化工艺过程

催化剂可能出现在应用催化工艺的工厂下水道系统中。应采取措施最小化催化剂的处置问题。通过斗式卡车或有盖的便携式集装箱进行运输,以防止催化剂粉末在空气中传播。在某些情况下,废催化剂与水制成浆料后,用泵直接输送至沉淀池中,再由制造商回收含有钒、铂或其他贵重金属的废固体催化剂。

8.1.3.7 焦化作业的固体

8.1.3.7.1 焦炭粉

在延迟焦化装置中，从焦炭室中去除焦炭的水应通过沉淀池再循环，以去除夹带的焦炭粉。沉淀池可设置在焦炭储存堆附近，方便雨水通过沉淀池排出并回收从储存区冲洗的焦炭。为了清洗各个沉淀池，可以使用适当的设备将焦炭直接转移到储存堆中。

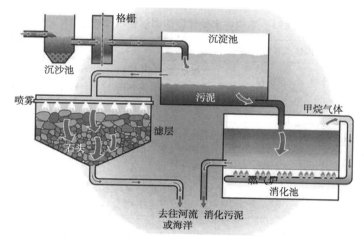

图 8-1 固体和污泥的典型来源

8.1.3.7.2 焦化蜡油

焦化过程中的焦化蜡油进入下水道系统中处理起来非常困难。蜡沉积物可能堵塞含油污水处理系统或降低油水分离器的效率，应避免将焦化蜡油处理纳入含油污水处理系统中。

在某些情况下，焦化蜡油上浮并被油层吸收，引起废油处理问题。经过调查，应安装设备，在排放到污水管道系统之前清除焦化蜡油。焦化装置排污系统可采用一个洗涤器，轻质油（如轻质循环油）在洗涤器中多次循环，分解焦化蜡油并将其从水中去除。当轻质油的密度达到 API 重力指标时，轻质油应该进入分馏塔返回热油系统，并加入新的轻质油进行替换。

8.1.3.8 颗粒物和飞灰

在一些场合，收集器中的颗粒物直接使用或经进一步处理后都具有商业价值。因此，应特别注意收集这类颗粒物以便重复使用，例如：少量添加到混凝土中，用作黏土砖的成分，用作土壤改良剂等。

8.1.3.9 清洗过程的废物

清洗作业产生的固体废物中通常含有大量不同种类的金属，不能直接输送至含油污水系统。处理罐底泥和其他含四乙基铅(TEL)的清洗作业废物时，需要采取特殊的预防措施和程序。

8.1.3.10 其他来源

还应考虑以下固体废物来源：储罐排水管，工艺装置排水管，催化剂污染的水体等。

8.1.4 特性

固体废物特性取决于固体和污泥的来源、已存放时间、已处理工艺类型等。表8-2至表8-4总结了污泥的一些物理特性。

表8-2　废水处理过程中所产生固体和污泥的特性

固体或污泥	说　明
筛余物	筛余物包括所有类型的有机和无机材料，其粒径较大被筛网分离。有机物含量因污水系统的性质和季节而异。
砂子	通常沙砾由较重的无机固体组成，沉降速度相对较高。根据操作条件的不同，沙粒中还可能含有大量的有机物，特别是脂肪和油脂。
浮渣/油脂	浮渣是一级沉淀池和二级沉淀池表面的漂浮材料。浮渣中可能含有油脂、植物油和矿物油、动物脂肪、蜡、肥皂、食物垃圾、蔬菜和水果皮、头发、纸和棉花、烟头、塑料制品、避孕套、沙砾颗粒和类似材料。浮渣的相对密度小于1.0，通常约为0.95。
初级污泥	一级沉淀池中的污泥通常呈灰色黏稠状，在大多数情况下有极为难闻的气味。在合适的操作条件下，初级污泥很容易消化。
化学沉淀产生的污泥	金属盐化学沉淀产生的污泥通常颜色较深，但如果含有大量铁，则其表面呈红色，石灰泥呈灰褐色。化学污泥的气味同样引人不适。虽然化学污泥有些黏稠，但其中的铁或铝的水合物含量高故污泥呈凝胶状。污泥留在罐中将产生类似初级污泥的分解，但速度较慢。长时间储存会释放大量气体，增加污泥密度。
活性污泥	活性污泥通常呈有光泽的褐色。如颜色较深，污泥可能已接近腐化状态。若比正常颜色浅，可能是通气不足导致固体沉降缓慢。 处于良好状况的污泥有一种无害的"泥土"气味。污泥容易快速腐化，产生腐败气味。活性污泥单独或与初级污泥混合时将易于消化。
滴滤池污泥	滴滤池中的腐殖质污泥呈褐色的絮状物，新鲜时相对无害。通常分解速度比其他未消化的污泥慢。滴滤池污泥容易消化。

固体或污泥	说　明
消化污泥（有氧）	有氧消化污泥呈棕色至深棕色的絮凝剂状，无恶臭气味；特点是发霉。消化良好的好氧污泥很容易在干燥床上脱水。
消化污泥（厌氧）	厌氧消化污泥呈深棕色至黑色，含有大量气体。当完全消化后，气味相对微弱，外观像热焦油、烧焦的橡胶或密封蜡。当薄薄一层的污泥固体放置在多孔层上时，首先被夹带的气体上浮到表面，留下一层相对清澈的水。水分迅速流失后固体缓慢地沉淀到床层上。污泥干燥，气体逸出后留下多处开裂的表面，带有一种类似花园壤土的气味。
堆肥污泥	堆肥污泥通常是深棕色至黑色，但如果堆肥过程中使用了膨胀剂（如回收堆肥或木屑），其颜色可能会有所不同。堆肥好的污泥气味是无害的，类似于商业花园型土壤改良剂。
化粪池垃圾	化粪池的污泥是黑色的。除非经过长时间储存充分消化，否则会产生硫化氢和其他恶臭气体。如果污泥呈薄层分布，可以在多孔床上进行干燥，但如果污泥未经充分消化，可能会产生难闻的气味。

表 8-3　未经处理和消化处理后污泥的典型化学成分和性质

指标	未经处理的初级污泥		初级消化污泥		活性污泥
	范围	参考值	范围	参考值	范围
总干固体（%TS）	2~8	5	6~12	10	0.83~1.16
挥发性固体（%TS）	60~80	65	30~60	40	59~88
油脂和脂肪（%TS），醚溶性	6~30	—	5~20	18	—
油脂和脂肪（%TS），醚提取物	7~35	—	—	—	5~12
蛋白质（%TS）	20~30	25	15~20	18	32~41
N（N,%TS）	1.5~4	2.5	1.6~6	3	2.4~5
P（P_2O_5,%TS）	0.8~2.8	1.6	1.5~4	2.5	2.8~11
K（K_2O,%TS）	0~1	0.4	0~3	1	0.5~0.7
纤维素（%TS）	8~15	10	8~15	10	—
Fe（不是硫化物）	2~4	2.5	3~8	4	—
Si（SiO_2,%TS）	15~20	—	10~20	—	—
pH 值	5~8	6	6.5~7.5	7	6.5~8
碱度（以 $CaCO_3$ 计，mg/L）	500~1500	600	2500~3500	3000	580~1100
有机酸/（mg/L）	200~2000	500	100~600	200	1100~1700
内能/（Btu/b）	10000~12500	11000	4000~6000	5000	8000~10000

表 8-4　废水污泥中典型的金属浓度

金属	干污泥/(mg/kg)	
	范围	中值
砷(As)	1.1~230	10
镉(Cd)	1~3410	10
铬(Cr)	10~99000	500
钴(Co)	11.3~2490	30
铜(Cu)	84~17000	800
铁(Fe)	1000~154000	17000
铅(Pb)	13~26000	500
锰(Mn)	32~9870	260
汞(Hg)	0.6~56	6
钼(Mo)	0.1~214	4
镍(Ni)	2~5300	80
硒(Se)	1.7~17.2	5
锡(Sn)	2.6~329	14
锌(Zn)	101~49000	1700

8.1.5　数量

进入废水处理厂的固体量波动范围很大。为确保工厂处理能力应对这些变化，应考虑以下因素：①平均和最大污泥产量；②工厂内处理装置的潜在储存容量；③卸载短期峰值负载的能力(例如，调节池的容量)。

表 8-5 中列出了各种工艺过程产生的污泥量以及污泥浓度的数据。

表 8-5　各种废水处理过程所产生污泥物理特性和数量的经验数据

处理工艺	污泥液体的相对密度	干固体/(kg/$10^3 m^3$)	
		范围	参考值
一次沉淀池	1.4	68.7~108.5	150.6
活性污泥(废污泥)	1.25	72.3~96.4	84.3
滴滤池(废污泥)	1.45	60.2~96.4	72.3
延时曝气(废污泥)	1.30	84.3~120.5	72.3(假设不进行预处理)
曝气塘(废污泥)	1.30	84.3~120.5	72.3(假设不进行预处理)

续表

处理工艺	污泥液体的相对密度	干固体/(kg/10^3m³)	
		范围	参考值
过滤	1.20	12.1~24.2	18.1
除藻	1.2	12.1~24.2	18.1
向一次沉淀池添加化学药剂除磷，石灰浓度低（350~500mg/L）	1.9	241~397.6	301.2(除去通常由初沉池去除的污泥)
向二沉池添加化学添加剂除磷，石灰浓度高（800~1600mg/L）	2.2	602.4~1325.3	795.2(除去通常由初沉池去除的污泥)
悬浮生长硝化	—	—	可忽略不计
悬浮生长反硝化	1.20	12.1~30.1	18.1
粗滤器	1.28	—	包括从生物二级处理过程中产生的污泥

8.2 污泥处置、处理和再利用

8.2.1 概况

在选择污泥处理、再利用和处置的最佳方法时，必须特别考虑污水处理厂污泥处置的法规。需要提前调查以下主要的信息：污泥在农业和非农业用地上的应用，分销和营销，单一填埋，表面处置和焚烧。

污泥处理和处置方法列于表8-6中。浓缩、调节、脱水和干燥主要去除污泥中的水分；消化、堆肥、焚烧、湿式空气氧化、竖井式/深井式燃烧器主要用于处理或稳定污泥中的有机质。

表8-6 污泥处理方法

单元操作、单元过程或处理方法	功能	单元操作、单元过程或处理方法	功能
预处理		浓缩	
污泥破碎	粉碎	重力浓缩	减小体积
污泥除沙	除沙	浮选浓缩	减小体积
污泥混合	混合	离心过滤	减小体积
污泥混合	贮藏	重力带式浓缩	减小体积

单元操作、单元过程或处理方法	功能	单元操作、单元过程或处理方法	功能
转筒浓缩	减小体积	污泥塘	存储，减小体积
稳定化		烘干	
石灰稳定法	稳定化	闪蒸干燥机	减少质量和体积
热处理	稳定化	喷雾干燥机	减少质量和体积
厌氧消化	稳定化，减小体积	旋转干燥机	减少质量和体积
好氧消化	稳定化，减小体积	多炉膛干燥机	减少质量和体积
堆肥	稳定化，产品回收	多效蒸发器	减少质量和体积
调质		热分解	
化学调质	污泥调质	多炉膛焚烧	减少体积，资源回用
热处理	污泥调质	流化床焚烧	减少体积
消毒		与固体废物一起焚烧	减少体积
巴氏消毒法	消毒	湿式空气氧化	稳定化，减小体积
长期储存	消毒	立式深井反应器	稳定化，减小体积
脱水		最终处理	
真空过滤	减小体积	土地利用	最终处置
离心机	减小体积	分销和营销	有益用途
带式压滤机	减小体积	化学固定	有益用途，最终处置
压滤机	减小体积	填埋场	最终处置
污泥干化床	减小体积	污水池	减小体积，最终处置

8.2.2　污泥和浮渣泵

废水处理厂产生的污泥在从含水污泥（或浮渣）到浓缩污泥的各种条件下，从一个工厂输送到另一个工厂。

对于每种类型的污泥和泵送应用，可能需要不同类型的泵。

表8-7总结了各种类型污泥泵的应用和选择。

表8-7　不同类型污泥所适用的泵

污泥或固体类型	适用的泵	说　　明
地面筛分	应避免被泵送筛网	可使用气动喷射器。
沙砾	离心泵	沙砾的磨蚀性和夹杂的破布，使沙砾难以处理。力矩流离心泵需要使用硬化外壳和叶轮，也可使用气动喷射器。

续表

污泥或固体类型	适用的泵	说　明
浮渣	活塞泵；螺杆泵；隔膜泵；离心泵	通常浮渣由污泥泵泵送；在浮渣和污泥石灰中操纵阀门即可实现。大型工厂中使用单独的浮渣泵。使用浮渣混合器确保泵送前的均匀性。也可以使用气动喷射器。
初沉污泥	活塞泵；离心泵；隔膜泵；螺杆抽油泵；罗茨真空泵	在大多数情况下，希望从初沉池中得到尽可能浓缩的污泥，通常在料斗收集污泥并间歇性泵送，使污泥在泵送期间收集并聚结。未经处理初级污泥的性质差别很大。取决于废水中固体特性、处理单元类型及其效率，经过生物处理后的固体，主要来自以下环节： 1. 废活性污泥； 2. 滴滤池后沉淀池中的腐殖质污泥； 3. 消化池的溢流液体； 4. 脱水产生的浓缩物或回流的滤液。
化学沉淀物	与初沉污泥相同	与初沉污泥相同
消化污泥	活塞泵；离心泵；螺杆抽油泵；隔膜泵；高压活塞泵；罗茨真空泵	消化效果好的污泥是均质的，含有 5%~8% 的固体和一定量的气泡，固体也可能高达 12%。 消化效果不良的污泥可能难以处理。如经过高效的过滤和除沙，可考虑使用无堵塞离心泵。
滴滤池腐殖质污泥	无堵塞离心泵；螺杆泵；柱塞泵；隔膜泵	污泥通常是均质的，可很容易泵送。
回收或废活性污泥	无堵塞离心泵；螺杆泵；隔膜泵	污泥很稀，只含有细小的固体，因此可以使用无堵塞泵。建议使用低速泵，尽量减少絮体颗粒的破裂。
浓缩污泥	柱塞泵；螺杆泵；隔膜泵；高压活塞泵；罗茨真空泵	容积泵最适用于浓缩污泥，因为它们能够产生污泥块的问题，也可以使用离心泵，但需要增加冲洗或稀释设施。

8.2.2.1　泵的类型和选择

8.2.2.1.1　柱塞泵

柱塞泵使用很频繁，要求泵足够坚固。柱塞泵的优点如下：

① 单泵和双泵的往复运动，使泵前料斗中的污泥浓缩，并在低速泵送时使管道中的固体重新悬浮；

② 柱塞泵适用于 3m 以下的抽吸提升，并且是自吸式的；

③ 用较低的泵速开启大油孔；

④ 除非有物体阻止球形止回阀就位，柱塞泵都维持正向输送；

⑤ 无论泵压头如何变化，柱塞泵都具有恒定可调的容量；

⑥ 可提供高扬程；

⑦ 如果设备根据负载条件设计，就可以泵送重固体浓度的流体。

柱塞泵的容量范围为每个柱塞 2.5~3.8L/s，并配有 1~3 个柱塞（称为单柱塞、双柱塞或三柱塞装置）。

泵的转速在 40~50rpm 之间。小型工厂泵的最小扬程应为 24m，大型工厂泵的最小扬程应为 35m 或更高，因为污泥管道中油脂积聚会导致泵使用过程中扬程逐渐增加。

8.2.2.1.2 螺杆泵

螺杆泵可用于所有类型的污泥。螺杆泵在自吸时抽吸扬程高达 8.5m，因为会烧坏橡胶定子所以不能在干燥条件下运行。它的容量可达 75L/s，并在 137m 的排泥水头下运行。对于初沉池污泥，通常在螺杆泵之间安装研磨机。由于转子和定子易磨损，螺杆泵的维护成本很高，尤其是泵送有沙砾的初沉池污泥。螺杆泵的优点包括：容易控制流量，脉动小，操作相对简单。

8.2.2.1.3 离心泵

通常使用无堵塞设计的离心泵。离心泵必须具有足够的间隙，才能在固体通过时不堵塞，并且容量尽可能小，以避免泵送被大量废水稀释的污泥覆盖在污泥层上。

用节流的方式来减少容量会导致频繁停机，是不切实际的。因此这些泵配备变速驱动装置是绝对必要的。对于大型工厂中的初沉池污泥泵送，应使用具有特殊设计的离心泵，如扭矩流、螺杆式进料和无叶片等。由于力矩流离心泵的成功使用，螺杆进料泵和无叶片泵近期并没有得到很好的应用。

力矩流泵具有全凹式叶轮，在输送污泥时非常有效。可处理颗粒的大小仅受吸入或排出口直径的限制。用于污泥处理的泵应该使用含镍或铬的耐磨蜗壳和叶轮。

在给定的转速下，泵只能在狭窄扬程范围内工作，因此必须仔细评估系统的运行条件。当泵需要在各种水头条件下工作时，应采用变速控制。对于高压应用，可将多个泵串联使用。通常采用低速离心、混流泵和螺杆泵将活性污泥回流到曝气池中。

8.2.2.1.4 隔膜泵

隔膜泵的容量和扬程相对较低，15m 扬程下最大输送能力是 14L/s。

8.2.2.1.5 高压活塞泵

高压活塞泵非常昂贵，应用于高压长距离泵送污泥。已经为高压应用开发了几种类型的活塞泵，其作用类似于柱塞泵。这类泵的优点包括：①可在高达

13800kPa 的高压下泵送相对较小的流量；②可以通过排放管直径以下的大固体颗粒；③可以处理固体浓度的范围大；④泵送可以在单个阶段中完成。

8.2.2.1.6 旋转凸轮泵

旋转凸轮泵是正排量泵，其中两个同步旋转的转子推动流体通过泵，转速和剪切应力低。对于污泥泵送，阀瓣应由硬金属或硬橡胶制成。

旋转凸轮泵的一个优点是更换螺杆泵的阀瓣比更换转子和定子的成本更低。和其他容积泵一样，旋转瓣泵必须防止管道阻塞。

8.2.2.2 泵在不同类型污泥中的应用

泵送的污泥类型包括初沉池污泥、化学沉淀和滴滤池污泥，以及活性污泥、浓缩污泥和消化污泥等。堆积在处理厂各个地方的浮渣也必须被泵送。表8-7 总结了不同类型污泥所适用的泵。

8.2.3 污泥管道

- 在处理厂，尽管更小直径的玻璃内衬管道已经成功使用，但是传统的污泥管道管径不应小于 $DN150(6in)$。

- 管道尺寸不要大于 $DN200(8in)$，除非在速度超过 1.5~1.8m/s 的情况下，管道尺寸应保持流体在管道内的流速。重力排水管道的直径不应小于 $DN200$（8in）。

- 应安装一些堵住塞的三通或十字清理口，而不是弯头，以便在必要时对管线进行疏通。

- 泵接头的直径不应小于 $DN100(4in)$。

- 泵的选用应考虑到由于管道内的油脂积聚引起的扬程持续增大。在部分工厂，可通过循环热水、蒸汽或通过主污泥管道的消化上清液来熔化油脂。

- 在长污泥管线的设计中，应考虑特殊的设计点包括：①设置两个管道，除非一个管道可以关闭几天也不会影响运行；②提供外部腐蚀和管道荷载；③增加稀释水冲洗管线的设备；④提供在处理厂插入管道清洗器的措施；⑤蒸汽注入规定；⑥分别为高点和低点提供放气阀和排污；⑦考虑水锤的潜在影响。

8.2.4 预运行设备

为了提供相对稳定和均匀的来料，污泥处理设施必须设置污泥的破碎、分解、混合和储存等过程。混合和储存既可以在一个单独的装置中完成，也可以在其他工厂设施中单独完成。

8.2.4.1 污泥研磨

为了防止堵塞，有些工序必须先研磨污泥使其破碎后才能进行，如螺杆泵泵送、卧式离心分选机、带式压滤机、热处理和氯氧化（增强氯与污泥颗粒的接触）等。

应该选用转速较慢，更耐用和更可靠的磨床。这种设计包括改进的轴承和密封件，硬化的钢切削齿，过载传感器，以及能逆转切削齿旋转以清除障碍物的构件，或在无法清除障碍物时关闭设备的机械装置。

8.2.4.2 污泥除沙

在一些工厂，如果在初沉淀池之前没有使用单独的除沙设施，或者除沙设施不足以处理峰值流量和峰值沙粒负荷，则应在进一步处理污泥之前提供除沙设施。如果初沉池污泥需要进一步浓缩，一个实用考虑因素是污泥脱沙。最有效的除沙方法是在流动系统中应用离心力实现砂砾与有机污泥的分离。这种分离可通过没有活动部件的旋风分离器来实现。旋风分离器的效率受压力和污泥中有机物浓度的影响。随着污泥浓度的增加，可去除颗粒的尺寸减小，因此为了获得较高的沙粒分离，污泥必须先进行稀释。

8.2.4.3 污泥混合

需将污泥混合为下游操作和工艺提供均匀的混合物。在污泥脱水、热处理和焚烧等停留时间短的系统中，均匀混合尤为重要。应特别注意含油污泥和非含油污泥的分离。

不同来源的污泥可采用以下几种方式混合：①在初沉池内，将二级处理和高级处理工艺单元产生的同类型的污泥（油性或非油性）返回到初沉池，沉淀后与初沉池污泥混合；②在管道内，为确保获得最佳的混合效果，这一过程需要精确控制污泥来源和进料速率；③在停留时间长的污泥处理设施内，好氧池和厌氧消化池（完全混合型），能均匀混合进料的污泥；④在一个单独的混合罐中，这是控制混合污泥质量的最好方法。

在处理能力小于 $140m^3/h$ 的处理厂，污泥通常在初沉池内混合。对于大处理量的设施，在混合前先进行污泥浓缩以达到最佳的效率。为达到良好的混合效果，混合罐应配备机械搅拌机和挡板。

8.2.4.4 污泥储存

以减少污泥产率的波动，必须设置污泥储存设施，在后段污泥处理设施不运行期间，污泥能积累储存。为达到均匀的进料速率，在进入下列工序之前，应预先储存污泥：石灰稳定、热处理、机械脱水、烘干和热分解。

按污泥保留数小时至数天来设计污泥池的尺寸。如果污泥储存时间超过两三天就会变质，更难脱水。曝气处理可防止污泥腐臭和并促进混合。当然需要提供减少和控制污泥储存产生气味的技术。

8.2.5 浓缩

污泥在土地处置或用于其他用途之前，使用浓缩法去除一部分液体以增加污泥的固体含量，表8-8给出污泥经过各种处理操作或工艺后的固体浓度。

表8-8 各种处理操作和工艺产生的预期污泥浓度

处理或工艺应用	污泥固体浓度(干固体)/%	
	范围	参考值
初沉池		
初沉池污泥	4.0~10.0	5.0
初沉池污泥进入旋风分离器	0.5~3.0	1.5
初沉池污泥和废活性污泥	3.0~8.0	4.0
初沉池污泥和滴滤池腐殖质	4.0~10.0	5.0
加铁进行除磷处理的初沉池污泥	0.5~3.0	2.0
添加低浓度石灰除磷的初沉池污泥	2.0~8.0	4.0
添加高浓度石灰的初沉池污泥	4.0~16.0	10.0
浮渣	3.0~10.0	5.0
二沉池		
经过初沉池淀的废活性污泥	0.5~1.5	0.8
未进行初沉池的废活性污泥	0.8~2.5	1.3
经过初沉池的高纯氧活性污泥	1.3~3	2
无初沉池的高纯氧活性污泥	1.4~4	2.5
滴滤池产生的腐殖质污泥	1~3	1.5
生物转盘的废污泥	1~3	1.5
重力浓缩池		
仅用于初沉池污泥	5~10	8
初沉池污泥和废活性污泥	2~8	4
初沉池污泥和滴滤池的腐殖质	4~9	5
溶气气浮选浓缩机(仅含废活性污泥)	4~6	5
溶气气浮选浓缩机(含化学添加剂)	3~5	4

处理或工艺应用	污泥固体浓度(干固体)/%	
	范围	参考值
离心浓缩机(仅限废活性污泥)	4~8	5
重力带式浓缩机(仅含添加化学物质的废活性污泥)	3~6	5
厌氧消化池		
仅用于初沉池污泥	5~10	7
初沉池污泥和废活性污泥	2.5~7	3.5
初沉污泥和滴滤池的腐殖质	3~8	4
好氧消化池		
仅用于初沉池污泥	2.5~7	3.5
初沉池污泥和废活性污泥	1.5~4	2.5
仅用于废活性污泥	0.8~2.5	1.3

污泥浓缩法的对比见表8-9。

表8-9 污泥处理中浓缩方法

方法	污泥类型	使用频率和成功案例
重力法	未经处理的初沉池污泥	通常使用效果极佳。有时与水力旋流器一起脱除污泥中沙砾。
重力法	未经处理的初沉池污泥和废活性污泥	经常使用。对于小型处理厂来说,污泥浓度在4%~6%的范围内,就是令人满意的结果。对于大型处理厂来说,结果微不足道。
重力法	废活性污泥	很少使用,固体浓度较低(2%~3%)。
溶气浮选法	未经处理的初沉池污泥和废活性污泥	使用有限,结果类似于重力浓缩机。
溶气浮选法	废活性污泥	常用,效果良好(固体浓度3.5%~5%)。
无孔篮式离心机	废活性污泥	使用有限,效果极佳(固体浓度为8%~10%)。
转鼓式离心机	废活性污泥	使用次数正在增加,效果良好(固体浓度4%~6%)。
重力带式浓缩机	废活性污泥	使用次数正在增加,效果良好(固体浓度3%~6%)。
转鼓浓缩机	废活性污泥	使用有限,效果良好(固体浓度5%~9%)。

8.2.5.1 应用

在污泥要长距离输送的大型项目中,例如送到单独的工厂进行处理,减少污泥体积将缩小管道尺寸和降低泵送成本。当液体污泥由罐式卡车运输，作为土壤改良剂直接应用于土地时，减少污泥体积尤为重要。处理能力低于 140m³/h 的处理厂，可能不需要单独的污泥浓缩设施。小型处理厂，在初沉池或污泥消化装置中完成重力浓缩，或两者都有。

8.2.5.2 应用的方法

根据污泥种类的不同，采用以下浓缩方法（表 8-9）：重力法、溶气浮选法、无孔篮式离心机、转鼓式离心机、重力带式浓缩机和转鼓浓缩机。

对于重力浓缩主要使用圆形罐，为提高工艺性能要添加稀释水和不定期添加氯。

对于浮选，只能使用溶气浮选。浮选浓缩工艺中固体可以从废水中快速分离，与重力浓缩相比负载更高。

8.2.5.3 设计注意事项

- 在设计污泥浓缩设施时，最重要的是设备尽可能大，以满足处理峰值的需求，并防止污泥腐化以及由此产生的恶臭气味问题。
- 为保持污泥重力浓缩所需的好氧条件，要向浓缩池添加 $24 \sim 30 m^3/m^2/d$ 的最终出水。
- 使用最小的固体载荷设计浓缩池。
- 使用聚合物作为浮选助剂可有效提高浮泥中的固体回收率，并降低污泥循环负荷。

▶▶▶ 8.3 稳定化

污泥经过稳定化处理，可减少病原体，消除难闻的气味，抑制或减少或消除腐败的可能性。考虑通过以下稳定化设施等来消除这些不利的因素：①生物还原法处理挥发性组分；②化学氧化法处理挥发性物质；③污泥中添加化学药剂，破坏微生物的生存条件；④通过加热对污泥杀菌或消毒。

8.3.1 设计注意事项

在设计污泥稳定化工艺时，需要考虑以下因素：①拟处理污泥的质量；②稳定化工艺与其他处理单元的集成；③稳定化处理的目的。

可考虑以下污泥稳定化工艺，并选择最符合环境法规的技术：石灰稳定法、热处理、厌氧污泥消化、好氧污泥消化和堆肥法。

8.3.2　石灰稳定法

- 往未处理的污泥中投加足量的石灰，把 pH 值提高至 12 或更高。要对所使用的方法进行评估，确定投加石灰的正确位置。
- 石灰预处理法中石灰稳定的最低标准是 pH 值维持在 12 以上约 2h，确保病原体的破坏，并提供足够的残余碱度，以使 pH 值在数天内不低于 11。
- 针对特定应用进行测试，以确定需要投加的剂量。
- 因为石灰稳定化不会破坏细菌生长所必需的有机物，必须用过量石灰处理污泥或在 pH 值显著下降前处理完污泥。石灰的过量剂量是初始 pH 值维持在 12 时所需剂量的 1.5 倍。

与石灰稳定的污泥相比，石灰稳定后污泥有以下几个显著的优势：①可以使用干石灰，无须往脱水污泥中额外添加水；②对脱水没有特殊要求；③没有石灰污泥脱水设备的结垢问题及相关维护问题。

应为石灰稳定法系统提供充分的混合，以避免出现易腐烂物质加工的包装袋的影响。

8.3.3　热处理

热处理可归类为调质工艺，设计成连续性处理，在温度 260℃、压力 2760kPa 的压力容器内短时间（大约 30min）加热污泥。热处理工艺最适用于其他方法难以稳定或调节的生物污泥。

热处理的优点包括：①根据氧化程度，脱水污泥的固体含量在 30%~50% 之间；②处理过的污泥通常不需要再进行化学调理；③稳定后的污泥，催毁了大多数病原微生物；④处理后污泥的热值为 28~30kJ/g 挥发性固体；⑤该工艺对污泥成分的变化相对不敏感。

热处理的缺点包括：①投资高；②需要近距离的监控，需要熟练的操作人员，需要强有力的预防性维护计划；③产生高浓度的有机物和氨氮的有色侧流烟；④产生的大量恶臭气体需要全面的控制、处理和分解；⑤用酸洗或高压水射流等方法清除在热交换器、管道和反应器中形成的水垢。

8.3.4　厌氧污泥分解

根据污泥浓度、速率和特性，可以研究以下工艺以进行适当的工艺选择：标准速率消化法、单阶段快速消化法、两阶段法、分离污泥消化法等。

设计时应参考的参数包括：细胞的平均停留时间，体积负荷系数，体积减少和基于人口的负荷系数。

厌氧消化池的设计参数见表8-10。

表8-10 厌氧消化池的设计参数

参数	取值	参数	取值
储罐数量	按要求取值	体积允许差	0.001~0.01m³/容积/天
固体停留时间-中温	20~60 天	挥发性悬浮固体	0.64~6.4kg/m³/天
固体停留时间-高温	10~20 天	pH 值范围	6.6~7.6
温度-中温	10~35℃	消化后的污泥固体浓度	4%~6%
温度-高温	38~60℃		

厌氧消化法的优点包括：操作和维护简单；投资成本低；上清液中的生化需氧量（BOD）和总磷浓度低；受负荷、pH 值和有毒干扰的影响较小；气味可以忽略；非爆炸性；油脂和己烷溶液少；更适合做污泥肥料；处理周期短；是小型处理厂的最优选择。

厌氧消化法的缺点包括：运行成本高；对环境温度敏感；副产物用途少；有机固体减量效果低；大型处理厂存在经济效益的问题。

好氧消化池的设计参数见表8-11。

表8-11 好氧消化池的设计参数

参数	取值
储罐数量	按要求取值
初沉池污泥（固体储存温度为20℃）	15~20 天
初沉池污泥和活性污泥或滴流滤池污泥（固体储存温度为20℃）	15~20 天
仅废活性污泥（固体储存温度为20℃）	10~15 天
无初沉池的废活性污泥（固体储存温度为20℃）	12~18 天
体积允许量	0.8~0.11m³/容积/天
挥发性悬浮固体	0.32~2.24kg/m³/天
最小的溶解氧	1~2mg/L
破坏细胞组织氧气需求	2 : 1
降低初沉池污泥氧气需求	1.6 : 1~1.9 : 1
扩散曝气废物活性污泥	20~30m³/min/1000m³
扩散通气混合泥浆或其他泥浆	超过 60m³/min/1000m³
机械曝气	20~40kW/1000m³

8.3.5　堆肥

堆肥过程涉及破坏有机物与腐殖酸生成，以生产稳定的最终产品。

目前使用的堆肥系统主要类型是强制通风静态堆肥法、条垛堆肥和容器内堆肥(机械封闭)等，目前首选的是强制通风静态堆肥法。

堆肥的混合物至少要有40%的干固体，才能确保堆肥效果。在设计堆肥系统时，应明确以下因素：污泥类型；所使用的调节剂和膨胀剂；C/N；挥发性固体；所需空气量；含水率；pH 值；温度；混合和翻动；重金属和微量有机物；场地限制等。

▶▶▶ 8.4　调质

根据需要，采用调质法改善污泥脱水特性。通过经济和技术评价，选用最合理的调质方法，如添加化学药剂、热处理、辐照或溶剂萃取法。用其他方法难以稳定化或调质的生物污泥，热处理是其最佳调质工艺。

在化学调质中，污泥要与混凝剂充分混合才能达到处理目的。在絮凝体形成后，搅拌混合不能破坏絮团，同时停留时间应尽可能短，污泥在调质后尽快进入脱水装置。

▶▶▶ 8.5　消毒

以下方法处理后污泥中的病原体比稳定化处理效果更好：①巴氏灭菌法；②其他热过程，如热调质、热干燥、焚烧、热解或缺氧燃烧；③高 pH 值条件处理，通常使用石灰，在 pH 值高于 12.0 的条件下处理 3h；④长期储存液体消化污泥，在 55℃ 以上完成堆肥并至少贮存 30 天；⑤加氯，稳定化和消毒污泥；⑥用其他化学品消毒；⑦高能辐射消毒。

由于天气或农作物原因不能施用污泥时，应考虑在土地施用系统中储存和保留污泥。由于储存的污泥有潜在的环境污染，必须特别从减少渗透和气味逸散等方面注重储泥设施的设计。

▶▶▶ 8.6　脱水

脱水是一种减少污泥中的水分含量的机械(物理)单元操作，出于以下一种或多种原因污泥需要脱水处理：

① 脱水后污泥体积减少，将污泥运输到最终处理厂的成本显著降低；

② 通常脱水后的污泥比浓缩污泥或液体污泥更易处理；在大多数情况下，脱水污泥可以铲起，用有铲斗和叶片的拖拉机转运，通过皮带输送机运输；

③ 污泥焚烧前脱水，去除多余水分，增加能量含量；

④ 堆肥前脱水，减少投加的填充剂或调质剂；

⑤ 在某些情况下在使污泥没有臭味或者不易腐烂，也需要脱除多余水分；

⑥ 在堆填区填埋前，污泥须先脱水，减少产生渗滤液。

8.6.1　污泥脱水方法

污泥脱水方法及其优缺点见表8-12。

表8-12　污泥脱水方法优缺点

脱水方法	优点	缺点
真空过滤	• 不需要熟练人员 • 对连续运行设备的维护要求较低	• 单位重量污泥脱水的能耗最高 • 需要操作员持续保持注意力 • 真空泵噪声大 • 根据过滤介质的不同，滤液可能悬浮固体含量高
转鼓式离心机	• 外观清洁，气味问题最小 • 快速启动和关闭 • 易于安装，产生相对干燥的泥饼 • 资本-产量比率低	• 转轴磨损是一个严重的维护问题 • 需要去除沙砾，还要在进料流中安装污泥研磨机 • 需要熟练的维护人员 • 悬浮固体含量中等
无孔篮式离心机	• 可同时用于浓缩和脱水 • 不需要化学调质 • 外观清洁，气味问题最小 • 快速启动和关闭 • 能够灵活应对工艺要求 • 不受沙砾的影响 • 对难处理的污泥效果良好	• 容量有限 • 除真空过滤器外，单位重量污泥脱水的能耗最高 • 撇渣的水流可能会对容易脱水的污泥产生明显的循环负荷 • 投资成本与产能之比最高
带式压滤机	• 低能耗 • 投资和运营成本相对较低 • 机械结构简单，易于维护 • 高压机器能够产生相对干燥的泥饼 • 系统关闭所需的工作量最小	• 处理量受液压限制 • 在进料流中需要泥浆粉碎机 • 对进料污泥特性非常敏感 • 与使用布介质的其他设备相比，介质使用寿命较短 • 一般不建议自动操作

脱水方法	优点	缺点
嵌入板框压滤机	• 泥饼固体浓度最高 • 滤液中悬浮固体含量低	• 批量操作 • 设备成本高，人工成本高 • 特殊的支撑结构要求 • 设备占地面积大 • 需要操作熟练的维护人员 • 因使用大量化学药剂产生额外固体处理成本
污泥干化床	• 土地现成时，投资成本最低 • 操作员注意力和技能要求低 • 能耗低 • 几乎无化学品消耗 • 对污泥变化不太敏感 • 固体含量高于机械方法	• 需要大的土地面积 • 要求污泥性质稳定 • 设计需要考虑气候影响 • 清除污泥是一项劳动密集型工作
污泥塘	• 能耗低 • 无化学品消耗 • 有机质进一步稳定 • 有土地的地方资本成本低 • 最少的操作技能要求	• 潜在的气味和数量问题 • 潜在的地下水污染 • 比机械方法占用更多的土地 • 外表可能不好看 • 设计需要考虑气候影响

根据待脱水污泥的种类、脱水产物的特性和可用空间来确定脱水装置的类型和参数。有些污泥不适于机械脱水，特别是好氧消化的污泥。应通过小试或中试研究选择最佳脱水装置。

8.6.2 真空过滤

进料污泥的固体含量应为 6% ~ 8%。固体含量高不利于污泥均匀分布，影响脱水效率；固体含量低就要使用比理论值更大的真空过滤器。

在选择真空过滤脱水设备时，除了表 8-12 所列的缺点外，还应考虑以下因素：系统复杂性，调质需要投加化学药剂，投资和运行成本高。

8.6.3 离心过滤

离心已经广泛应用于废水处理中，用于分离不同密度的液体、浓缩的泥浆或去除固体。

应避免将浓缩物排入废水。在完成中试实验后再进行最终设计。由于离心机运行时产生的振动和噪声，必须特别考虑使用坚固的地基和隔音措施。

8.6.4　带式压滤机

带式压滤机是连续进料型污泥脱水装置，包括化学调质、重力排水和高压机械污泥脱水等。带式压滤机可用于各种类型的废水污泥。

因为污泥的特性可能变化很大，设计的系统要包括污泥混合设施。

设计中要考虑的安全因素，包括通过适当通风以去除硫化氢或其他气体，以及防止松散的滤布夹在滚筒之间的设备防护装置。

压滤机的脱水是通过高压使污泥中的水排出。这类脱水设备的优点包括滤饼固体浓度高、滤液澄清、固相产率高。缺点是机械设备复杂，化学药剂费用高，劳动力成本高，滤布使用寿命短。

推荐使用以下几种压滤机：恒定容积的板框压滤机，变容积的板框压滤机/隔膜压缩机。

设计压滤设备时要考虑以下因素：脱水机房通风好；高压清洗系统；石灰做药剂时，使用酸洗循环去除钙垢；在调质罐前设置泥浆研磨机；压滤机后的碎饼机或破碎机(特别是当脱水污泥焚烧前)；板框设备便于拆卸和维护。

8.6.5　污泥干化床

污泥干化床通常用于消化污泥脱水。干燥处理后，污泥被转运至垃圾填埋场填埋处理，或用作土壤调节剂。

污泥干化床的主要优点是成本低，不需要值守，干燥产品固体含量高。

可使用的污泥干化床，如：常见的沙石场，铺好的排水沟或倒槽，人工介质和真空辅助。

首选沙石介质的污泥干化床。在有足够开阔的空间和充足隔离措施的地方，可选用开放式干化床，避免偶尔散发的异味引起投诉。开放式污泥床距离居住区至少100m，以降低臭味带来的困扰。在全年不受气候限制，污泥都需要连续脱水处理的场地，以及没有足够隔离条件而无法设置开放式污泥干化床的地方，可使用带有温室围护结构的有盖干化床。

在寒冷气候下可以借助冻融作用改善污泥的脱水特性。

8.6.6　污泥塘

如果项目方同意，干燥污泥塘可作为消化污泥脱水的替代设施。因为气味和潜在的危害，污泥塘不能用于未经处理污泥的脱水，如石灰污泥或有高黏度上清液的污泥。

污泥塘使用中要考虑到环境和地下水的法规。如果污泥塘下方是饮用水供应的地下水蓄水层，就必须在污泥塘底部铺设防渗内衬。

采用优选的方法让排放到污泥塘中的污泥混合均匀。配备上清液收集设施并将液体回收到处理设施。

即使在非常小的污泥处理厂，也应至少要有两个污泥塘，以确保在清洁、维护或紧急情况下充足的存储空间。

▶▶▶ 8.7 热干化

污泥干燥是通过将水汽化到空气中，减少污泥中水分含量的一种操作单元。污泥生产化肥过程中必须干燥，以允许研磨污泥，减少其质量，并防止持续的生物作用。干燥污泥的含水率应小于10%。

以下机械工艺可用于污泥干燥：气流干燥、喷雾干燥、回转式烘干、多段干燥和多效蒸发。

污泥干燥机使用前需要先脱水。废水处理厂首选气流干燥机。如有可能，从干燥污泥中回收的热量回用后可满足该过程的能耗需求。污泥热干燥应考虑控制飞灰和气味等问题。

▶▶▶ 8.8 热分解

污泥的热分解包括通过焚烧或湿式空气氧化，将有机固体全部或部分转化为氧化的最终产物，主要是二氧化碳和水；或通过热解或缺氧燃烧将有机固体部分氧化和挥发转化为具有能量的终产物。热分解工艺通常用于最终处理方案有限的大中型工厂。

热分解的优点包括：减少最大体积从而减少处置要求；破坏病原体和有毒化合物；回收能量。

热分解的缺点包括：投资和运行成本高；需要操作熟练的维护人员；残留物（烟气和灰渣）可能会对环境产生不利影响；可能被归类为危险废物的残余物的处置具有不确定性且费用高。

热分解工艺应用包括：

① 多段焚烧

多段焚烧将脱水后的泥饼转化为惰性的灰渣，通常只用于大型处理厂或污泥处置用地有限的小型处理厂，以及用于石灰污泥再煅烧的化学处理厂。

受焚烧炉最大蒸发量的限制，进料污泥中固体含量必须超过15%，还要提供辅助燃料。

除脱水外，所需的辅助工艺还包括灰渣处理系统。

② 流化床焚烧

污泥焚烧流化床是垂直的、圆柱状的耐火材料；它有内衬钢外壳，内部有沙床，引起和维持燃烧的流化空气孔板。流化床与多炉焚烧的应用相似。

③ 协同焚烧

协同焚烧的主要目的是降低焚烧污泥和固体废物的综合成本。该工艺的优点是产生的热量用于蒸发污泥中的水分，支持固体废物和污泥的燃烧；根据需要，在不使用辅助化石燃料时，剩余的热量用于蒸汽的产生。

④ 湿式空气氧化

未经处理的污泥在高温和高压下进行湿式氧化。这种工艺的一个主要缺点是产生了大量循环，这种循环液对处理系统造成了相当大的有机负荷。

⑤ 立式深井反应器中的湿式氧化

该工艺包括将液体污泥排放到悬浮在深井中、温度和压力可控的管壳式反应器中。这个工艺优点是：空间要求小；悬浮固体和有机物的去除率高；异味气体排放量很小；放热过程能耗低。

它的主要缺点是目前还没有长期操作和维修的历史数据，需要操作熟练的人员进行工艺控制。

▶▶▶ 8.9 污泥的土地利用

开发污泥土地利用系统时，应有以下评估步骤：①分析污泥体积和质量；②评估和选择场地和处置方案；③确定工艺设计参数，负荷，土地面积要求，应用方法和时间表。

在评价污泥特性时应考虑以下因素：有机含量（通常以挥发性固体含量测定），养分，病原体，金属和有毒有机物。

根据法规要求，对污泥进行详细的采样和分析，污泥成分定性分析和表征，确定污泥是否适宜土地利用。根据土地是农业用途还是非农业用途，规定年最大负荷和允许的累计负荷。

用于地表或掺入土壤中的污泥必须经过处理，显著减少病原体的数量。用于种植供人类食用作物的土地上的污泥，必须深度处理进一步减少病原体的数量。减少病原体的稳定化处理的方法有好氧消化、空气干燥、厌氧消化、堆肥和石灰稳定化；还有堆肥、热干燥和嗜热好氧消化。

在进行选址和评估时，应考虑以下因素：土地利用的方案，农地还是林地；地形；土壤渗透性；现场排水系统；地下水的深度；地下地质；临近的关键区域；可达性；根据管理指南中规定的污染物限值或满足植被要求所需的养分负荷率确定的污泥的最大负荷率。

液体状态污泥的应用是有吸引力的，不需要脱水处理。液体污泥可以通过车辆或灌溉方式施用于土地。

使用带喷射柄的油罐车，液体污泥注入土壤表面以下；使用装有污泥分配管和覆盖盘的耕地设备或转盘，在表面放上污泥后立即混入土壤中。应特别注意尽量减少潜在的异味和媒介的吸引，减少因挥发造成的氨损失，消除地表径流，减少对能见度影响，提高公众的接受度。

8.10 化学固定

化学固定/固化工艺应用于工业污泥和危险废物的处理。稳定化后的污泥可用于垃圾填埋处理。

化学固定工艺是将未经处理或处理过的液体或脱水污泥与稳定剂混合，如水泥、水玻璃、火山灰（细粒硅酸盐）和石灰，与污泥发生化学反应或将污泥封装固化。该工艺过程可能产生高 pH 值的产物，致使病菌和病毒失活。

8.11 收集污染物特征信息

除了收集与排放和场地相关的信息，场地评估还包括了解所排放污染物的物理和化学性质。污染物的性质在很大程度上决定着在地下分配，污染物处于什么阶段，污染物如何离开场地，以及污染物是否随着时间的延长而显著降解。

表 8-13 列出了场地评估所需的污染物的特性数据。以需要汽油的液体密度为例，用户在表 8-14 中找到相应的液体密度栏，汽车汽油的典型值为 0.73g/cm³。

表 8-13 评价孔隙水中污染物迁移率的因素

因素	单位	增加流动性（→）		
		场地相关		
渗透系数	cm/s	低（<10^{-5}）	中等（10^{-5}~10^{-3}）	高（>10^{-3}）
含水率	%（V/V）	低（<10）	中等（10~30）	高（>30）
降雨入渗率	cm/d	低（<0.05）	中等（0.05~0.1）	高（>0.1）
土壤孔隙率	%（V/V）	低（<10）	中等（10~30）	高（>30）
岩石断裂	—	缺少数据	—	有

续表

因素	单位	增加流动性(→)		
吹扫面深度	m	浅(<2)	中等(2~10)	深(>10)
污染物相关				
水溶性	mg/L	低(<100)	中等(100~1000)	高(>1000)

表8-14　液　体　性　质

液体	15℃时近似密度/(kg/m³)	0℃时近似蒸汽压力(bar[abs])
重质原油	875~1000	0.3
燃油	920~1000	0.01
燃气油/柴油	850	0.01
轻质原油	700~875	0.55
煤油/石油/汽油	700~790	0.01~1.2
NGL(冷凝物)	600~700	0.1~1
LPG	500~600	0.2~1.5
LNG	420	4~6
乙烯	1.6	
天然气	1.1	
酸性天然气(>0.5%H₂S)	1.1	

注：LPG—液化石油气；LNG—液化天然气。

土壤渗透系数直接影响污染物在非水相液体（NAPL）和溶解相中的流动性或污染物离开释放点的能力。

高降雨入渗率导致污染从一个相转移到另一个相。一些碳氢化合物溶解在渗透的雨水中，污染物在液体中残留浓度降低，溶解在孔隙水中的污染物量增加。

土壤温度也影响污染物的流动性和蒸汽压，随着温度的升高，减小污染物进入土壤的空气空间。

▶▶▶ 8.12　评估污染物流动性

在场地评估中，污染物的流动性主要集中在不饱和带和相间。许多现场的改进措施都取决于污染物的移动性。不同的相位，影响污染物流动的因素也各不相同。

a）残留的液体污染物：在非饱和带内，散装液体的运动受三个因素的支配：①重力：施加直接向下的力，其大小取决于污染物的密度；②压力梯度：通常由渗透液体(沉淀和污染物)引起，作用方向与重力方向一致；③毛细渗透：取决于土壤的特性和在所有方向上产生的力，尽管它们不是都相等的。

除了这三种主要的作用力，其他物理、化学和环境因素也会影响液体在不饱和带中的流动性。

b）污染物蒸汽：蒸汽通常在不饱和带内是流动的。流动性在很大程度上取决于土壤中充满空气的孔隙。其他几个因素也影响不饱和带的水汽输送，受污染的蒸汽通过以下几种自发或诱导过程迁移：①压力梯度引起的散装运输；②蒸汽密度梯度引起的散装输运；③现场产生气体或蒸汽；④浓度梯度引起的分子扩散。

蒸汽密度的差异，仅在存在足够多的挥发性液体污染物时才是重要的。例如，20℃时，被汽油蒸气饱和的空气密度约为$1950g/m^3$(与液体汽油接触的空气)，潮湿空气密度约为$1200g/m^3$。在没有其他驱动力的情况下，密度较大的含污染物蒸汽在不饱和带中有向下迁移趋势。随着蒸汽稀释，驱动力(密度差)减小。

c）溶解在孔隙水中的污染物：表8-13列出了有助于确定不饱和带孔隙水中溶解污染物的相对流动性的因素。与场地有关的因素可能随深度改变而变化。如果有关土壤剖面的信息是可以得到的，可以完成每个土壤的分析评估。否则，必须对实际情况作出最佳估计后再进行初步评估。

8.13 技术选择

确定 UST 地点有五种技术：土壤通风、生物修复、土壤淋洗、水力屏障和挖掘。

8.13.1 土壤通风

土壤通风是一个通用术语，指从不饱和区去除污染蒸汽的技术。通风分为被动式和主动式。去除甲烷气体常用被动式通风。

主动式通风利用诱导压力梯度使蒸汽通过土壤，比被动通风更有效。

8.13.2 生物修复

不饱和带的原位生物修复是向污染土壤中添加氧气和养分，促进污染物分解

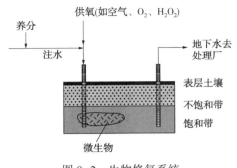

图 8-2　生物修复系统

的过程（图 8-2）。在某些情况下，将经过特殊驯化的市售细菌引入地下，但这种方法不常用。能生物降解石油烃类的细菌通常就在地下土壤中。烃类一旦被引入地下就会发生自然降解，但如果没有添加营养物质和氧气，生物降解速率就非常缓慢。

8.13.3　土壤淋洗

土壤淋洗是在现场用水或水/表面活性剂混合物淹没污染区域，目的是将污染物溶解到水中或以其他方式将残留的污染物转移到地下水中。

随后污染物通过精确布置的抽提井，被抽取到地面再进行处理。抽提井的位置必须确保地下水完全由水力控制，淋出物或迁移的污染物一旦到达地下水就不会逃逸。图 8-3 是土壤淋洗系统的示意图。

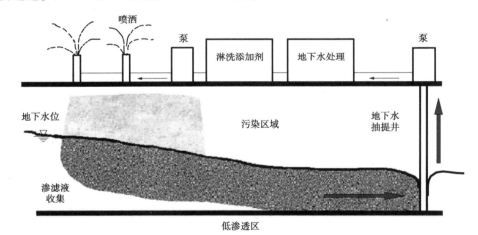

图 8-3　土壤淋洗系统

一类土壤淋洗方法是通过水溶解液态污染物、吸附污染物或使污染物蒸发等途径来去除污染物。这些过程受污染物的溶解度和亨利定律常数等制约。

另一类土壤淋洗方法是将土壤孔隙中游离态的污染物吸附到土壤上而发生迁移。在此过程中，污染物在浸出水压力梯度作用下进行迁移。

污染物的黏度和密度控制着化合物以游离态进行迁移的速率。由于汽油的黏性比其他两种石油产品都要小，因此这种淋洗法处理这些污染的土壤，预计可以去除比燃料油或6#燃料油更多的汽油。汽油中的许多成分比6#燃料油或燃料油更易溶解，相也更容易在溶解相中移动。

8.13.4　水力屏障

通常情况下，在污染土壤中挖一条沟渠，残余液体就会逐渐渗入沟渠中。以防止残余液体再渗透，可以在沟槽底部布置不透水层。随着残余液体的积累，为保持继续渗入沟渠的坡度，必须用泵抽出或手动清除沟渠内的残液。

8.13.5　挖掘

挖掘是就地处理的另一种选择方法。挖出的土可以在场外处理，也可以不经处理直接处置掉。处理后的土有时也被运回挖掘现场。目前，污染土壤的挖掘处理比就地处理方法更为普遍。然而，相比就地法，挖掘处理有许多缺点，如：①挖掘受污染的土壤，导致污染物的蒸汽不受控制地释放到大气中，增加暴露风险；②如果污染扩散到建筑物附近或下方，会对地上和地下结构、埋地公用设施管线、下水道和水管以及建筑物造成实际问题；③通常地上处理方法比就地处理方法费用更高；④在一些监管地区，土壤被认定为危险品，因此污染土壤处置变得越来越困难；⑤需要土壤源，回填被挖掘场地。

挖掘是一项众所周知的技术，它能清除现场的大部分或全部污染物。

▶▶▶ 8.14　饱和带

饱和带是指地下潜水面下边的土层，土粒间的孔隙完全被水充满。石油类物质到达饱和带，污染物的流动性大大增加，尤其是在水平方向上。污染物的迁移增加了清理工作的规模，以及传播污染的概率。

▶▶▶ 8.15　现场评估

现场完成紧急措施后，补救计划第一步是要总体了解现场情况。在制定任何取样或分析方案之前，都应进行初步调查。初步调查的目的应是：①检查潜在的污染，因为会影响场地是否能作特定用途或任何未来可能的用途；②确定在修复过程中是否需要采取特别程序和预防措施；③提供对现场进行有效调查的信息。

8.15.1　收集污染物的特征信息

石油产品是多种化合物的混合物。通常修复工作与一个或多个单独的组分有关，信息收集应关注以下几点：①当被评估的污染物不是原来的 NAPL 时；②混合物已经明显风化；③对被认定为具有最大潜在威胁化合物的评估；④设计修复处理系统。

NAPL 混合物的特征信息应重点关注：①被评估的污染物是原始的 NAPL；②评估 NAPL 在地下的物理运动。

8.15.2　评估饱和区的污染物相

主要在以下区域发现达到饱和带的石油产品：①NAPL；②溶解在地下水中；③吸附在土壤颗粒中。

如果释放量大，几乎所有石油产品以 NAPL 形式存在，随着时间推移，部分 NAPL 将转移到溶解相和吸附相；如果释放量小，所有 NAPL 都可能在不饱和带中。

流动性烃的体积用式(8-1)计算：

$$V_N = A_N \cdot T_N \cdot n \tag{8-1}$$

式中　A_N——NAPL 羽流的面积范围；

$\quad\quad T_N$——NAPL 羽流的平均厚度；

$\quad\quad n$——土壤形成的有效孔隙度。

很难准确估计 NAPL 的厚度，因为在监测井中得到的羽流表观厚度通常大于真实厚度。羽流中 NAPL 的厚度也会发生变化，特别是在安装泵井控制羽流的情况下。建议在几个地点测量羽流厚度来估计平均厚度。

轻非水相液体(LNAPL)是一种地下水污染物，不溶于水，密度低于重非水相液体(DNAPL)。DNAPL 指密度大于水，不易溶于水的液体。

环境工程师和水文地质学家用 DNAPL 描述地下水、地表水和沉积物中的污染物。DNAPL 大量溢出后下沉到地下水位以下，到达不透水的基岩时才会停止。DNAPL 渗透到含水层中，难以定位和修复。

泄漏形成 DNAPL 的物质包括：含氯溶剂，如三氯乙烯、四氯乙烯、1,1,1-三氯乙烷和四氯化碳；煤焦油；杂酚油；多氯联苯(PCBS)；汞；超重原油，API 重力值小于 10。

含氯溶剂泄漏到环境中通常以 DNAPL 的形式存在，DNAPL 可以长期作为溶解地下水羽流所需含氯溶剂的二次来源。根据定义，含氯溶剂通常不溶于水，在水中溶解度很低，但仍然高于饮用水保护规定允许的溶解度浓度。

因此，DNAPL 作为一种含氯溶剂，会持续溶解到地下水中。第二次世界大战期间开始，人工制造作业中普遍使用含氯溶剂，直到 20 世纪 70 年代，大多数溶剂的使用量都在增加。

到了 20 世纪 80 年代初，化学分析的技术开始用于证明含氯溶剂对地下水的大范围污染。从那时起，针对含氯溶剂存在的 DNAPL，我们付出了巨大努力提高探明位置和补救能力。

DNAPL 没有黏性，如含氯溶剂，容易沉入地下水位以下的蓄水层物质中，比 LNAPL 更难定位和修复，后者溢出到天然土壤中时往往漂浮在地下水位附近。

因为 LNAPL 密度比水小，一旦渗透到土壤中，就会停留在地下水位高度附近。LNAPL 漂浮在地下水位的水面上，所以定位和去除 LNAPL 相对来说成本更低，也更容易。

图 8-4 说明 LNAPL 所带来的问题。图中有一个带有穿孔（或开槽）筛网的监测井，允许地下水进入。

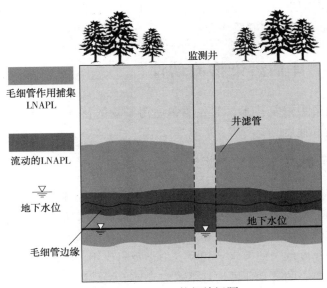

图 8-4　LNAPL 的相关问题

水平的粗黑线表示地下水位，如果该区域没有 LNAPL，井内水面与这条线重合。受进入井内 LNAPL 重量的影响，井内的实际水面会降低。

下一条粗黑线是毛细管边缘，且不是水平的。如果没有 LNAPL，土壤中水上升到该位置。LNAPL 由于重量，停留在毛细管边缘的水位。深灰色区域是

LNAPL 经过长期积累，可以在土壤中流动的地方。浅灰色区域 LNAPL 相对固定，并通过毛细管作用与土壤相连，该区域内 LNAPL 不发生移动。

通常监测井中 LNAPL 的厚度超过地下流动的 LNAPL 厚度，系数大概在 2 ~ 10。由于这种差异，监测井中测得 LNAPL 的厚度通常称为表观厚度，并不是准确测量的地下 LNAPL 厚度。监测井是 LNAPL 排放的一个低点。当 LNAPL 在井内聚积，因重量会降低井内的地下水位，导致更多 LNAPL 排入井内。

随着毛细管边缘变厚，LNAPL 的实际厚度和检测所得厚度的差异变大，毛细管边缘随着地层粒度变小而增大：淤泥中毛细管边缘为 1000mm，粗粒沙中只有 125mm。

因此，例如在淤泥质地层中，井内 20in 厚的石油层可能仅代表地层中 2in 的流动石油层；而在粗沙质地层中，同样井内 20in 可能代表地层中 10in。

已经进行许多研究，将监测井中所得 LNAPL 厚度的监测值和 LNAPL 的实际厚度相关联；根据 LNAPL 厚度监测值，并结合所得到的相关性结果，可估计 LNAPL 的实际厚度。但是在各种不同的现场条件下，这些相关性结果可能不准确，通常只能产生数量级的估计。

同时也应该认识到，考虑到上述 LNAPL 厚度之间的内在关联，在监测井检测到 LNAPL 后给予合理的关注即可。

8.16 评估污染物流动性

在饱和区开展修复技术，首先要掌握污染物的移动方式（垂直和水平）、羽流运动的方向和速度。

8.16.1 地下水中溶解和吸附污染物的质量

要估计溶解性污染物的质量，首先要掌握溶解性羽流的体积和平均浓度；需要在经过整个羽流的多个监测井中，在水平方向和垂直方向采集大量样本。溶解性污染物的吸附作用减缓了羽流相对于地下水移动的质心。这并不意味着溶解性污染物的运动速度低于地下水。相反，由于吸附作用，羽流前端溶解性污染物浓度降低，羽流质心的移动速度比地下水流动速度慢。液体和溶解性污染物具有高度流动性，而吸附的污染物则相对是不流动的。

8.16.2 污染物羽流的范围

由于 NAPL 和溶解性污染物，在地下以不同的速度、沿不同的方向移动，需要分别研究这两个过程。向上梯度方向的流动很有限，因此确定羽流的向下梯度和横向范围通常比确定向上梯度范围更重要。

大多数石油产品密度比水小，以散装的液体漂浮在地下水位上。当密度大于水时，污染物通过含水层继续下沉，直到下沉到不透水层。估计比水密度大的污染物羽流的区域范围更加困难。图8-5是一个典型的地下油罐泄漏产生的污染物羽流。

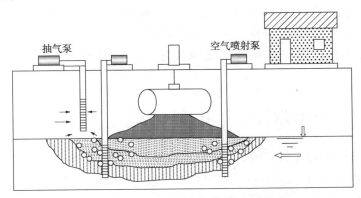

图8-5 典型地下储罐泄漏产生的污染物羽流

浮在水面上石油产品的运动方向与地下水大致相同，但密度大的污染物在含水层底部的运动受不透水层参数的影响，可能与地下水的运动方向不同。比水密度大的物质流动方向与地下水的流动方向相反，但溶解性组分则与地下水一起流动。

如果一个地区的所有监测井都设置在地下水位处或地下水位附近，对在含水层深处流动的溶解性羽流，就可能无法采集样品。此外，如果泵送速率低或回收井挖掘深度不够，可能无法控制整个溶解性羽流。如果地下水流动的垂直方向分速度足够大，在含水层较深的位置可能存在溶解性羽流。这种情况在地下水位相对较浅或者降水补给量较高的地方最为普遍。渗入的降雨将羽流"推"到地下水位以下。

8.16.3 饱和区污染物的流动性

影响NAPL和溶解性物质在地下流动的重要因素有：①地下地层情况，含水层的饱和厚度；②当地的地形，附近水体的位置；③附近水井的位置、深度和抽水速率；④区域和局部地下水流向、地下水位梯度；⑤地层的渗透系数；⑥产品或其成分的密度和黏度。

上述数据可用于估计污染物羽流的速度和方向。地下水的流向对于预测污染物的流动方向非常重要，而且随着季节性变化，水位也会影响流动模式。

▶▶▶ 8.17　设定修复目标

　　一个高效的修复计划应对所有阶段都有清理的要求。如果修复的目标是使场地恢复到污染前的状态，那么需要实施以下几个典型的清理阶段：①应急响应是确保消除直接的健康或安全威胁的首要措施；②控制溶解性污染物和NAPL污染物的污染范围，有利于开展修复工作；③必须完成地下污染物的清除或处理的工作；④应建立现场监测程序，以检测修复没完成阶段的任何变化。

▶▶▶ 8.18　技术选择

　　针对石油产品释放到环境中的情况，有多种方法来完成这项修复工作。对于一项将环境恢复到污染前状况的全面修复工作，没有必要立即采取行动。对恢复到污染前指标，这样一个典型的修复项目，主要有三个部分：

　　① 控制 NAPL 或溶解性物质：通过开挖沟渠预防污染物的迁移，这只对NAPL 有效，而抽水井同时含有 NAPL 和溶解性物质；

　　② 去除 NAPL：NAPL 回收通常与开挖沟渠或安装抽水井相结合；

　　③ 去除溶解性物质：地下水处理方法可以是地上或原地。地面上处理包括汽提和炭吸附。地下原位处理是指不影响地下水或者不需要将地下水引到地面，就能处理或清除污染物质。

▶▶▶ 8.19　溶解性污染物

　　本节介绍两种防止地下污染物进一步迁移的方法：开挖沟渠、安装抽水井。

8.19.1　开挖沟渠

　　一种非常简单的防止"漂浮"的 NAPL 迁移的方法是在羽流下游挖一条沟渠。当 NAPL 移动到沟渠时被拦截、清除和处理，从而防止 NAPL 迁移到沟渠之外。

　　要开挖沟渠，围堵 NAPL 至少需要掌握以下信息：羽流的方向，地下水位的深度，NAPL 羽流的向下梯度和横向范围。

8.19.2 安装抽水井

抽水井是一种有效阻止污染物在饱和区迁移的常用方法。与沟渠不同，抽水井还可以有效容纳溶解性污染物，以及比 NAPL 密度还大的组分或漂浮的 NAPL。这种方法人为降低了现场的地下水位，将地下水和污染物都抽入井中。

这种方法中要考虑的两个最重要因素是井的位置和泵送速度。为了确定这两个参数，首先要掌握现场的水文地质以及受污染的垂直范围和区域范围。每个抽水井都有贡献区（ZOC），在这个区域内地下水流向抽水井。在布局抽水井的位置和设置泵送速度时，为防止污染物迁移，必须使污染物羽流完全限定在抽水井的贡献区内。如果污染物羽流非常大，或者土壤条件阻碍了泵送速度，可通过多设置几口井来控制羽流。由于地层复杂，不同类型的地层渗透系数也不同，很难估计这个地点的平均渗透系数。因此，贡献区范围在各个方向上也不同，可能会导致布井的位置不佳。

8.19.3 回收漂浮的 NAPL

当石油产品进入饱和区时，现场修复通常要回收地下水中漂浮的 NAPL。在几种常用方法中，最常用的是用泵实现油-水分离，具体选择哪种取决于现场所采取的限制 NAPL 迁移的方法和真空抽吸方法。这里仅介绍了其中的一些方法。

• 开挖沟渠回收 NAPL：最常用从沟渠中回收 NAPL 的设备是撇渣器和过滤分离器。撇渣器漂浮在水面上，自动将 NAPL 从水面分离。过滤分离器的工作原理与撇渣器很相似，但只允许石油产品通过过滤器。

• 安装抽水井回收 NAPL：这类抽水井分为单泵和双泵两种回收系统。在单泵系统中，一台泵同时实现控制羽流和回收 NAPL。对于双泵系统，一台泵在地下水中形成洼地，另一台泵清理地下水位上漂浮的 NAPL。

• 真空抽吸漂浮的 NAPL：非饱和带的处理常用真空抽吸的方法。当地下水中漂浮 NAPL 时，部分污染物将从液相转移到气相。自然挥发的速率主要取决于污染物的蒸汽压，以及 NAPL 羽流上方土壤中气相空间的体积。真空抽吸通过脱除土壤中的蒸汽并将其引到地表加快自然挥发。这打破了液体和蒸汽之间的相平衡，进而加快挥发速度。

8.19.4 地下水中溶解性污染物的处理

地下水的地面处理是通过安装抽取井或回收井，将地下水带到地表再进行处理（泵送和处理两个步骤）。最常用的两种地面处理技术是汽提和活性炭吸附。

8.19.4.1　汽提

汽提法是几种类似的污染地下水地上处理方法的总称。这类技术成本效益高，设计简单。目前有四种常用的气提方法：

① 鼓风曝气：被污染地下水进入底部安装一个或多个扩散管的大蓄水池或池塘中。空气通过泵输送到扩散管中产生气泡，气泡沿水池方向上升，提供加快溶解性污染物挥发的气液相接触面。

② 盘式曝气：在去除挥发性有机物 VOCs 方面，这种方法效果不如其他的汽提技术，但由于设备简单和易于维护，经常作为其他方法的预处理单元。

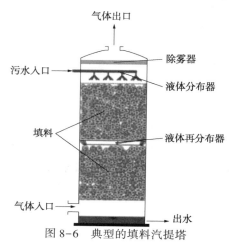

图 8-6　典型的填料汽提塔

③ 射流曝气：将被污染的地下水通过喷管进入水塘或水池中，水暴露在空气中表面积急剧增大。当水回到池塘时，挥发性有机化合物 VOCs 转移到大气中。

④ 填料塔：填料塔是去除地下水中 VOCs 的最佳选择，也是最具成本效益的方法。因此是使用最广泛的汽提方法。图 8-6 是典型的填料塔。被污染的地下水用提升泵送到塔顶部，在重力作用下流过填料，而未受污染空气被泵送通过塔。

8.19.4.2　活性炭吸附

与汽提一样，活性炭也能去除污染地下水中的 VOCs。处理过程碳作为溶解在水中污染物分子的吸附剂，其性能取决于内表面积的大小。

水处理使用两种形式的炭：

① 粉状活性炭（PAC）：把 PAC 随意分散到水中，处理后过滤。PAC 主要处理饮用水，因难以重复使用，很少用于处理污染的地下水。

② 颗粒活性炭（GAC）：GAC 粒径比 PAC 大，通常填放在柱状单元中。污染的水连续进入该装置，直到炭吸附饱和。GAC 再生后能再次使用。因为影响去除效率的因素之间存在复杂的相互作用，GAC 系统的设计比气提系统复杂。

▶▶▶ 8.20　管道泄漏危害评估方法

本书中给出的方法仅评估由泄漏产生的安全和环境潜在危害，不评估与修复、推迟生产/运输相关的直接经济影响。后一类影响通常不会因安装了泄漏检测系统而减少，并且可以进行客观评估；安全和环境危害则是在更主观的基础上进行评估。

泄漏的潜在危害是与管道、位置和所输送流体类型等各种参数相关的函数。把安全环境危害的评价结果与泄漏危害的结果进行分类比较，管道运营商可以确定所需的管道泄漏检测设施。由于泄漏检测和系统关闭时间较短，可以用本书给出的方法来证明泄漏也减少了。

这种方法不会对泄漏的潜在危害提供绝对的定量评估，但能根据潜在危害对管道进行排序。

如果管道的设计、建造、运行和维护得当，不会发生泄漏。然而，已有案例表明尽管采取了所有的预防措施，还是会偶尔发生管道泄漏。因此，即使当局对管道泄漏检测系统没有提出明确要求，管道所有者也应根据结构化、量化的方法来制定自己的要求。

正确管理能防止故障和液体泄漏，确保管道技术的完整性。一旦发生泄漏，无论采取何种措施都要保障管道的完整性，检查的有效性，例如，泄漏检测系统能让运营商意识到由第三方活动造成损坏等这类问题。

泄漏检测系统本身对管道的泄漏预期没有任何影响，仅是让运营商知道发生了泄漏，使其能够采取补救措施，以限制更严重后果。

当预期管道的泄漏率较高时，首要任务不是安装泄漏检测系统，而是采取措施把管道泄漏的概率降低到合理可行的最低水平（ALARP 原则）。

是否安装泄漏检测系统不应取决于管道自身的风险水平，而应通过评估在发生泄漏时，因降低安全和环境危害而减小的故障风险来进行判定。

8.20.1 泄漏评估

本书中的泄漏危害评估是泄漏的简化版本。通过结合以下方法来进一步评估泄漏的危害：①实际输入数据，如流体压力、密度等；②假设输入数据，如最可能发生泄漏孔的尺寸，检测泄漏和关闭操作的时间等；③流体危险系数、人口密度系数等因素；④计算参数，如流体释放率，流体释放量等。

评估中使用的因素是根据专家提供的因素确定的。

根据潜在泄漏率、着火可能性、人口密度和流体的危险特性等进行安全风险评估，用安全危害系数（SCF）表示。环境危害的评估依据是潜在泄漏量、流体渗入环境后持久性或渗漏性，以及与泄漏有关的清理费用和其他费用，用环境危害因子（ECF）表示。流体的持久性或渗透性由气候修正因子调节。

由于管道沿线的条件通常会有所不同，因此将管道划分为若干部分，并对每个部分的潜在泄漏的安全和环境后果进行评估。例如，对于近海管道，在设定安全危害限值方面，靠近平台的泄漏检测要求最高，而对环境危害而言，岸边的要求最高。针对这些不同标准，在不同地方使用特殊检漏技术。

其他参数也会沿着管道变化，如内部压力、潜在的孔洞大小、检测泄漏时间、水深等。针对某一特定管段内的最差条件参数，在整个管段内都是有效的。

由于泄漏的潜在量与管道长度有关，因此假定泄漏的安全和环境危害也与管道段长度有关。

泄漏检测系统要求将 SCFs 和 ECFs 分类为"低""中""高"。

"低"和"中等"之间以及"中等"和"高"类别之间的阈值水平已初步确定，但尚未核实和确认。

在管道上安装泄漏检测系统的必要性主要是根据泄漏的安全和环境危害进行评估的。泄漏期望系数（L_e）作为次要参数应用于本次评估（表 8-15）。

表 8-15　泄漏预期系数

泄漏预期		泄漏预期系数（L_e）
输入	含义	
HH	非常高	$\sqrt{3}$
H	高	$\sqrt{2}$
N	中	1
L	低	$1/\sqrt{2}$
LL	非常低	$1/\sqrt{3}$

8.20.2　潜在泄漏率和泄漏量

发生泄漏时实际泄漏液体的数量可能从很小到非常大，这主要取决于泄漏率、是否有泄漏检测系统、关闭泵或压缩机的时间以及是否有阀门和阀门的运行方式。

在该方法中，泄漏量大小，即管道壁上泄漏孔的大小，是一个可变输入参数。用户可以在潜在故障模式的基础上选择最适宜的孔洞大小，例如，仅生产挖掘机的一个齿撞击形成 50mm 孔。将通过该孔的流体质量流量可计算泄漏率。

作为泄漏危害评估的一部分，需要通过一系列的假设来计算潜在的泄漏量。在发现泄漏并采取了第一拨堵漏措施之前，如关闭阻塞阀或关闭泵或压缩机，都使用该泄漏率。本方法中没有分析在阀门关闭或泵或压缩机关闭后，采取第二拨补救行动中的减少泄漏率，因为这将使评估更加复杂，超出本泄漏后果评估方法的范围。

（注意：对于气体和液体管道来说，泄漏危害主要是指从开始泄漏到系统关闭之间的时间。因此不考虑二次补救，这个假设的影响并没有想象中那么严重。）

液体泄漏的安全危害由泄漏率决定，而环境危害则与泄漏量有关。

对于陆上管道周围的人口密度，根据 ANSI/ASME B31.8 中定义的位置等级进行评估：

位置等级 1：诸如荒地、沙漠、山区、牧场、农田和人口稀少的地区。

位置等级 2：城市和城镇周围的边缘地区、工业区、牧场或乡村庄园。

位置等级 3：郊区住房开发，购物中心，住宅区，工业区，以及其他不符合位置等级 4 标准的人口密集区。

位置等级 4：多层建筑普遍存在的地区，交通繁忙或密集的地区，以及地下可能有许多其他公用设施的地区。

关于这些位置等级的定义，请参考 ANSI/ASME B31.8 的详细介绍。

对于海上管道的安全危害评估，对以下管道位置进行了区分：开阔海域；岸上通道；平台上的吊架和管道部分，以及无人平台或综合性平台周围的安全区域内；类似于上述情况，但属于有人值守的平台或综合平台。

表 8-16 给出了流体种类和流体危险因子 S_1。表 8-17 给出了管道位置等级和人口密度因子 S_2。

表 8-16 流体危险因子（S_1）

液体	15℃近似密度/（kg/m³）	0℃近似蒸汽压力/（bar[abs]）	流体危险因子 S_1
重质原油	875~1000	0.3	0.5
燃油	920~1000	0.01	1
柴油	850	0.01	1
轻质原油	700~875	0.55	1
煤油/石油/汽油	700~790	0.01~1.2	5
NGL（冷凝物）	600~700	0.1~1	8
LPG	500~600	0.2~1.5	10
LPG	420	4~6	10

续表

液体	15℃近似密度/ （kg/m³）	0℃近似蒸汽压力/ （bar[abs]）	流体危险因子 S_1
乙烯	1.6		10
天然气	1.1		6
酸性天然气（>0.5%H₂S）	1.1		10

表 8-17　人口密度因子（S_2）

区域分类	人口密度因子/S_2	区域分类	人口密度因子/S_2
陆上位置类别（根据 ANSI/ASME B31.8）		近海	
1 级	1	远海	1
2 级	4	近岸航道	5
3 级	8	启动器和安全区（无人平台）	6
4 级	10	护栏和安全区（载人平台）	10

人口密度因子 S_2 分配到了不同的区域，泄漏 SCF 用式（8-2）计算：

$$SCF = \frac{L_R \times L_e \times l_g \times S_1 \times S_2 \times L_s}{100} \qquad (8-2)$$

式中　L_R——潜在泄漏率；

　　　l_g——着火因素；

　　　S_1——流体危险因子；

　　　S_2——人口密度因子；

　　　L_s——截面长度，m。

（注意：分母中的 100 仅是将结果控制在 1~1000。）

8.20.3　环境影响因素

ECF 取决于以下几个参数：①潜在泄漏量 L_m；②持久性渗透系数 E_1；③气候校正因子 E_2；④清理或其他相关费用 E_3。

ECF 只适用于运输液体的管道，空气污染和潜在的火灾损害不在评估范围中。

出于实际原因，管道泄漏的环境危害以与清理、赔偿等相关的间接货币成本（美元）来表示和量化。这取决于泄漏的液体量、液体类型、环境影响类别和应急方案的类型等。

泄漏的液体量由液体在环境中持久性的系数来调节。这个系数取决于液体类型、气候，以及泄漏地(海上/陆地)。环境损害假设与轻质部分蒸发后滞留在环境中的液体成分有关。

对于陆上泄漏，原油类型影响液体的持久性，进而影响对环境的损害。轻质原油比重质原油更容易渗入地下，因此危害更大，清除更困难，成本更高。

基于轻质原油的成本评估清理的成本。另一种液体清理成本通过乘以海上泄漏的持久性系数(取决于液体密度)或陆上泄漏的其他持久性/渗透系数来计算。

假设在密度为 $600kg/m^3$ 的轻质凝析油或任何密度较低的碳氢化合物的海上泄漏中，由于大量液体在大气条件下蒸发，因此对于这类油品的海上泄漏，持久性系数为零。

对于密度大的液体，近海持久性系数 E_1 用式(8-3)计算：

$$E_1 = 0.004 \times 密度(15℃，1个大气压) - 2.4 \qquad (8-3)$$

密度低于 $850kg/m^3$ 时：

$$E_1 = 0.0022 \times 密度(15℃，1个大气压) - 0.88 \qquad (8-4)$$

密度高于 $850kg/m^3$ 时：

$$E_1 = 0.0013 \times 密度(15℃，1个大气压) + 2.1 \qquad (8-5)$$

陆上泄漏的因素根据经验值估算，见图8-7。

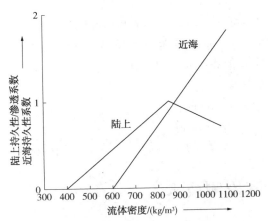

图8-7　持久性系数(近海)和持久性/渗透系数(陆上)

表8-18中是气候校正因子 E_2 与环境温度之间的关系。

表8-19中给出液体泄漏的清理费用和其他相关费用，相关清理费用/轻质原油的其他相应费用以 \$/m³ 为单位。

石油化工废弃物管理 （第2版）

表 8-18 持续性/渗透的气候校正因子

气候	平均年气温/℃	校正因子 E_2
温暖	>20	0.75
中等	5~20	1
寒冷	>5	1.25

表 8-19 清理工作和其他相关费用

环　境	清理成本 E_3/(\$/m³)	说　明
距离海岸大于 40km	13	仅基于对排放流体的监测，同时允许自行降解
距离海岸 5~40km	110 或 240	费用取决于补救措施：化学分散剂处理（分散剂和使用）为 110 \$/m³；控制和回收（设备、安装、回收、运输和处置）为 240 \$/m³
距离海岸小于 5km	3500	包括海岸清理、渔业和旅游补偿以及便利设施的影响
标准地形	630	
水道区域	2200	
指定的环境敏感区域	2500	

专家根据北海的案例进行估算这些成本，以 1993 年的货币为单位，通常可在全世界范围内使用。

上述成本中不包括可能的罚款，其他与可能的环境损害有关的无形成本，如商誉和信誉的损失等。这些应该作为一个单独的成本，在经济危害中进行评估，或者通过增加清理或其他相关成本 E_3 值引入方法论中。由于它们取决于本金，因此不包括在实际成本内。

泄漏的 ECF 根据式(8-6)计算：

$$ECF = \left(L_m \times \frac{1000}{R_o}\right) \times L_e \times L_s \times E_1 \times E_2 \times \left(\frac{E_3}{100000}\right) \tag{8-6}$$

▶▶▶ 8.21 泄漏检测技术

泄漏检测技术是基于特定参数的连续或间歇性测量。与连续泄漏检测技术相比，间歇性泄漏检测方法能够检测到更小的泄漏率。

一些连续泄漏检测技术只能检测到管道泄漏发生时的瞬时状况，后续不能识别是否还存在泄漏。

对于部分间歇性的技术，需要中断管道内液体的输送才能进行检测。使用间歇性技术，泄漏的检测时间完全取决于检查的频率。

检测液体管道泄漏的技术性能优于气体管道，而检测气体管道的技术又优于气液两相的管道。

设置检测系统的敏感度取决于如何平衡泄漏的敏感性和事故警报二者的关系。相比微小的泄漏，通常更容易检测出大型的泄漏。为了使用户对系统保持信心，相比缩短泄漏检测时间或降低最小可检测泄漏率，更要优先来考虑如何避免误报警。

管道泄漏检测技术的性能取决于流体类型、操作压力（包括波动）、批量还是连续操作、管道长度和直径、计量精度等。

具体采用哪种技术需要进行详细的个案评估。如果判定泄漏危害更重要，就需要采用更复杂的泄漏检测技术。如有必要可使用一种以上的泄漏检测技术，以实现所需的整体泄漏检测性能。

渗漏检测系统根据其渗漏检测固有原理，可分为以下几类：①管道质量输入与输出的平衡；②压力/流量分析；③监测由泄漏产生的特征信号；④离线泄漏检测。

表 8-20 给出各种泄漏检测技术的能力和应用信息。其中泄漏率类别为——全孔破裂：100%的流量；重大泄漏：50%～100%的流量；大泄漏：25%～50%的流量；中等泄漏：5%～25%的流量；小泄漏：1%～5%的流量。

表 8-20　对泄漏检测技术的性能和应用的总结

泄漏检测方法	泄漏类型	操作方式	响应时间	泄漏定位能力	说明
低压	气体：全孔破裂	任选	秒-分钟	海上：没有	常用高阈值，避免误报
	液体：重大泄漏			陆上：在隔断阀之间，需有压力读数	
减少压力/增加流量	气体：重大泄漏	稳态	秒-分钟	海上：没有	—
	液体：泄漏量大			陆上：在隔断阀之间，需有压力读数	
管道压力梯度	气体：重大泄漏 液体：泄漏量大	稳态	分钟	在隔断阀之间，需有压力读数	仅在岸上
s 负压波	气体：大型泄漏 液体：中型泄漏		秒-分钟	1km 内	仅检测到前期泄漏
波敏法	气体：中型至大型泄漏 液体：小型至中型泄漏	稳态和瞬态	秒-分钟	1km 内，与传感器间距有关	仅检测到前期泄漏
质量平衡	中型至大型泄漏	稳态	分钟-小时	没有	—
纠正质量平衡	小型至中型泄漏	稳态和瞬态	分钟-小时	海上：没有 陆上：在隔断阀之间，需有压力读数	—

8.21.1　质量输入与输出平衡

这类泄漏检测系统遵循的理论是，在无泄漏的管道中，流入管道和流出管道的液体质量相等。利用质量平衡原理，一定时间间隔内连续监测流入和流出的数值是否有变化。检测所得的体积流量要根据密度或压力和温度变化进行校正，作为质量流量的参考。为了减小正常运行期间流量变化的影响，在非连续时间段内流量读数需进行平均/累加。

未经校正的质量平衡方法只能在稳定状态下使用，因为它不能考虑管道中库存液体的变化，即管道填充量的变化。因此它的准确性主要取决于流量计的准确性和操作的稳定性。

除了测量入口和出口的流量，修正的质量平衡方法还要使用修正系数，以分析管道内库存液体量的变化。在计算修正系数时，用到沿管道每隔一段距离的压力和温度测量值（如有必要）等数据。检测微小泄漏的性能取决于沿管道长度测量的数量和准确性。

另一种方法是动态模拟，是一种模型辅助的平衡方法。用一个实时运行的模型可以计算出管道内库存液体量、在稳态和瞬态运行条件下管道填充量的变化。它不仅能修正压力和温度的影响，而且还能修正流体性质的变化，例如不同批次的流体同时出现在管道中的情况。当模型预测的质量平衡与实际测量的质量平衡之间存在差异，则表明出现泄漏。另外，突发的流量或压力变化趋势也可作为判定发生泄漏的指标。

动态模拟方法类似于修正的质量平衡系统。两者的主要区别在于，动态模拟方法能计算管道内的库存量，修正质量平衡方法是在管道沿线的测量值之间进行插值。由于测量误差的内在累积，通常认为后一种方法不太准确。

通常这些方法的灵敏度都很好，它们的缺点是对泄漏的定位能力有限。

管道泄漏监测统计SPLD系统，是根据在管道入口和出口处测量的流体流量和压力，连续计算出泄漏的统计概率，因此开发该系统不需要对管道库存进行复杂的建模。通过对管道的控制和运行，使用统计技术来识别发生泄漏时，管道压力和流量之间的关系变化。

SPLD系统作为统计滤波，用于统计管道的输入/输出平衡，并判断有无泄漏。与其他基于软件的技术相比，该系统主要优势是简单性和稳定性。SPLD系统可以在PC上运行，并且能够区分管道运行变化引起的波动和实际发生的泄漏；因此，在泄漏监测方面非常可靠。自1991年10月起，SPLD系统已经商业化。SPLD系统的统计滤波还能与商业在用的动态模拟方法相结合，使得后者更加可靠。这种结合统计和动态模拟的检漏系统是目前最复杂的检漏系统。

8.21.2 压力/流量分析

通过流体的流动和管道沿线的压力梯度来表征管道的运行状态，压降和流量与管道的流动阻力有关。泄漏会改变管道的压降曲线，从而影响压力和流量的正常关系。通过监测这种改变来分析是否发生泄漏。

如果发生重大泄漏，特别是在管道的上游部分，入口压力会下降。监测到进口压力比预期值低说明存在泄漏。低压力的监测通常与自动关闭系统相连。为避免误报，该系统被设置成在只有重大泄漏时才能被检测到。

泄漏导致上游的流量增加，下游的流量减少。因此，在上游压力梯度增加，在下游减少。根据管道沿线的压力计算出来的压力梯度出现不连续性，就是重大泄漏的迹象。同样也能监测压力和流量读数的变化率，如果突然发生变化说明发生了泄漏。

运行中的管道泄漏将导致上游流量增加和压力下降，通过压力下降/流量增加进行综合评判。这两种情况同时出现就表明发生泄漏。

8.21.3 监测泄漏产生的特征信号

管道中突然发生泄漏导致泄漏点位压力骤降。这种突然出现的压力下降会产生一个压力波，在泄漏点的上游和下游以声波的速度传播。探测到这个压力波就说明发生了泄漏。这种负压波技术，对以声波(在原油中，大约1000m/s)传播的压力波做出反应的时间非常短。当在泄漏的上游和下游都检测到波时，从泄漏位置两边最近传感器检测的时间差来计算泄漏点位。该系统只对瞬间发生的可测量大小的泄漏作出反应。在实际运行时灵敏度可能很差，原因是通常把报警阈值设置得很高，以避免由上游或下游加工厂或其他产生噪声的装置(如泵或压缩机站)产生的压力瞬变引发错误报警。

相比负压波系统，对管道噪声灵敏度不高的系统使用双传感器，可以过滤掉噪声信号。该系统具有方向性，能检测到来自管道上游或下游方向的信号。将两个传感器安装在适当间隔距离内，并使用电子信号减法系统即可实现。

基于负压波技术只能监测泄漏的起始时间，不能监测是否存在泄漏。如果没有监测到泄漏开始时产生的压力波，泄漏就不会被发现。

液体在压力下一个小孔内发生泄漏，会产生超音速的噪声。配备有水听器和数据记录的超声波检漏器可以检测和定位泄漏点。即使是低至10L/h的极小泄漏，也能用这种监测技术很精准定位泄漏点。由于是间歇性操作，响应时间取决于运行超声波检漏器的频率。在管道附近铺设碳氢化合物渗透管(嗅探管)。当定期吹扫管子并对其物质进行检测时，即可检测是否有少量碳氢化合物因泄漏从管道渗透到嗅探管中。

碳氢化合物感应电缆沿着管道铺设。当碳氢化合物与电缆接触时，电缆的电气性能发生变化。与水接触并不影响电缆的特性。

目前已经开发了测量海水中甲烷的原型系统。该装置从连续水流中提取溶解的气体，并使用红外吸收技术确定甲烷含量。

对碳氢化合物排放的遥感技术，如使用来自飞机的红外技术，正在成为商业化的方法。特别是对于天然气和多相管道，这也为地面巡逻技术提供可靠的替代方案。

8.21.4 离线泄漏检测

已经开发的智能清管器，能在堵塞的带压管道中，通过流动方向的识别，检测和定位管道中的泄漏。双向清管器上有一个开口，开口处装有符合灵敏度要求的流量计和变送器。根据清管器在管道沿线不同位置的定位，并根据地面上对清管器的流量测量结果的分析，最终可以找到泄漏点。但是定位泄漏点很耗时间，因此在管线两端要配备抽水或加压设施。该系统适用于直径大于 8in 的管道，尤其是在检测到少量泄漏但位置不明的情况下。

对于直径小于 8in 的管道，另一种可选技术是配备了压差传感器和变送器的清管器。安装在管道中监测管道两侧的压降，在压力下降较快的一侧发生了泄漏。

当堵塞的带压管内有泄漏时，管道压力下降。在进行静压泄漏测试时，输送的烃类流体使管道或部分管道压力增加。当需要增加到更高压力时，出于安全和环境原因，用水进行泄漏试验。加压后，重新关闭截止阀，在规定时间内（至少 24h）监测压力和温度。如果截止阀配备差压传感器，可进行静压差测试。

如果相邻两段的压力下降率出现差异，且无法用温度影响、读数不准确或阀门泄漏等进行解释，则说明在压力高于最大允许工作压力（MAOP）的情况下，对现有管道进行压力测试的优缺点存在不确定性。

高压下进行泄漏检测的优点是更容易检测到已有的泄漏。此外，接近破损的长裂缝被打开，进而检测出泄漏。缺点是现有缺陷可能会扩大或被激活增长，在压力测试后管道的正常运行可能会出现故障。

　　［注：高于 MAOP 的压力测试主要用于强度测试，以避免管道破裂。］

在压力测试过程中，通过声学监测仪可以检测到液体通过小孔时产生的声音。对于输送硬质液体的管道，可采用声学反射法检测泄漏。该技术的原理是，对于间歇使用的管线，由于声学特性的局部变化，在泄漏位置穿过管线的压力波发生反射。管道不使用时，由于干扰噪声水平较低，该技术也能使用。

▶▶▶ 8.22 使用放射性示踪剂对气体管道、储罐和技术设施进行防漏控制

检测微小泄漏时，可在增压液中添加示踪剂。使用对示踪剂敏感的探测器或目视可见的示踪剂，对管道进行巡检测漏。

同位素示踪剂法作为液压和气压测试的补充技术，具有许多优点。灵敏度高，使用简单，测试和前期准备不耗费时间。此外，同位素试验可在低压（0.2~0.4MPa）下进行，无须对建筑材料进行额外处理。需要指出的是，尽管水压试验很重要，但是有些示踪剂不能用于水压实验。

同位素示踪剂法是当示踪剂向泄漏方向迁移、向周围介质渗透时，传输介质吸附示踪剂以及测量示踪剂发出的伽马射线。用放射性同位素^{82}Br标记的溴甲烷是最好的示踪剂。

在专用的同位素发生器中进行测试。根据发生器的类型，最高可处理的放射性活度达到10Ci（370GBq）。使用特殊的容器将气态放射性示踪剂运送到分配点。放射性示踪剂从发生器吸入容器中。容器大小取决于所运输示踪剂的放射性活度。

带闪烁探测器的便携式辐射监测仪，通过记录辐射强度的变化（由于绝缘材料吸附放射性示踪剂）进行泄漏的检测和定位。

借助盖革-米勒计数器测量发生器容器表面的剂量率并确定控制区的边界。使用高灵敏度的多通道辐射计同时在多点测量。

8.22.1 液体管道泄漏检测

在管道中的液体中引入放射性^{82}Br标记的甲基溴（在水体中用溴化钾），通过安装在耐压清管器（图8-8）中的专用伽马射线探测器进行检测，清管器随流体流动。示踪剂进入后，在管道中安装探测器。连续测量管道中天然辐射量和^{82}Br的伽马辐射峰（如存在）。泄漏点最小放射性活度为1~10μCi（37~370kBq）。

图8-8 清管器

磁带上记录的信号是泄漏的一般定位，能提供泄漏位置的信息，精确度为几米到几十米，取决于与标记物（放置在管道外壁上的^{60}Co源）之间的距离和记录仪的磁带卷绕速度。在上述划定的区域内，通过搜索管道上方地面的辐射情况，对泄漏点进行精准定位。如果管道直径非常小，无法引入辐射计，则只能进行准确定位。

液体管道泄漏检测原理测量示踪剂的辐射量，通过在泄漏点上层地面上的移动探测器，测量穿透到地面的辐射量。使用这种方法，为跟踪所添加示踪剂的移动，管道要停止运行一段时间。所能检测总放射性活度应为20Ci（740GBq），检测到的最小泄漏量在$30\sim1000cm^3/h$之间。把探测器引入管道中，可检测管道直径为$200\sim800mm$。

8.22.2 气体管道泄漏检测

选择哪种检测方法取决于泄漏量的大小、要检查的气体管道的长度和直径。这些因素会影响示踪剂从导入点到泄漏区土壤上层的移动速度，示踪剂是通过伽马射线探测器探测。

放射性示踪剂的泄漏测试在压力测试之前、期间和之后进行都可以。选择哪种方法取决于常规压力测试中的压力下降情况。

8.22.2.1 确定气体管道的总容积

这种方法适用于短距离管道和微小泄漏。将传输介质和示踪剂从一个或多个点一起泵入管道，使整个管道中示踪剂均匀分布。

检测时采用尽可能高的测试压力。当达到一定压力时中断泵送。几个小时后记录泄漏点的示踪剂辐射情况（这段时间是必需的，让标记气体通过最小的泄漏点到达地面上层）。用这种方法可同时检测所有的泄漏点，无须跟踪示踪剂的移动，即在定位泄漏点时无须挖掘管道。

8.22.2.2 单次注射示踪剂

这种方法适用于短管道的泄漏测试。首先气体泵送至一定压力。然后中断泵送，将放射性示踪剂引入气体管道的中段。

将示踪剂引入气体管道的中间部分可以缩短定位泄漏点的时间。位于示踪剂注入点两侧管道上的辐射计可以确定示踪剂的移动方向，即泄漏发生的部位。

8.22.2.3 多点注射示踪剂

该方法用于检查长段气体管道。这种方法使用的示踪剂分量很少（每份的放射性约为1mCi）。位于注入点两侧的辐射计跟踪放射性同位素的移动，对泄漏点进行定位。在泄漏点附近注入的最后一份示踪剂的放射性很高，足以在泄漏区上方测量到辐射值。

8.22.2.4 恒压下注射示踪剂

该方法适用于任何长度存在大量泄漏的气体管道检测。需要注意的是，单次泵送可能不能将示踪剂输送到泄漏区域，需要在恒定压力下连续泵送。连续泵送可以缩短定位时间，有利于小泄漏点的检测。补偿泄漏损失，要持续保持一定的气体供应量。在任何地方都能进行定位，最小可检测泄漏率小于$30cm^3/h$。

▶▶▶ 8.23 最终污泥和固体输送、储存和处置

从一级处理和生物处理工艺中所去除的污泥形态固体，应通过生物和热方法浓缩和稳定化处理缩减体积，为最终处置做准备（如需要）。

在最终选择处置方法时，应考虑环境法规和地下水污染的限制。

8.23.1 运输方法

污泥通过管道、卡车、驳船、铁路或组合方式进行长距离运输。为了最大限度地减少泄漏、异味和病原体在空气中传播的危险，运输液体污泥应使用封闭的容器，如罐车、铁路罐车或有盖的罐式驳船。

如果公司允许且符合法规规定，稳定的脱水污泥可使用敞开式容器运输，如自卸卡车。但是，如果要长途运输污泥，应使用有盖的容器。

8.23.1.1 管道

一般来说，对于固体浓度超过6%的未处理污泥，长距离运输所需的能源很高。采用大口径管道，应保持较高的流速，以降低砂砾堆积的概率、无内衬管道中的油脂积聚以及低流量条件下产生的其他问题。

8.23.1.2 卡车

卡车运输是最灵活、使用最广泛的污泥运输方法。无论是液态污泥还是脱水污泥，都可以用卡车运往不同的目的地。对于中小型处理设施而言，卡车运输脱水污泥通常是最经济的方法。

8.23.1.3 驳船

驳船运输通常只适用于处理废水流量超过$15800m^3/h$的大型设施，或一艘驳船可服务于多个工厂。驳船也可用于运输脱水污泥。禁止污泥驳运至海洋处置。

8.23.1.4 火车

铁路运输可用于任何黏度的污泥，用铁路运输固体含量高的污泥最为经济。

对于少量或短距离的污泥，使用铁路运输经济上不合理。

8.23.2 污泥运输中的环境因素

污泥运输应考虑空气污染物负荷、交通、噪声等环境因素。在质量基础上污染负荷最低的运输方式是管道运输。其次是驳船运输和单元列车铁路运输。最高的是卡车运输。

8.23.3 污泥储存

在处置或有益利用之前，经过好氧消化的污泥要先储存。

液态污泥可储存在污泥池中，脱水污泥可贮存在地面上。

8.23.3.1 污泥储存池

如果污泥池负荷不大，采用通过藻类生长和空气曝气可以提供好氧表面层。另外，使用表面曝气器同样能维持污泥池上层的好氧条件。

设置污泥池的数量应足以使每个污泥池停用约6个月。污泥储存池的深度为3~5m。

8.23.3.2 污泥储存平台

如果脱水污泥在土地应用前必须储存，根据污泥运输连续天数计算需要提供足够的储存区域面积。此外，还必须预留铺设好的通道，以及污泥运输卡车、装载机和施用车辆的机动区域。

污泥储存平台用混凝土或沥青混凝土建造，设计时要考虑能承受卡车装载和污泥堆放。

应考虑渗滤液和雨水的收集和处理。

8.23.4 最终处置

最终处置污泥和未被有效利用的固体物质，通常涉及多种方式的土地处置。禁止在海洋中处置污泥。

与污泥的土地利用一样，在规划和设计污泥处置设施时，需要密切关注其他污泥处置方法的法规。

8.23.4.1 填埋

在有合适的地点，建设垃圾填埋场处理污泥、油脂、砂砾和其他固体物质。根据国家或地方法规，可能还需要进行稳定化处理。

需要对污泥进行脱水处理，减少运输量并控制填埋场沥滤液的产生。

在真正的卫生填埋场，废物堆放在指定区域，用拖拉机或压路机压实，并覆盖一层 30cm 的清洁土壤。

特别注意要尽量减少臭味和苍蝇等环境滋扰。

在选择土地处置场地时，必须考虑以下因素：①环境敏感区域，如湿地、河漫滩、含水层补给区和濒危物种栖息地；②地表水径流控制；③地下水保护；④灰尘、颗粒和气味造成的空气污染；⑤疾病传媒；⑥与有毒材料、火灾和通道有关的安全因素。

运输湿污泥和砂砾的卡车，应该不经过人口稠密区或商业区可以到达现场。

8.23.4.2 污泥塘

如果处理厂位于偏远地区，采用污泥塘进行处理较为经济。

污泥塘中多余液体(如果有的话)应返回处理厂进行处理。

污泥塘要远离公路、高速公路和住宅，尽量减少潜在的滋扰，并设置围栏防止未经授权的人员进入。

应调查地下排水和渗滤情况，以确定地下水是否会受到影响。

如果存在过度渗滤的问题或法规要求控制渗滤液，则应在污泥塘内铺设内衬。

8.23.5 焚烧

通常焚烧炉仅在土地有限、土地处置或其他工艺不可行的情况下，处置未经处理的废弃物。

焚烧的主要优点是将含有机物的废物减量化至较小体积的惰性物质。主要缺点是投资成本和运行成本较高。

如果可行且经济上合理，应考虑焚烧后蒸汽发电。

在设计阶段必须考虑空气污染法规中，焚烧气中烟尘、飞灰或烃类的排放限值。

焚烧炉进料仅限于湿度较低的固体或半固体糊状物质。浆状污泥，如油水分离器污泥和罐底污泥，要先通过离心或过滤进行脱水和脱油，生成适合焚烧的固体滤饼。

其他固体废物，包括相对干燥的废黏土、废物和卡车中的垃圾，直接从卡车斜坡上装入进料斗，或使用抓铲装置间接装入进料斗。液体废料用燃烧室中的燃烧器进行燃烧。

如果空气污染法规有相关的要求，应特别注意是否需要安装水洗涤器或旋风分离器。

应配备烟雾监视器和报警器。

烟囱要充分抬升烟气，以分散气体，避免二氧化硫等污染物在高处聚集。

焚烧炉可配备多个炉膛或单个炉膛。

8.23.6　飞灰处理和处置

清除飞灰时可能采用喷水润湿，也可能不被喷水润湿。飞灰倒入灰坑中，然后通过提升机移至料斗中，需要时可将料斗中的飞灰倒入卡车。用飞灰建设道路、防火堤和油罐地基。

►►► 8.24　固体废物处理

本节介绍了固体废物处置过程，包括类型、危险、无害、选址、来源、隔离、减量、资源回收、处理污泥浓缩和取样设备。上述过程涵盖提供固体废物系统设计和运行所需的所有详细信息。

8.24.1　废物分类

废物分为两类：危险废物和非危险废物。

8.24.1.1　危险废物

危险废物包括：炼油厂废物；石化工业废物；化肥工业废物；化工废物；脱盐工厂和生产单位的废物。

8.24.1.1.1　炼厂废弃物

通常认为炼油厂的下列废物是危险的：含铅的罐底物；中和后的氢氟烷基化污泥；溶气气浮（DAF）装置污泥；煤油滤饼；润滑油过滤黏土；废油乳液固体；换热器管束清洗剂；API 分离器污泥。

8.24.1.1.2　石化工业废物

石化工业中的固体废物来源包括：塑料和橡胶；废弃的催化剂；活性炭、日本酸黏土和沸石；废碱（苏打、胺）和废酸；氯乙烯焦油；油泥；焦油、树脂、沥青和污泥。

8.24.1.1.3　化肥工业废物

磷肥行业固体废物是在化肥行业副产品磷石膏（BPG）。只有 20% 的 BPG 用于生产硫酸铵，其余以泥浆排放到填埋场或污泥塘中。表 8-21 列出了 BPG 的特征和有毒金属成分。

表 8-21   BPG 的组成

成 分	干重质量分数	成 分	干重质量分数
$CaSO_4 \cdot 2H_2O$	90~95	有毒成分/(mg/kg 干重)(放射性物质除外)	
结晶水	19~20	镉(Cd)	1.25~3.22
总磷酸盐(PO_4)	0.8~1.6	铬(Cr)	1.47~1.72
总氟化物(F)	0.5~1.9	铜(Cu)	4.00~4.76
钠+钾(Na_2O+K_2O)	0.5~1.0	铅(Pb)	6.37~6.47
二氧化硅(SiO_2)和其他不溶物	2~3	锰(Mn)	5.48~10.39
有机质	0.4~0.8	放射性物质	29pCi/g 干重

8.24.1.1.4   化学工业农药固体废物

常用的农药是二氯二苯三氯乙烷(DDT)和六氯化苯(BHC),以及有机磷和碳酸盐化合物。废水中含有高腐蚀性物质(pH 值 1~1.7),包括 DDT、硫酸和悬浮固体等。用石灰中和处理,沉淀后的污水仍含有 DDT。

生产 1t BHC 会排放约 30m³ 的废水,其中含有 0.4BHC,有很强腐蚀性和毒性(pH 值 2.6~3.0)。用石灰中和污泥、用沙床中干燥污泥。废水中大约 90%的 BHC 进入污泥中。

浓缩的、未使用的农药作为有毒废物储存、退回或处置。

8.24.2   危险废物设施选址

8.24.2.1   许可证要求

每个处理、储存或处置危险废物的设施都必须获得当地环境保护组织的许可证,批准上述设施的运营选址。许可证中详细描述设计、运行和维护的各个方面,显示符合适用要求。

8.24.2.2   环境影响

环境影响包括对生态、人类健康、自然和文化景观美学的潜在影响。对于任何指定设施,管理的废物量和类型、设施的设计和运营等都是影响环境影响的因素。

表 8-22 列出需要考虑的潜在环境影响要素,同时考虑了设施运营的每个要素(如运输、储存、处理、焚烧)的可预期和可能发生的意外影响。如果使用该设施能替换目前在用危险性更大的处置方法,还要考虑没有该设施时的环境影响。这一点要给予说明并提供事实依据。还要牢记防止或减轻此类影响的保障措施。

表 8-22　可能的环境影响

地下水污染	附近农作物、渔业受到污染
地表水污染	交通拥挤
空气污染	气味
泄漏、溢出、事故	噪声
破坏野生动物栖息地、自然区域、湿地	视觉受损
失去任何独特的现场特征（如考古）	对社区特征的影响：
现场永久性污染	对其他重工业的吸引力，垃圾场的影响

8.24.3　非危险废物

8.24.3.1　钻井液（泥）

钻井液的作用：①从钻孔底部取出钻屑（切屑），并运到地面，然后将其清除；②润滑和冷却钻头、钻杆；③控制井下压力；④在井壁上沉积防渗井壁泥饼后密封钻井地层，防止污染物进入泥浆和防止泥浆液相进入地层。

8.24.3.2　钻井排放物的性质

当钻一口非常浅的陆上油井时，排放固体的浓度范围为 60%～90%（按质量计）。排出的泥浆总量可能是 119m³（1000 桶）或更少。长期钻探的陆上深井可能产生多达 3570m³（30000 桶）的泥浆。对于海上油井，典型油井的泥浆排量为 119～595m³（1000～5000 桶）。

8.24.3.3　环境影响

陆上钻井排放物对环境的影响包括以下几个方面：①钻井泥浆对植物和土壤的主要抑制作用是过量的可溶性盐和交换性钠浓度高；②大多数钻井泥浆会造成土壤分散，导致地表板结。适当处理后可减少或消除这些影响。

8.24.4　炼油厂固体废物的来源、分离、数量和特征

炼油厂固废的来源和类型众多。为了在回收或处置前得到更有效的处理，大多数废物可在源头进行分离。

由于炼油厂的工艺各不相同，每个炼油厂都会遇到与其所在地、所用工艺和当地法规有关的具体问题。即使考虑到每个炼油厂的独特性，大多数炼油工艺所产生的基础废物也基本一致，可以进行类似的资源回收或处置处理。除这些基础废物外，其他一些废物的特性和数量有很大区别。表 8-23 是废物来源和废物分类清单。显然，表 8-23 的清单不可能包罗万象。

8.24.4.1　来源和分类

表 8-23 按炼油工艺和来源列出所对应的固废，并将其分为可燃物、不可燃物和可生物降解物。

表 8-23　炼油厂固体废物的来源和特点

来源	可燃物	不可燃物分类	生物降解性
炼制过程			
原油储存	罐底含蜡物	沙、锈、淤泥	
产品存储		污泥、沙、锈、淤泥	
原油加工		沙、锈、淤泥、盐、废油乳剂	
热裂解	分离器积炭		
催化裂化		废催化剂	
催化重整		废催化剂	
聚合		废催化剂	
烷基化		腐蚀产物(污泥、焦油)	
HF 酸烷基化		氟化钙污泥	
沥青生产	沥青滴	沥青乳液	乳化液、轻溶剂
冷却	焦粉、含蜡残油		
产品处理	酸渣、吸附剂	含铅污泥、吸附剂	
润滑油和润滑脂	脂肪酸盐、污水	黏土	
非炼制过程			
公用设施：蒸汽发电	—	锅炉排污污泥	
公用设施：给水处理	—	石灰泥	
公用设施：冷却塔	—	悬浮固体	
废水污染控制			
API 分离器	含油污泥，重烃	泥、沙	包裹油层的惰性固体
气浮	油性泡沫		
澄清	生物絮凝	絮状物	生物絮凝
絮凝	絮状物	黏土	
过滤器		滤饼	
生物氧化	生物絮凝		生物污泥
废气污染控制			
袋式除尘器		催化剂粉尘	
静电除尘器		催化剂粉尘	

8.24.4.2　固废分离

综合分析炼油工艺和表8-23中所列固废，采用合理的隔离措施能减少处理成本和处理量。需要隔离的物质包括：含油污泥、非油性废物、生物污泥、其他废物和生活废物。

8.24.4.2.1　含油污泥

含油污泥最难处理。含油污泥的来源包括储油罐、原油脱盐装置、下水道清洗、容器清洗、油水分离器、溶气浮选、润滑油加工和烷基化过程中产生的沉积物等。需要经过全面分析后才能确定哪些在回收前进行分离。

8.24.4.2.2　非油性废物

非油性废物更容易处理。它们来自雨水管道清洗、沉沙池、储罐清洗、冷却塔清洗、水处理和更换的催化剂。废催化剂是最有可能进行资源回收的材料。

8.24.4.2.3　生物污泥

生物污泥来自生物废水处理厂。这些污泥经过各种方法浓缩，在符合使用等级的前提下可用作土壤改良剂。

8.24.4.2.4　其他废物

与石油加工无关的其他固体废料，可以在城市垃圾填埋场进行处置。

8.24.4.2.5　生活废物

生活污水收集和处理系统应与炼化工艺废水系统分开，处理后的废水就不需要再进行氯化处理。在炼油厂运行生活污水处理系统，很多文献中有很多资料解决固体处理问题。

8.24.4.3　典型数量和特征

炼油厂金属废物的主要来源是 API 分离器底部、溶气浮选装置、生物污泥、管道裂缝和废流化床催化裂化（FCC）催化剂。不同炼油厂废物中金属含量差异很大。固体废物中金属包括锌、钒、硒、镍、汞、铅、铜、铬、砷和镉。

8.24.5　源头削减方法

在源头减量方面，主要考虑修改工艺和操作程序。这样做能减少固体废物的产生量并改变其特性。这里介绍一些源头减量技术。

8.24.5.1　油罐清洗

在储罐中安装可变角搅拌器，与所选用的溶剂（如原油、轻循环油和水）配合使用，降低清除储罐中残留固体所需的时间、人力和成本。

将选定的溶剂添加到待清洗的储罐中，搅拌器在不同位置(通常与中心线两侧呈 30°)运行 5~15 天。

这样可以清扫所有的罐底并搅拌提升固体底泥，使溶剂和含油固体充分接触。所得的固体经过脱油处理回收有价值的碳氢化合物以供再利用。不仅降低残留固体的含油量，降低最终处理的难度，而且通过去除固体中的油和蜡含量，减少了残留固体的体积。该技术的另一个优点是在罐外进行大部分清洗作业，安全性更高。

8.24.5.2 水处理产生的生物污泥

以下几种技术可减少废水处理过程所产生的生物污泥量。

8.24.5.2.1 污泥龄

延长生物处理系统中的污泥龄。经过合理设计的预处理工艺，在达到这一点同时又不产生污泥沉淀问题，通常需要去除进入生物池废水中的胶体物质，运行稳定的气浮池或沙滤池就能满足这个要求。尽量延长污泥龄，以将污泥浪费降低到最低水平。

8.24.5.2.2 好氧消化

生物污泥经过好氧消化可显著减少污泥量。这也是用于农田耕作的生物污泥必不可少的预处理步骤，可有效解决异味问题。

8.24.5.2.3 水解

其他减少废弃生物污泥的方法包括化学处理打破生物细胞壁，如酸法。因此，有机物被氧化，产生的生物污泥更容易脱水和最终处置。

8.24.5.2.4 气浮漂浮物回用

通常使用化学添加剂能提高气浮装置的效率。明矾、氯化铁、石灰和聚电解质都是典型的化学药剂。建议尽可能选用聚电解质类药剂，因为使用明矾、石灰和氯化铁等后会产生大量需要进一步处理的油性固体。仅使用聚电解质，在系统前端能回收漂浮的油类物质，从而减少需要处置的固体废物量。

8.24.5.2.5 组合利用

一些废物可以组合起来发挥优势。例如，使用后的锅炉给水产生石灰能调节农田作业的 pH 值。

8.24.5.2.6 关停计划

环境部门要参与所有类型的停产规划，并预测停产过程中产生的废物量和特性。要采取一切可能的措施，将废物量控制到最低，通过控制废物的物性以便简化处置方案，并规划要采用的处置技术。

8.24.6　资源回收和废物最小化

8.24.6.1　资源回收

可回收和可再利用的物质主要包括油、催化剂、酸、苛性钠、消化的生物淤泥、过滤性黏土，以及在某些情况下用于冷却塔处理的铬酸盐抑制剂。几乎每个炼油厂都能从其个别工艺所产生的废物中找出可回收的物质。

8.24.6.1.1　油品回收

所有炼油厂都能在不同程度上回收废油。回收的油品重新混入各工艺段的进料流、作为燃料直接出售或者其他用途。回收技术包括简单的重力分离、化学破乳和加热破乳，用轻质油品和溶剂辅助破乳和稀释重质油馏分。油分回收后，土地耕种是剩余废物的一种最终处理方法。如果污泥要填埋处理，就必须回收油分直到油含量低于15%。油浓度是影响土地中废物数量的重要因素，因此油含量越少，土地耕种所需的土地面积越小。

8.24.6.1.2　催化剂重复使用

通常催化剂中金属含量很高，催化剂再次处理后可以重新出售或回收金属。大多数用过的催化剂很稳定，通过填埋完成最终处理。在垃圾填埋场中，最好不要将用过的催化剂与其他废物混合在一起。在整个垃圾填埋场仅用于处理特定废物的情况下，填埋催化剂就是可接受的处理方式。

8.24.6.1.3　酸性和碱性物质

废物在处理前要经过中和处理。以这种方式反应废化学品可以减少中和所需新添加的化学试剂量，可以定义为回用的过程。中和后的酸和碱溶液，只要溶解性固体总量的浓度不超过限值，就可以排入废水处理系统。烷基化废酸可以返回硫酸制造商进行再处理。

8.24.6.1.4　生物污泥

生物污泥不应用于种植食品，但废弃的污泥可以被分散在油罐区。

8.24.6.1.5　过滤黏土

用于油和蜡净化的过滤黏土可以在多炉膛炉中再生以供再利用，在颗粒大小和表面反应性等劣化之前，黏土可经过多次再生。废过滤黏土没有反应活性，填埋可作为最终处置方法。

8.24.6.1.6　铬酸盐抑制剂的重复使用

现在铬酸盐仍是冷却系统中所用的最有效缓蚀剂之一。由于限制，势必要降低废水中铬含量。从冷却塔排污系统中回收的铬酸盐，添加到补充水中重复使用。通过离子交换来完成这个过程，在愈加严格的废水管理条例下，铬酸盐重复利用就更有吸引力。

炼油厂的工程师在设计和开发炼油工艺时，必须始终考虑如何重复使用这些废料。实现资源最大限度的回收，是区别一个项目的成功或失败的关键因素。

8.24.6.2 尽量减少废物产生

废物减量化通常可为工业带来经济效益，还可改善环境质量。关于废物最小化的设计和操作，要考虑以下的要求。

8.24.6.2.1 单元集成

原油分离后的组分，可以从一个单元直接进入下一个单元，几乎没有中间罐装环节储油罐。减少中间过程产生的油泥量。

8.24.6.2.2 在管道中掺混

95%的燃料都可以在管道内而不是在油罐内掺混，成品油储罐内所产生的油泥量也就最小。

8.24.6.2.3 原油储罐搅拌器

炼油厂内原油储罐要配备搅拌器，使用后可以防止沉降性固体的沉积，进而降低清洗的频率。

8.24.6.2.4 尽可能使用空气冷却器

炼油厂70%以上的冷却过程都使用空气冷却器，而不是水冷式热交换器。消除了物料对冷却水的潜在污染，减少了冷却水补给量和循环量。此外，用空气冷却器代替热交换器，最大限度减少了换热器管束清洗产生的污泥量。

8.24.6.2.5 使用脱盐处理后的河水

这个技术降低了冷却水的排污量，并减少了冷却塔污泥处理过程产生的废物量。

8.24.6.2.6 封闭式冷却水系统

这种方法是使用冷却塔系统循环等体积的水达到冷却的目的，进一步减少了可能被物料污染的冷却水体积，并极大减少了处理化学药剂(如 Cr 和 Zn)的冷却水的排放。

8.24.6.2.7 防止胺降解

在使用二乙醇胺(DEA)从酸性气体中吸收 H_2S 和 CO_2 的炼油厂中，DEA 转化成不可再生化合物后需要定期处理，并加入新鲜胺。为减少胺的处理量，炼油厂除使用炭过滤外，还用连续流体过滤去除降解产物。除此之外，加入添加剂减缓胺的变质也是可选技术。

8.24.6.2.8 独立的下水道系统

在设计炼油厂下水道系统时，建议隔离所有来源的污水。所有的非油性废水通过独立的下水道系统输送。油性废水送入 API 分离器。设计独立的下水道系统有效降低 API 分离器的负荷，提高效率，并将 API 分离器污泥量降到最低。

8.24.6.2.9 API 分离器前端撇油器

为了从 API 分离器进水中回收尽可能多的油，在前端安装开槽管式撇油器，并直接循环到炼油厂。该技术是一种油回收/再循环过程，降低分离器的负荷，减少产生的含油污泥。

8.24.6.2.10 加压 DAF 单元

采用加压气浮法能最大化降低 DAF 产生的污泥量降，还可以浓缩 DAF 污泥，并将污泥产生量和处理量降到最低。

8.24.6.2.11 设计独立平行的隔板分离器

考虑到处理弹性和处理能力，炼油厂 API 分离器通常设计为 3 个并联使用的装置，在不影响分离器效率的情况下，可以停用单个设备进行维护。

8.24.6.2.12 焦炭粉回收/再利用

阳极焦炭是延迟焦化装置的一种产品，焦炭粉是该工艺运行一段时间后形成的。炼油厂没有将焦炭粉作为废物分离，而是回收后作为产品销售。这样最大限度地减少了废物的产生。此外，设计焦炭粉分离设备时要预防焦炭固体进入含油污水系统，最终形成污泥沉积在 API 分离器的底部。

8.24.6.2.13 催化剂的重复使用、回收和再生

炼油厂尽可能使用各工艺段中回收、再生或再利用的催化剂。

8.24.6.2.14 环烷废碱再利用

使用将环烷废碱加工成环烷酸的装置，环烷酸作为副产品出售。

8.24.6.2.15 废油回收/再利用

所有的废油收集后送到原油装置和焦化炉装置中，回收、生产燃料或石油产品。这样最大限度地减少排放含油物质、API 分离器产生的污泥和废油乳化后的固体。

生产区铺设路面防止固体(主要是污垢)进入炼油厂含油污水处理系统，否则这些固体将被作为危险废物从 API 分离器中清理除去。

在使用土地处理开展废水处理所产生污泥之前，要先完成脱水和脱油处理，减少污泥的体积和含油量。这样在较小的区域内和较低含油量下开展下一步的土地处理，并且可以在炼油厂中回收/再利用这些废油。

在 API 分离器现有机械撇油器外，在进口端安装气动撇油器，进一步回收进入分离器的油分。这将进一步降低 API 分离器的处理负荷，以及后续产生和处置的含油污泥，其作为危险废物被清除。

8.24.6.2.15.1　用地上储罐取代储泥池

该储罐系统包括一个混合罐和两个储罐。作为减少废物体积和含油量的第一个步骤，该系统采用加热和添加化学药剂的方法去除污泥中的油和水，这些储罐还能减少因降雨造成污泥积水，以及向空气中排放污泥中的挥发性烃类。

8.24.6.2.15.2　过滤法对二级处理系统产生的生物污泥进行脱水

生物污泥含水量很高，在土地利用前先脱水。干燥后的生物污泥不是基于水力梯度的原理促进污染物通过处理区的迁移，而是增强现有土地农场中微生物对废物的同化和固定。

炼油厂可以尝试出售废弃的 FCC 催化剂，生产硅酸盐水泥，而不是填埋处理。

采取多种措施防止表面活性剂物质进入下水道，尽量减少形成水包油乳液，进而产生含油污泥(如 API 分离器底部、废油乳化液和 DAF 浮渣)。

所有中间产品和最终产品储罐输送泵都应二级密封，防止发生泄漏或溢出时对土壤造成潜在污染。

生物澄清池中挖泥船促进了生物污泥的循环利用，并减少了最终的处理池中污泥堆积。

在含油的雨水储存池中安装撇油系统，这个池子也可以用作 API 分离器的缓冲池。撇油系统撇走的油污进行再处理，发挥了回收/循环功能。此外，该系统还减少了分离器中油含量，及由此产生的 API 分离器污泥(危险废物)和废油乳化的固体(危险废物)。

通过吸尘车收集在装卸作业过程中沉积在工艺单元周围的催化剂颗粒。这可以最大限度地减少进入下水道系统的固体量。这反过来又减少了在 API 分离器产生的有害(含油)固体的总量。

去离子水从 API 分离器进入中间罐，再进入分离器。这样在储罐中撇油，最大限度地减少乳化液进入分离器，降低所产生油液乳化液固体(有害废物)的量。

使用溶剂蒸馏器回收废油漆溶剂(有害废物)。

定期清理含油污水系统，减少 API 分离器产生的有害废物。

在生产区域所有含油污水管开口处都盖上盖子，减少进入污水管系统的固体量。这同样减少了在 API 分离器产生的危险(含油)固体的总量。

8.24.7　减少危险废物

控制危险废物的方法包括：生产、运输、处理、储存和处置。

8.24.7.1 生产

废物生产者或处理者必须确认该废物是否为危险废物。归类为固体危险废物必须满足两个标准。适用的第一个标准是该物质是否为固体废物，第二步决定该固体废物是否为危险废物。危险废物的四个特性见表8-24，定义参考1974年的美国定期法案《资源保护与再生法（RCRA）》40 CFR 261和1984年《危险和固体废物》（HSW 4）。

表8-24 危险废物的特性

可燃性	RCRA	40 CFR	261.21
腐蚀性	RCRA	40 CFR	261.22
反应性	RCRA	40 CFR	261.23
毒性	RCRA	40 CFR	261.24

废物生产者有责任建立符合法规的标准操作程序（SOPs）。此外，他们必须把员工是否遵守标准操作程序（SOPs）作为一个雇佣标准。

每一种危险废物在离开生产设施时都必须附有一份多表格的清单，并一直持续到废物的最终处置。

货单跟踪系统包括运输者、处理者、储存者或处置者的名称和地址；以及关于废物的描述，包括类型、数量和官方分类。货单中应包含这样的证明：产生者在经济许可情况下尽量减少产生危险废物，并且必须选择对人类健康影响和环境风险最小的处置方法。

8.24.7.2 运输

危险废物的运输者应采取一切防止泄漏的预防措施，如有任何泄漏必须尽快报告。

8.24.7.3 处理、储存和处置

8.24.7.3.1 处理

任何旨在改变危险废物的物理、化学或生物特性组成的方法、技术或工艺，包括中和法，或使它没有危险或降低危险性，或回收以便更安全地运输、储存或处置，或适于回收、储存或减少体积，从而减少废物的数量。

8.24.7.3.2 储存

暂时保存危险废物，到期对危险废物进行处理、处置或储存在其他地方，这是减少废物的第二个步骤。

8.24.7.3.3 处置

将任何固体/废物或危险废物排放、存放、注入、倾倒、溢出、泄漏或放置

在任何土地或水中，其中的组分可能进入环境或排放到空气中或排入水域，包括地下水，都是在预防和尽量减少环境污染时必须考虑的因素。

这些程序可分为两类：性能标准和许可要求。性能标准应按 RCRA ACT 40 CFR. 264/265 A-E。许可证要求应按 RCRA ACT 40 CFR 265。适用于所有处置、储存和处置设施(TSDFs)的通用性规定如下：

① 废物分析，确保废物性质等信息的准确性，以便开展适当的处理、储存或处置；

② 采取安全措施，防止未经授权进入，造成人身伤害或环境破坏。检查并评估设施及其潜在问题；

③ 培训操作人员，降低可能威胁人类健康、安全和环境的错误；

④ 符合政府标准，包括洪泛区、地震和水文方面的因素。

设计土地处置设施时要防止地下水污染。新建填埋场要包括双层防渗隔层和泄漏收集系统。要监测地下水质量确保保护系统的有效性，当系统出现故障时，操作人员必须采取补救措施。

8.24.8 最终处置前的处理

8.24.8.1 浓缩

固体浓度增加一倍，最终需要处置固体的体积减少一半，根据以上分析就很容易理解浓缩固体的重要性。将浓度从1%提高到2%，或从2%提高到4%，更为重要的是体积会大大减少。

由于新的排放法规，废水处理产生的污泥已成为污泥的最大来源。它们通常呈胶状或油状，因此很难处理。此外，废水处理产生污泥的物理性质会随炼油厂的运行周转或工艺而经常改变。

根据污泥的特性和场地能使用的最终处置方法来选择浓缩工艺。

8.24.8.2 污泥的重力浓缩

8.24.8.2.1 气浮单元

API 分离器中去除大部分游离油后，在溶解或诱导气浮装置(DAF 或 IAF)中进一步去除剩余的 50~100ppm 游离油和胶体乳液、悬浮固体，这些装置将污泥浓缩到 4%~5%(质量分数)。

DAF 或 IAF 的基本原理是，悬浮的油类或固体在表面附着的气泡作用下上浮到表面后被撇除。有关气浮装置规格，请参考 API《炼油厂废物处理手册》(1980 年)。

8.24.8.2.2 化学絮凝

化学絮凝法是另一种去除油和固体的预处理方法。详细信息请参考 API《炼油厂废物处理手册》（1980 年）。

8.24.8.3　机械法污泥浓缩脱水

8.24.8.3.1　离心分离

处理固体含量高的污泥可采用 3 种离心机：涡轮式、无孔篮式和碟片式。涡轮式离心机通常也被称为转鼓式离心机，令人不解的是无孔篮式离心机也被称为转鼓离心机。

离心法可以处理含有各种固体、油和水的油性固体废物。装置还可用于处理乳状液和高固体含量的含油污泥，如分离器和罐底泥等。关于这三种类型离心机的详细信息，请参考 API《炼油厂废物处理手册》（1980 年）。

8.24.8.3.2　过滤

重力浓缩通常有两种机械过滤器处理沉降或漂浮的污泥：压滤机和真空过滤机。

压滤机：压滤机由织物状过滤介质覆盖在金属滤板上。滤板悬挂在有固定端和活动端的滤框内。滤布之间留有空间以将滤布压在一起。污泥通过盖板中央的进料孔被泵入，污泥被保留在滤布上，液体在压紧机构作用下通过滤布后由滤液出口排放。过滤循环结束时，压紧板松开，泥饼从装置中排出。进料压力一般控制在 5.5~15.5bar（80~225psi）之间。

因为过滤介质会快速堵塞影响过滤速率，板框式压力过滤器不适合过滤含油污泥或含油泥浆。可把废弃的惰性固体与污泥混合，如石灰泥，提高孔隙率，使滤饼更容易从过滤介质上分离。

真空过滤机：真空过滤机这一典型的过滤装置由一个水平分隔的转鼓组成，转鼓外表面铺覆滤布。过滤时转鼓下部沉浸在废污泥池中。转鼓旋转时每一滤室依次经过污泥，在真空作用下吸污泥中的液体，固体以薄饼的形式保留在滤料内。详情请参考 API《炼油厂废物处置手册》（1980 年）。

8.24.8.4　焚烧法污泥浓缩

焚烧是减少固废体积的最终方法，它产生的灰烬必须填埋。气体从烟囱排出，其中的微粒和可能存在的酸性气体（CO_2、SO_2 和 H_2S）被去除。污泥中的碳氢化合物减少了需要辅助燃料。主要的缺点是资本和运营成本高。尤其对于小型焚化炉来说，每吨垃圾的处理成本非常高；对大型焚化炉来说，如果没有充分发挥其处理容量，成本也很高。因此，评估焚烧工艺的必要性和经济性要经过三个基本步骤。首先，准确的估计要焚烧的垃圾的数量和特点；其次，评估可供选择的处置方法和焚烧炉类型；最后，对备选方案进行经济和环境对比分析。

焚烧类型：有关焚烧炉类型和应用简要说明，请参考 API《炼油厂废物处置手册》(1980 年)，第 6.4.1 和 6.4.8 节。

焚烧炉设计考虑因素：在了解污泥的特性和数量后开展焚烧炉的设计，并与焚烧炉供应商保持密切联系。具体的设计考虑因素取决于拟采用焚化炉的类型。一般包括：

① 物料的质量，包括成分、产量和燃烧特性的变化。例如，当物料进入流化床焚烧炉形成低熔点共晶，这将造成流化床堵塞，腐蚀性烟雾腐蚀炉内金属部件。

② 控制焚烧温度，在满足完全燃烧和安全燃烧同时，将维护和运营成本降到最低。必须考虑所需辅助燃料的量、多余的空气、湍流或混合传热，以及在燃烧区的停留时间。

③ 控制不完全燃烧造成的空气污染。

热解：热解是在低于完全燃烧所需空气量的条件下对废物进行加热。通过这样的方式，部分碳氢化合物被利用，部分被氧化。这些物质和完全燃烧产物一起在热力燃烧室中燃烧回收热量，或者一些物质冷凝后以液体收集，后续用作热源或提供碳氢化合物。活性炭再生也是一种热解过程，使用有限的氧气防止碳的完全破坏。

8.24.8.5 土地处理

土地处理是一种废物处理和处置过程，废物与表层土壤混合，掺入土壤表层后分解，转化或固体。土地处理技术、场地和废物评估、设计和操作准则都提供土地处理对环境的潜在影响。

8.24.8.5.1 技术

废物的特性：土地处理适合可生物降解的废物。化学结构、分子量、水溶性和蒸汽压是决定生物降解难易程度的重要特征参数。

土壤的特性：影响土地处理的主要土壤特征是 pH 值、盐度、阳离子交换能力、氧化还原性能、土质、通风、保湿能力、内部排水和土壤温度。

废物降解：影响废物降解的因素可以在土地处理设施的设计和运行中进行调整，包括：①细菌生长最佳土壤 pH 值在 7 左右。通常使用石灰维持 pH 值，不仅促进微生物的活性，还能固定废物中的重金属；②土壤含水量应保持在最低限值以上，通常在 30%~90% 之间；③土壤温度应保持在 10℃ 以上；④处理高含碳废物时，要补充营养物质，添加额外的氮。

8.24.8.5.2 场地的特性

用于土地处理的场地特性应包括区域和场地地质、水文、地形、土壤、气候和土地利用现状。

土地处理设施不能位于含水层补给带，或距离全新世以来发生位移的断层60m以内。目前标准要求处理区深度低于137cm，高于季节性地下水位至少90cm。通过分级能在一定程度上改变地形，但为避免受到冲击形成过度侵蚀和径流，场地不宜太平坦和太陡峭。场地也不应受洪水或冲刷的影响。

作为处理介质，需要评估土壤的同化能力（保留和降解），被侵蚀和浸出危险废物组分的可能性。因有可能污染地下水，通常不能在深层沙质土壤上建设土地处理设施。因为有可能出现过度径流，也不能使用易结块的粉质土壤。适合土地处理的有壤土、沙质黏土壤土、粉质黏土壤土、黏土壤土和粉质黏土。需要评估的土壤性质包括土壤深度、质地、排水、pH值、有机质、可溶性盐、阳离子交换能力、持湿能力和微生物数量。

选址时要考虑的气候变量包括风、温度和降雨量等。合理的设计规划可以改变大多数气候因素的限制。

在规划阶段，应评估场地现有及未来的土地用途。还需考虑分区限制、对环境敏感地区的潜在影响、现有或规划中发展计划，以及对当地经济的影响等。

8.24.8.5.3 土地处理的优缺点

优点有如下几个方面：①废物被降解、转化或固定，长期责任低于其他土地处置方案；②持续监测土地处理的区域，当监测到处理区域内废物向外迁移时，可以立即采取补救措施；③土地处理的成本低于垃圾填埋和焚烧。

土地处理的缺点：如果设施设计和管理不当，可能会对环境产生不利影响。

8.24.8.5.4 设计要素

面积和设施布局：土地处理需要大块土地，包括处理区、缓冲区、道路、废物库、设备库、蓄水池和现场建筑物等。因此，可用区域的面积在设施的布局、设计和操作中起着重要作用。表8-25列出了一些主要的因素：设备、水资源管理、土壤侵蚀、废物利用、设施检查和记录保存、场地监测。

表8-25 设计和操作考虑的因素

土地需求	pH值调节与养分供应	侵蚀控制	现场安全和检查
设施布局	使用废物的频率和比率	气味和空气排放控制	现场监测
通路	应用和混合方法	废物储存	记录保存
设备选择	应急计划	土地整理	关闭和关闭后维护
接通和断开控制	植被		

潜在环境影响：土壤是废物的天然受纳体，可作为物理、化学和生物过滤器，对多种废物都有失活、分解或同化效果。在研发高效的土地处理系统时，必

须充分考虑影响这些因素的同化效率。如果没有对土地处理的各单元进行系统分析、精心设计和规划管理，都会造成不利的环境影响。

水质：土地处理设施的经营者必须充分保护地表水和地下水，避免受到危险废物的成分或废物降解副产物的污染。未被微生物降解、转化或在固定土壤中的废物成分都会浸出到地下水中。处理过量的废物、暴雨造成的径流都会将这些成分和受污染的沉积物带到附近的溪流和湖泊中。

废物掺入表层土壤后导致可溶性成分通过浸出向下移动。这是有机废物成分的流动性和降解性之间的竞争。根据规定，土地处理设施下方的季节性水位是地面以下 2.40m，或处理区以下约 0.9m。在特定情况下，处理区下 1m 左右的地方设置带有渗滤液收集系统的防渗层，可有防止废物成分或代谢物污染地下水。

用水不当、损坏的导水设施、蓄水池造成的地表水污染是主要的环境问题。在土地处理作业中，废物堆积在土壤表面；径流水中废物成分的浓度很高，危害水生生态系统的一些营养物质。废物成分以颗粒、溶解或侵蚀的土壤颗粒相结合等形式迁移。

空气质量：废物在扩散和聚合过程所释放的气体、灰尘、挥发性物质和气溶胶等，都会危害土地处理场地的空气质量。许多工业危险废物中含有颗粒物、挥发性剧毒的重金属和有机物质。空气中挥发性化合物的含量与气臭味程度并不一定相关。但是数据量不充足会对空气质量产生不利影响。关于废物管理设施的空气监测和工人防护，请参阅 ASTM D 4844。

8.24.8.5.5 危险废物填埋

为达到长期的环境保护，垃圾填埋场需设置不可回收废物的独立填埋。对于分离器系统底部的含油污泥等，需要在垃圾填埋场选择合适的位置进行处理。

确定含油废物处置地点前，必须得到相关部门的批准。如果岩层是多孔结构或有裂缝，油类会渗入地下水中导致饮用水受到污染。此外，选择的场地必须能控制或拦截地表水径流。通过多种方式进行油类的稳定化处理降低流动性，如共同处置等。如要采用该方法，含油废物层与堆填区底部之间，至少填埋 4m 高度的成熟生活垃圾。废物的成熟经过 3~4 年的时间，大部分可腐烂的固体有机物已经降解。紧急情况下，含油废物可以倾倒在填埋时间最长的垃圾表面。对于高浓度废物，如油类或含有 25%油，75%水的乳液，与生活垃圾的混合比例不能超过生活垃圾体积的 5%。对于低浓度废物，即含油量低于 5%的浸出物，处理负荷低于基础生活垃圾体积的 30%。高浓度废物填埋的沟渠或条形沟的厚度不能超过 300mm(最好是 100mm)，低浓度废物填埋的沟渠或条形沟的最大厚度为 500mm。含油的废物层上要覆盖大约 2m 的垃圾层。

含油污泥中添加粉煤灰或生石灰（CaO）后进行惰性化处理，这个过程在填埋之前完成。飞灰是燃煤电厂的残灰粉末，表面积很高，通过吸附稳定石油。在现场，使用叶轮式或螺旋式混合器混合煤灰和污泥。粉煤灰以泥浆的形式投加，促进聚合物稳定，产生的污泥/粉煤灰混合物在填埋前必须先脱水。另一种经济的方法是在处理现场，使用传统的推土机和挖掘机混合污泥和粉煤灰。同样生石灰也能用于生产易碎的惰性材料，在压实时用作低等级道路的基础填料。含油量为5%~10%的污泥中添加15%左右的生石灰，含油量较高的污泥需添加更多生石灰。废油喷洒在土路上抑制灰尘。

8.24.9　钻井废弃物的处理

8.24.9.1　陆上钻井

用泥浆池（污水坑）储存钻井泥浆和钻屑，作为最终处置的方法。泥浆池的池壁要有一定的高度，回填后在泥浆和切屑顶部还有 1~1.5m 高的原生表土。处理方法主要有 3 种：①废物泥浆池脱水后回填；②在周围土壤中填埋废弃物；③用真空槽车将废物转运至获批的处置场地。

8.24.9.1.1　回填

回填是常用的方法。在回填作业之前，先去除顶部的水层。撇油后，在回填坑区域内添加有机絮凝剂（如聚丙烯酰胺）或无机絮凝剂（如石膏）分散水层。絮凝过程要尽可能彻底。结束后去除水层。如果让水层蒸发，可能需要相当长的时间。在某些工程中，挖开池壁排放液体。同时出水要满足环境保护准则和排放要求。

也可用真空吸油车抽走水层，然后：①注入已有的钻井中（如果该井已被封堵和废弃）；②注入钻井环空（如果钻井是生产井）；③运送到附近的注入井。

清除水层后，回填预留泥浆池。

8.24.9.1.2　土地耕种

第二种主要处理方法是利用土地耕种技术。土地耕作包括将泥浆池内物质均匀撒在钻井地点，然后使用基本的土壤翻耕设备将其翻入土壤中。土地耕种对生产烃类的油井特别有用。

8.24.9.1.3　真空槽车转运

在这种方法中，泥浆池的水相和固相都泵送到卡车上，同时用推土机挤压坑壁。

8.24.9.2　近海钻井

在近海钻探中，必须控制石油的排放量。有许多不同的处理技术：

可行方案——分流：通过延伸至水面以下（通常靠近海底）的管道排放钻井泥浆和切削液。分流可以最大限度地减少废物的运输和环境控制。

不切实际的方案——运输到海洋垃圾场；运输到陆地处理区；用管道输送到另一个区域。

8.24.10　取样注意事项

根据废物类型和分析类型，选择符合化学相容性要求的取样设备。

一般来说，塑料取样设备不适用于含有或待分析有机参数的废物。不锈钢、玻璃和塑料用于分析大多数无机物样品。同时要确保设备不会对分析造成污染或偏差。

取样设备从所需位置、深度或点提取样品，同时取样过程防止交叉污染。例如，从上层废水或污泥下提取污泥样品，样品不受到上层废水或污泥的污染，就是一个常见的问题。很多情况下都需要定制的设备。因此，采样人员要开发必要的设备。

推荐的采样程序是从蓄水池、污泥池或码头、人行道上采集样品。不建议在船上取样，只有当采样人员明确知道废物对健康没有危害，在采取了所有可能的安全措施后，才能尝试从船上取样。

打开装有未知组分的储罐和圆桶时可能出现着火、爆炸或释放有害气体的现象，对采样人员的健康构成潜在危险。在这种情况下，只能使用具有防爆功能的远程开启装置，只有经过全面培训且经验丰富的人员才能开启。

未经适当混合的样品、混合方式不合理导致 VOCs 等成分被破坏而释放到大气中的样品，都不是真正有代表性的样品。最难混合的样品类型是黏性细粒固体和污泥。石灰中和法处理金属加工废料就是此类典型的例子。这些废物有黏性，在现场很难混合。最好在实验室混合样品。根据所需分析参数的类型，在不影响分析结果的前提下，加水将样品打浆并混合。在这样处理之前要咨询实验室人员。如果组分在装运前未经适当混合，要在样品上标明。

所需的样品量取决于要分析指标的类型、分析测试设备和操作程序。通常可使用两个经验法则：①待测组分的化学浓度较低，取样量大；②待测组分的化学浓度较高，取样量较小。

如果条件允许，建议从污染最轻的区域向污染最严重的区域取样，以减少交叉污染的可能性。

8.24.10.1　废物采样的总体方案

对废物进行分析测试，需要采集足量且具有代表性的样品。废物的地点和物理状态各不相同。

根据废物和现场的情况，调整取样方法。废物通常是分层的非均质混合物，或混合不均匀的块状物。例如，废物通常在地面蓄水池中储存或处置，蓄水池中废水下面是结块或者分层的污泥。在这种情况下，采样人员要逐一对废水、污泥以及污泥下一定深度的土壤进行采样。要收集这些状态下具有代表性的样品，需要对采样程序进行仔细评估、周密计划和规范执行。

8.24.10.1.1 意义和用途

本指南中涵盖指导性的程序，为用户提供了编写采样方案、安全规划、标签和运输程序、监管链程序、通用采样程序、通用清洁程序和通用保存程序的信息。

8.24.10.1.2 采样方案

采样方案就是确定取样点位置的方案，采集的样品具有代表性。制定取样计划需要进行以下工作：①审查有关废物和现场的背景信息；②了解废物的位置和情况；③决定所需的样品类型；④决定取样所需的方案；⑤废物的背景数据（有助于预评估废物的成分、危害和范围等（注：用背景信息确定必要的安全设备、安全程序、采样设备和采样设计以及使用的程序。相关详细信息请参阅 ASTM D 4687）；⑥废物位置和现场条件（这些对采样方案有很大影响）。

最常见的废物地点包括污水塘、垃圾填埋场、管道、点源排放、灌注桩、滚筒、箱柜、油罐和卡车等。现场条件包括废物的物理状态（固体、液体或气体），还要描述废物处置时的状况。

基于这些考虑因素，收集器必须能够采样。

采集的样品可以是复合样品或单一样品。采样人员必须对样品进行分类，并提供具有代表性的样品。

复合样本是从不同取样点采集同一类废物的混合样本。通过混合样本确定某一参数的平均值。当废物存在差异时，可采集复合样本。

单一样品是从单一点采集的混合良好的样品。用于测量指定点、指定均质层或整个地层中一个或多个位置的特定参数或多个参数。

取样之前准备好取样计划或方案。最常见的取样方案包括坐标系或网格系统选择取样点两种。

8.24.10.1.3 坐标采样系统

该系统使用一个或两个坐标，从坐标原点开始随机取样。使用数统计书籍中常用随机数表生成随机取样坐标。坐标原点位于现场一角，取样区域以步长、厘米、米等为单位标出。该系统可用于垃圾填埋场、废物堆和废水塘的取样。有桶的储存区，使用从原点算起的桶数作为沿坐标的间隔。流动水体的采样，将原点作为时间零点(起点)，在关注的时间段内随机时间间隔采集样品。

8.24.10.1.4　网格系统

该系统用场地上的虚拟网格系统以一定的间隔(网格点)取样。取样点的数量取决于网格大小。这种取样方法适合有统计计算需求的情况。只有在确定废物是均质或已知岩层参数时，才可使用这种方法。如果废物已经分层，还需要为每个分层建立单独的网格系统。

8.24.10.2　采样装备

- 废液复合采样器

Coliwasa 采样器是一种对桶、浅层水槽、水池和类似容器中自由流动液体和泥浆进行采样的装置。由一根玻璃管、塑料管或金属管组成，并应配备管子浸没在采样材料中打开和关闭的端盖(图 8-9)。

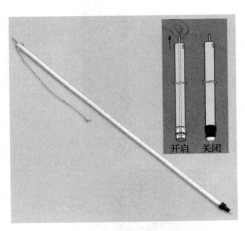

图 8-9　废液复合取样器

- 称量瓶

这种取样器(图 8-10)由玻璃瓶或塑料瓶、沉子、瓶塞、用于提升瓶子、打开瓶盖的管线组成。称量瓶用于液体和自由流动泥浆的取样。按照 ASTM 方法 D270 和 E300 生产其他规格的称量瓶。

- 浸杯

浸杯(图 8-11)材质是玻璃、金属或塑料，固定在用作手柄的 2~3 个套管伸缩铝杆或玻璃纤维杆的末端。用浸杯对液体和自由流动的泥浆取样。浸杯无法从市场上购买，必须订制。

- 泥浆取样器

泥浆取样器(图 8-12)由两根不锈钢或黄铜材质的开槽同心管组成。外管末端是锥形尖头结构，能够穿透待取样品。旋转内管打开或关闭取样器。颗粒直径小于槽宽三分之一的干颗粒或粉末废物，可选择这类方法取样。从实验室用品商店购买泥浆取样器。

- 三角采样刀

三角采样刀(图 8-13)由一根圆管纵向对称切开，顶端削尖后采样器切入黏性固体并松动土壤，三角采样刀采集颗粒直径小于管径二分之一的潮湿或黏性固体。可在实验室用品商店购买长 61~100cm、直径 1.27~2.54cm 的三角采样刀。可以制作尺寸更大的三角采样刀。

图 8-10　称量瓶取样器

图 8-11　浸杯

图 8-12　泥浆取样器

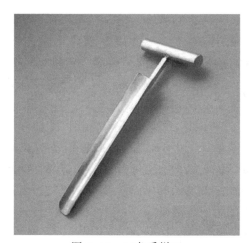

图 8-13　三角采样刀

图 8-13 中的三角采样刀由 304 不锈钢制成，呈锥形，用于从固体(土壤、黏土)或半固体(油脂、污泥)中抽取堵塞物。其长度为 18cm。

8.24.11　保障员工健康的空气监测

本节介绍了正在开展处理或处置、储存等工艺场地的常规监测，以及场地修复的启动和清理阶段可能会遇到的特殊情况。

要提前预测废物处理设施产生有害空气传播扩散而引发的所有问题。空气污染物监测的最终结果仅表明有毒物质的浓度低于控制阈值，但在确定现场所有大气污染物都已得到有效控制之前，必须谨慎行事。

8.24.11.1　重要性和用途

空气监测技术很多，本节旨在介绍用于设计和空气监测计划以保护废物管理现场工作人员的标准方法。

作业人员进入修复行动现场开始调查或清理作业时，可能会面临火灾、爆炸等安全问题，或者急性或慢性等健康危害。必须制定包括针对具体场地等的系统安全与健康计划，指导工人作业。有关此类计划的详细信息，可参阅 OSHA《危险废物操作和应急响应预案暂行最终规则》。空气监测是此类计划中不可或缺的部分。

现场获得检测数值后，必须确定情况是否得到控制。这一决定将取决于污染物的性质(毒性、反应性、挥发性等)、问题的严重程度(受影响的区域、工人数量等)，以及工人可得到的防护安全设置。由于所有这些参数都是针对具体地点的，因此最后的决策超出了本标准的范围。

本节不包括含有放射性物质的监测点，也不涉及紧急设备的使用或紧需的医疗支持等一般安全问题。这些应包括在安全与健康计划中。

8.24.11.2　建立测试方案

采用多种设备和采样技术组合的方法监测工作场所的空气。最佳的监测方案是在经济有效前提下，将准确性与响应时效结合起来的方式。

为工业卫生研究选择的特定测试方案，取决于污染物的性质和监测工作的最终目的(常规监测、寻找最坏情况下的暴露量、寻找工艺中污染物的泄漏点)。

8.24.11.3　选择匹配的方法

所选择的取样方法和分析方法密切相关。无论是 15min 短时间取样，还是 7h 的全天取样，在分析测试上可能没有什么区别。但是，如果分析方法灵敏度较差，为确保收集到足够量的样品，可能需要增大短时间取样的泵流量。这种微调必须由采样人员和实验室分析人员共同商定。

描述一般方法的资料文献来源很多。推荐采用 ASTM D 1605 中所列气体或蒸汽取样时使用的一些经典方法。美国国家工业卫生学家会议（ACGIH）的出版物中，分析对比了近期较新的设备和方法。最终设备和程序的组合方式取决于支持的测试协议所需的精度、准确性和灵敏度。

确定采样计划的目标和方案后就必须选择具体的采样/分析方法。ASTM 标准 11.05 卷中，专题讨论了大气分析、职业健康与安全问题。其他健康和安全资料包括 NIOSH 分析方法手册和 OSHA 分析方法手册。从这些资料中选择针对特定空气污染物的特定设备和采样介质。

8.24.12 程序

8.24.12.1 作业现场

本节所叙述程序适用于运行的废物处理、储存或处置场地的空气监测活动。在运行现场，采取控制措施（工作制度、工程控制和个人防护设备），最大限度减少工人接触危险环境。这些在健康和安全计划中都有规定。

8.24.12.1.1 废物的信息

对于设计取样方案，获取拟运输到或现存于处理作业现场的废物的信息是至关重要的。如果运抵的是危险废物，必须在货单上列出。废物样本分析的结果有助于确定其中最值得关注的污染物。此外，根据废物的产生过程和装运历程，不同用户向处置场地运送废物的类型也可能趋于一致。例如，油漆制造商会发送溶剂、树脂和颜料的混合物，而电镀公司一般会发送含重金属废物的碱性污泥，等等。不过也可能出现偏离既定模式的情况，在设计取样方案时不能排除这种可能性。

8.24.12.1.2 面向工人的采样

在所有不同工作场所的空气监测技术中，最重要的是在工人呼吸区域内进行个人暴露采样。有些工人可能静坐在操作拖车的控制面板前，有些工人可能在工作场所的各个区域活动。因此，评估方案必须能够跟踪工人的活动。

个人监测的第一种方法是长时间加权平均值（TWA）采样。对于 8h 工作制，TWA 样品必须至少持续 7h，可以是单个样品，也可以是两个或更多的系列样品。对于任何其他的工作时间，在少于 1h 的轮班时间内采样。

对于处理有机废物（如蒸汽脱脂剂溶剂废物）的工人，该方案必须要求采用炭管取样，并分析废物中最有可能存在的一种或两种氯化溶剂。为确保工人的暴露量不会增加，需要定期重复进行 TWA 监测。

另一种个人监测方法是峰值暴露法。例如，在打开一组容器进行检查或转移容器内的物质时，采集 15min 上限的样本。在将卡车内液体用泵送入储罐时，也可采用同类的采样方法。在这种情况下，通常会使用个人防护设备（如呼吸防护设备）以尽量减少工人与蒸汽的接触。采用短时间采样法能确保工人使用的呼吸器具有足够高的保护系数。

短时间采样法可能是监测某些有毒物质的唯一方式。如钢铁厂送来酸洗废液进行中和处理，需要采集 HCl 样本。在这种情况下，健康/监管机构要管控员工与 HCl 的接触，15min 的短时间样本才有意义。

TWA 和峰值采样已经开始使用新设备。员工佩戴的个人剂量计记录员工在一天中的瞬时暴露量，还可提供总体平均暴露量所需数据。这些装置通过便携式电脑记录数据，尽管不同类型剂量计的检测数据都由同一台电脑读取，但通常只适用于一种特定污染物的检测。重型设备操作员监测一氧化碳或废物处理厂操作员监测二氧化硫时，这些设备可能非常有用。

监测、安全和健康方案中需要考虑的另一个问题是某些物质的叠加效应。另一章节介绍了只对一种或两种溶剂进行筛查的方法。筛选时，必须使用安全系数与允许接触限值这两个数值进行最终比较。考虑到可能未进行常规测量的其他类似化合物也可能产生的影响，因此使用了安全系数。

8. 24. 12. 1. 3　区域监测

固定地点的区域监测是个人监测的补充。通过样本采集型设备、直读仪器或专用固定参数监测仪（如另一节中介绍的监测仪）来监测。区域监测的优点是可提供早期预警。例如在溶剂储存区的可燃蒸汽测量仪，可以在员工进入区域寻找泄漏点位之前发出预警。

热解器或焚烧炉周围的 CO 监测系统，可在系统发生故障时向控制室的操作员和装卸区的工人发出警告。

固定安装在地下坑道中的氧气测量仪，可以在员工进入密闭空间前发出缺氧警告。

直读比色管是一种便捷的快速读数方法。除了适用于定性检查外，还能提供合理的定量估计。详情参见 ASTM D 4844。

8. 24. 13　危害

在对废物取样时，必须始终遵循合理的安全预防措施。收集样本的人员必须意识到，废物可能是一种强烈的致敏物质，可能具有腐蚀性、易燃性、爆炸性、毒性，并可能释放出剧毒气体。提前获得有关废物的背景信息，有助于确定要遵守安全预防措施的范围和选择所需的防护设备。

当采样工作涉及已知或可疑的大气污染时，可能产生蒸汽、气体或悬浮颗粒，或直接接触可能影响皮肤的物质时，工作人员必须穿戴防护设备。呼吸器可以保护肺部、胃肠道和眼睛免受空气中有毒物质的伤害。防化服可以保护皮肤，防止皮肤接触到具有破坏性和可吸收性的化学品。良好的个人卫生也能减少或防止摄入有害物质。

8.24.14　质量保证注意事项

固体废物取样的质量保证应包括遵守取样和安全计划，在某些情况下，使用质控样品。

与现场取样质量保障有关的样品质控有四种类型：现场的空白样品；均分样品；现场冲洗样品；现场萃取样品。

在取样活动之前选择所使用的质控样品类型，并纳入取样方案。采样的原理、数据的预期用途以及被采集的材料都会对如何选择质控样本产生影响。

▶▶▶ 8.25　陆地排放

这里讨论的陆地排放特征包括地下水监测和溢出物。

8.25.1　地下水监测

采用设备监测地下水得到场地排放的特征。如果能获得监测数据，就能协助确定排放特征。包括获取上游和下游浓度，并将其与地下水流信息结合使用，确定处理场地对地下水中污染物水平的影响。

在物质进入地下水之前没有物质流失（如蒸发），且从排放到物质进入地下水的时间很短的情况下，这种方法是可行的。因此，对于地下水监测设施，如果能捕捉到向地面释放所有物质的信息，此类监测就是合理的衡量标准。如果情况并非如此，例如，向土壤/黏土的传播速度较低，或有其他途径（如蒸发或地表径流）将物质带到陆地以外的，必须使用本节中介绍的其他方法来分析此类排放的特征。

8.25.2　溢出物

对于许多设施，污染物排放的主要来源是泄漏（也包括冲洗船只造成的主动泄漏）。意外泄漏导致向陆地（直接）、水（通过径流）和空气排放污染物。

如上所述，除非泄漏的物质转移到安全可靠的密封设施中，否则必须报告泄漏物质量减去收集量(或清理)的差值。实际操作中，需要保存泄漏日志，详细记录泄漏的量和泄漏的成分(特别是泄漏的 NPI 物质量)。

这个日志也是满足 NPI 报告要求信息的一部分内容。

当所有轻质末端馏分都挥发了，剩余馏分释放到地面，泄漏量分为空气排放和陆地释放。在估算释放量时，溢出时间、溢出量、温度和土壤孔隙率都起着重要作用。化合物向大气中的蒸发率如式(8-7)所示。

$$E_i = 1.2 \times 10^{-10} \times \left(M \times \frac{p_{o,i}}{T} \right) \times u^{0.78} \times y^{0.89} \tag{8-7}$$

式中　E_i——第 i 种物质的蒸发速率，g/s；

　　　u——泄漏表面的风速，cm/s；

　　　y——横风大小，cm；

　　　M——物质的摩尔质量；

　　　$p_{o,i}$——泄漏温度 T 时，第 i 种物质的蒸气压，dyne/cm^2 = 0.0001kPa；

　　　T——温度，K。

如果已经量化了大气中的损失，就可以使用以下公式估算向陆地的释放量：

$$ER_{LAND,i} = Q_{uy}SPILL - t \times (E_i) \tag{8-8}$$

式中　$ER_{LAND,i}$——第 i 种物质向地面的释放量；

　　　$Q_{uy}SPILL$——泄漏液体中化合物的量；

　　　E_i——根据上述蒸发方程式估算的第 i 种物质的蒸发损耗量；

　　　t——液体最初溢出到最终清理的时间。

▶▶▶ 8.26　土壤渗透问题评估

钠(Na)是最容易引起土壤渗透问题的离子之一，浓度过高导致毒性。钠含量过高的间接影响是土壤物理性质劣化，如形成板结、水涝和土壤渗透性降低。如果渗透率大大降低，作物或景观植物无法获得良好生长所需的充足水分。本节提出了一种简单的预测工具，与现有方法相比，计算量少、复杂程度低，可准确预测钠吸附率(SAR)与离子浓度(Na^+、Mg^{2+}、Ca^{2+})、灌溉水盐度、HCO_3^-/Ca^{2+}比率之间的函数关系，进而分析灌溉水质。

所提出的方法对灌溉水盐度低于 8dS/m 和 HCO_3^-/Ca^{2+} 比率低于 20，都显示出较好的准确结果。预测结果与报告数据非常吻合，平均绝对偏差小于 3%。

8.26.1　预测工具

渗透发生在土壤顶部几厘米范围内，主要与表层土壤的结构稳定性有关。通常使用钠吸附比 SAR 预测潜在的渗透问题。

$$SAR = \frac{Na^+}{\sqrt{\dfrac{Ca^{2+}+Mg^{2+}}{2}}} \tag{8-9}$$

式中阳离子浓度用 mEq/L 表示。考虑到土壤水中钙溶解度的变化，用调整后 $SAR(R_{Na})$ 对式（8-9）进行修正。R_{Na} 值能更准确地反映土壤水中钙浓度的变化，在再生水灌溉应用中优先使用 R_{Na} 值。在给定的 SAR 下，渗透率随盐度增加而增加，或随盐度降低而降低：

$$adjR_{Na} = \frac{Na^+}{\sqrt{\dfrac{Ca_x^{2+}+Mg^{2+}}{2}}} \tag{8-10}$$

其中，Na^+ 和 Mg^{2+} 浓度单位是 mEq/L，Ca^{2+} 浓度通过本研究中介绍的新型预测工具获得，单位也是 mEq/L。灌溉水的 R_{Na} 和电导率（ECw）结合共同评估潜在渗透性。

通常再生水钙含量较高，不需要考虑再生水从地表土壤中溶解和沥滤过多的钙。然而，有时再生水中钠含量较高，由此形成的高 SAR 是规划再生水灌溉工程时需要考虑的主要问题。

开发该方法所需的数据包括用于预测式（8-10）中的 Ca_x^{2+} 参数的数据（Metcalf 和 Eddy，2003 年），以更准确地反映土壤水中钙浓度的变化，该参数是水的盐度 EC 和 HCO_3^-/Ca^{2+} 比值（R，单位 mEq/L）的函数。在这项工作中，Ca_x^{2+} 参数是通过简单的工具预测的。

式（8-11）表示建议采用的计算方程，其中四个系数将 Ca_x^{2+} 参数值与不同灌溉水盐度 Ec 下的 HCO_3^-/Ca^{2+} 比值（R）相关联，相关系数见表8-26。

$$\ln(Ca_x^{2+}) = a + \frac{b}{R} + \frac{c}{R^2} + \frac{d}{R^3} \tag{8-11}$$

式中

$$a = A_1 + B_1Ec + C_1Ec^2 + D_1Ec^3 \tag{8-12}$$

$$b = A_2 + B_2Ec + C_2Ec^2 + D_2Ec^3 \tag{8-13}$$

$$c = A_3 + B_3Ec + C_3Ec^2 + D_3Ec^3 \tag{8-14}$$

$$d = A_4 + B_4Ec + C_4Ec^2 + D_4Ec^3 \tag{8-15}$$

以下是上述公式中的符号：

A、B、C 和 D：调节系数；B、Ca^{2+}、Na^+、Mg^{2+}：Ca、Na、Mg 浓度，mEq/L；Ec：盐度，dS/m；R：HCO_3^-/Ca^{2+} 比值；R_{Na}：调整后的 SAR；SAR：钠吸附比。

选用最佳的调节系数（A、B、C 和 D），有助于使公式涵盖文献（Metcalf 和 Eddy，2003 年）中报道的 Ca_x^{2+} 参数值范围。该预测工具适用于水的盐度 Ec 低于超过 8dS/m，HCO_3^-/Ca^{2+} 值低于 20 的情况。

输入 Metcalf 和 Eddy 报告中（2003）的灌溉水质数值。如果后续更新了数据，只需重新调整系数，根据建议的方法快速重新调整表 8-26 中的系数。

表 8-26　式（8-12）～式（8-15）中使用的调谐系数，用于根据可靠数据
估算吸收效率（Metcalf 和 Eddy，2003 年）

系数	$\dfrac{CaHCO_3^-}{Ca^{2+}}$<1 的调节系数	$\dfrac{CaHCO_3^-}{Ca^{2+}}$>1 的调节系数
A_1	$2.611975700671 \times 10^{-1}$	-1.2613155584148
B_1	$1.5323734035744 \times 10^{-1}$	$-2.655970585552 \times 10^{-1}$
C_1	$-2.5301512329647 \times 10^{-2}$	$5.8283608290452 \times 10^{-2}$
D_1	$1.5711688598023 \times 10^{-3}$	$-3.5562691856642 \times 10^{-3}$
A_2	$4.4312371304785 \times 10^{-1}$	7.237129012651
B_2	$-1.33878731261208 \times 10^{-4}$	$1.0837184119463 \times 10^{-1}$
C_2	$1.33146329099254 \times 10^{-4}$	$-3.4537210697001 \times 10^{-2}$
D_2	$-1.4920964960815 \times 10^{-5}$	$2.4184818439973 \times 10^{-3}$
A_3	$-3.57929622902405 \times 10^{-2}$	-9.6247853800639
B_3	$1.5429385602988 \times 10^{-5}$	$-2.3481099697109 \times 10^{-1}$
C_3	$-1.4841265770122 \times 10^{-5}$	$7.4343560147113 \times 10^{-2}$
D_3	$1.6517869818181 \times 10^{-6}$	$-5.1878460983131 \times 10^{-3}$
A_4	$9.7273165732822 \times 10^{-4}$	4.636747565375
B_4	$-5.5936769324377 \times 10^{-7}$	$1.4185005340368 \times 10^{-1}$
C_4	$4.7062585055241 \times 10^{-7}$	$-4.4690499765614 \times 10^{-2}$
D_4	$-5.1248968401358 \times 10^{-8}$	$3.1104959601422 \times 10^{-3}$

图 8-14 和图 8-15 给出了建议使用的预测工具所得计算结果与文献报告中数

据（Metcalf 和 Eddy，2003；Pettygrove 和 Asano，1985）的对比，预测式（8-11）中的 Ca_x^{2+} 参数更准确地反映土壤水中钙浓度的变化，该参数是盐度 Ec 和 HCO_3^-/Ca^{2+} 比值（R）的函数。很明显，建议的公式预测法得出的结果准确性很高。

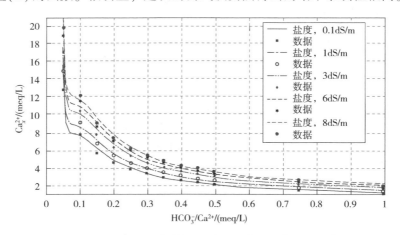

图 8-14　HCO_3^-/Ca^{2+} 低于 1 时，Ca_x^{2+} 预测值和文献值

（Metcalf 和 Eddy，2003）的对比

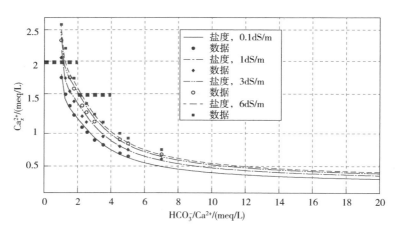

图 8-15　HCO_3^-/Ca^{2+} 高于 1 时，Ca_x^{2+} 预测值和文献值

（Metcalf 和 Eddy，2003）的对比

8.26.2　实践工程师的计算示例

表 8-27 是用于灌溉农田的曝气池出水的水质分析报告。利用报告中水质数据：①计算 R_{Na}；②确定使用该污水灌溉是否会产生渗透问题。

表 8-27　示例中的给定数据

水 质 参 数	浓度/（mg/L）	水 质 参 数	浓度/（mg/L）
BOD	39	HCO_3^-	295
TSS	160	SO_4^{2-}	66
总 N	4.4	Cl^-	526
总 P	5.5	硼	1.2
pH 值	7.7	电导率（dS/m）	2.4
Ca^{2+}	37	TDS	1536
Mg^{2+}	46	碱度	242
Na^+	410	硬度	281
K^+	27		

解决方法：

首先，将相关水质参数的浓度换算成 mEq/L，$Ca^{2+} = 37/20.04 = 1.85$mEq/L，$Mg^{2+} = 46/12.15 = 3.79$mEq/L，$Na^+ = 410/23 = 17.83$mEq/L，$HCO_3^- = 295/61 = 4.84$mEq/L。

利用给定的水质数据计算 Ca_x^{2+} 的值：$EC = 2.4$dS/m，$HCO_3^-/Ca^{2+} = 4.84/1.85 = 2.62$，由于 HCO_3^-/Ca^{2+} 低于 1，可以使用第二列的系数。

$a = -1.36211957$	Eq.（9）	$d = 4.6883179939$	Eq.（12）
$b = 7.276462851$	Eq.（10）	$Ca_x^{2+} = 1.29859$	Eq.（8）
$c = -9.710091705$	Eq.（11）		

用式（8-16）计算 R_{Na}：

$$R_{Na} = \frac{Na^+}{\sqrt{\dfrac{Ca_x^{2+} + Mg^{2+}}{2}}} = \frac{17.83}{\sqrt{\dfrac{1.29 + 3.79}{2}}} = 11.19 \tag{8-16}$$

计算所得 R_{Na} 为 11.19，与文献报道中的 11.29 基本一致，偏差低于 1%。

确定是否会出现渗透问题：根据灌溉水质解释指南中 R_{Na}（11.19）和施用水的盐度（2.4dS/m），使用再生水没有任何限制。